ニュートン新書

病の錬金術

化学物質はなぜ毒になりうるのか

ジョン・ワイズナー＝著
小椋康光＝監訳　日向やよい＝訳

本書をポール・R・ソーンダズに捧げる

錬金術を敵視することが誰にできるというのか？　錬金術には何の罪もないのに。
罪深いのは、錬金術の正しい知識をもたず、正しく用いない者なのだ。

——パラケルスス

目次

パート2　毒性学ではどのような研究をするのか、毒性学研究からわかったことは何か？

謝辞

本書をポール・R・ソーンダズに捧げる。高校生のときに彼の研究室で働き始めることができて、私はとても幸運だった。そこで行った動物が産生する毒素の研究については第2章でふれたが、あの経験がまさに私のキャリアの出発点だった。また、医学および生化学の学位取得の際の指導教員だったボイド・ハーディングにも感謝している。ジョンズ・ホプキンス大学の社交クラブ仲間のレイ・ミルクマンは、ジェローム・ジャッフェを説得して、私がリチャード・ニクソン大統領直属の薬物乱用防止特別室で働けるようにしてくれた。そのおかげで、薬物乱用治療に対する理解を深めるとともに、鉛塗料中毒予防の研究につながる人脈も得ることができた。

ケン・チェイスと私はアメリカ国立衛生研究所で同じ研究室に所属していた。その10年後に彼の医療およびコンサルティング会社であるワシントン・オキュペーショナル・ヘルス・アソシエーツ社に雇われたことが、産業医学ならびに環境医学の道への転身のきっかけとなった。いまもまだ彼の会社の仕事を請け負っている。毒性学の幅広い経験を身につけることができたのは、どんな状況にでも飛び込んで職場や環境での問題を改善できる私の能力を、彼が信頼してくれたからにほかならない。ゲイリー・ウィリアムズには、私が学術機関での研究職に戻りたいと思ったときに、アメリカ保健財団の彼の部署で働く機会を与えてくれたことに感謝したい。そこで出会って研究を手伝うことになったエルンスト・ウィンダーが、人間の健康へのリスクにおいて何を優先すべきかを教えてくれた。喫煙が肺癌を引き起こすことを明らかにした疫学および毒性学における歴史的な彼の研究に、私は大きな感銘を受けた。財団の獣医病理学者ゴードン・ハードとの親交は、化学物質の毒性や発癌性における種差を理解するうえで貴重なものとなった。

アメリカ保健財団を離れたあと、ポール・ブラント=ラウフから、コロンビア大学メイルマン公衆衛生大学院の教員職を紹介してもらった。彼が所属していた環境保健科学学部で学生たちを教えるのは、そうした経験がそれまで皆無だった私にとって、難しいがやりがいのある仕事となった。教員仲間のグレッグ・フライアー、ジョセフ・グラツィアーノ、トム・ヘイらの助けを借りて毒性学の基礎コースを教えることで、私は否応なく自分の毒性学に関する知識の総仕上げをすることができた。

娘のケイト・ワイズナーには、この本を書くよう励ましてもらったうえ、全体の編集をしてくれたことに深く感謝している。もう一人の娘であるジョアンナ・ワイズナーは、彼女自身が挿絵を担当した子ども向けの本『*The Global Warming Express*（地球温暖化特急）』を通じて、地球温暖化の問題に目を向けさせてくれた。妻のエイミー・ビアンコはトレードサイエンス社の編集者、代理人、バイヤーを務めており、本を書いて出版するまでの過程を私が理解することを大いに助けてくれた。また、彼女の兄のアンソニー・ビアンコにも感謝したい。優れたビジネスライターである彼は、この本の企画をまとめるサポートをしてくれた。各章の査読をしてくれた以下の同僚たちにも非常に感謝している。ジョナサン・ボーラク、クリストファー・ボーガート、ポール・ブラント＝ラウフ、フレデリック・デーヴィス、デヴィッド・イーストモンド、ジョシュア・ガードナー、ジョー・グラツィアーノ、ゴードン・ハード、ドミニク・ラカプラ、ソニア・ルンダー、ボブ・パールマン、ジェリー・ライス、ローレンス・リフ、ベン・ストーンレイク、そしてサム・コーエンは特に多くの章を査読してくれた。

コロンビア大学出版局（原書の出版元）に特別な感謝を捧げたい。ミランダ・マーティンならびにブライアン・C・スミスは原稿を幾度となく見直して進むべき道を示し、必要な再編集や再修正をする勇気をくれた。おかげで、仕上がりは格段によくなった。最初に連絡をとったパトリック・フィッツジェラルドは私の企画を寛大な心で受け入れ、契約をお膳立てしてくれた。コロンビア大学で制作編集者を務めるマイケル・ハスケル、原稿編集者のロバート・フェルマン、ブックデザイナーのチェン・ジェイ・リーには、本書の文学的かつ視覚的な魅力を大いに高めてもらった。最後に、コロンビア大学出版局のために原稿チェックをしている方々の貴重な意見や提言はもちろん、企画を承認してくれた理事会と編集委員会にも感謝したい。

南カリフォルニア大学同窓会からは私のジョンズ・ホプキンス大学での学士課程在学中に、アメリカ癌協会からはMD-Ph.D.コースでの勉学と研究に、十分な奨学金をいただいたことに感謝する。また、イモガイの毒液の研究にはアメリカ国立科学財団と海軍省から、アヘン製剤中毒治療の臨床研究にはアメリカ国立薬物乱用研究所から、鉛含有塗料中毒予防の研究には住宅都市開発省、疾病対策センター、アメリカ国立標準局から、アメリカ保健財団での一部の研究にはアメリカ国立癌研究所から、それぞれ資金を提供してもらった。アメリカ保健財団では、ラットのアクリロニトリル誘発腫瘍のメカニズムに関する研究のために化学工業会から、ヒトのベンゼン誘発急性骨髄性白血病のメカニズムの研究のためにアメリカ石油協会から、ＤＮＡ修飾の研究のためにホフマン・ラロシュ社から、そしてラットのポリ塩化ビフェニル（ＰＣＢ）誘発肝腫瘍のメカニズムの研究のためにゼネラル・エレクトリック社からの資金提供も受けた。

ワシントン・オキュペーショナル・ヘルス・アソシエーツ社に在職していたころ、ＰＣＢ、石油系溶剤、医薬品などの化学物質に関して、連邦政府、公益企業、石油会社、製薬会社などに助言を惜しまず、訴訟で専門家証言を行ったことを記しておきたい。本書の執筆および制作については政府や業界からの資金援助はいっさい受けておらず、ここに述べた見解はすべて、私個人のものである。

まえがき

人類が地球上に住むようになって以来、自然はことあるごとに病気という脅威を我々に突きつけてきた。生活環境中の有毒植物の多さを考えると、初期の人類は試行錯誤の末にようやく栄養のある安全な食物や薬になる植物を見つけたに違いない。それがどれほど危険な道のりだったか、容易に想像がつく。毒のある食物を食べたり有毒な水を飲んだりすることへの言及は聖書の時代からある。火山、調理のたき火、森林火災などによる煙や灰が、大気や水を汚染した。歴史書に記された噴火は古代の人々を苦しめた有毒なガスや粒子への曝露(ばくろ)のほんの一部にすぎない。聖書に書かれている毒蛇やそのほかの有毒動物は、特に暑い気候の地域に暮らす人々には恐怖をもたらしたことだろう。そしてもちろん、感染症の脅威が常にあった。

技術の進歩によって自然の脅威の多くが克服されるにつれ、私たちはしだいに、自らがつくり出したもの、たとえば人工の化学物質などを恐れるようになった。途方に暮れるほど多くの化学物質の脅威に囲まれて生活していることを、私たちは知っている。それらは有毒な可能性があり、癌を引き起こすものも多いとわかっているが、それらの存在の複雑さが、身を守ろうとする私たちの努力の邪魔をする。化学物質や毒素のせいで病気になりたい人間などいない。しかし、そういう運命をどうしたら避けられるのだろう？　普通は見ることも、嗅ぐことも、触れることもできない化学物質のなかから、どうすれば有害なものを特定できるのだろう？　そうした疑問に答えるために、大勢の科学者が研究に励んできた。そうした人間たちは毒性学者と呼ばれ、私も50年以上、その一人として仕事を続けてきた。

本書では毒性学の歴史と重要な発見の数々を紹介していく。毒性学の起源は古代にあるが、ルネサンス期に錬金術という中世の神秘思想をもとに発展した。この本のタイトルである『病の錬金術』は、最初の毒性学者と考えられているパラケルススが医師であると同時に錬金術師でもあった事実にちなんでいる。錬金術は化学物質の精製と変換を目的とした実験的手法を含む学際的な分野だった。ただし、本書でとり上げるのは主に産業化時代から情報化時代の毒性学で、この間(かん)に今日(こんにち)の毒性学を形づくる重要な出来事の数々が起こっている。生物が本来は生合成しないか、あるいは体内にもたない化学物質を、毒性学者はよく「生体異物」と呼ぶ。特に断らない限り、本書でとり上げる化学物質はすべて生体異物である。

私たちはなぜ、環境中の化学物質や毒素がいまだに有害な影響を及ぼし続けていると考えるのだろう？　このあとに続く各章でその疑問に答えたいと思うが、私の考えを要約すると次のようになる。毒性学ではこの５００年のあいだに重要な発見がいくつもあり、毒性学は発展して一つの科学となった。そしてその知識が公衆衛生に応用されて多くの成功を収めた一方、場合によってはそれほどうまくいっていない。毒性学の歴史は、興味深い科学的発見と、医師や疫学者、実験科学者といった個性的で多様な専門職に満ちている。化学物質や毒素による健康への影響に関する豊富な発見が、昔もいまも私たちの健康を守るために必要な情報を提供している。

そうした歴史的な記述に一貫して見られる要素の一つが、化学物質によって起こるヒトの病気、特に発癌性の評価に動物実験を使うことの難しさだ。ヒトを使った化学物質の実験は、たとえあったとしてもたいていは不十分なため、いまある知識の多くは動物実験に基づいている。しかし、動物実験で毒性を示したからといって、ヒトにもそのまま当てはまるかどうかは疑問である。化学物質を脅威とみなすことを助長するもう一つの原因は、この知識の伝達方法に関係がある。私たち毒性学者は化学物質の影響についていくつか答えを見つけたが、そのときの条件によって意味も変わってくるため、一般の人々に伝える際には混乱を招くようなメッセージになりがちである。「化学物質Xが病気Yを引き起こす」と断言できたらよいのだが、実際にはそういう単純な因果関係にさまざまな条件が介在してくる。どのような場合にも、因果関係は病気、化学物質の性質、曝露の状況と程度といったものに左右される。そしてこうした諸条件が、私たちの現状の知識によってさらに修正される。ある化学物質の曝露とある症状との相関を立証できたと考える十分な理由があるときでさえ、その相関関係が当てはまる場合もあれば、当てはまらない場合もある。したがって、化学物質に脅威を感じるのも無理はないとはいえ、そうした脅威に対する懸念に対処するのは簡単ではない。

このジレンマに拍車をかけるのが、有害が認められた化学物質への曝露を抑制するには政府や個人の意思が必要なことである。その化学物質に有害性があると知っているからといって、その知識が適切な行動に転換されるとは限らない。行動を起こす意欲の欠如が、私たちがいまだに化学物質やほかの要因のために病気になっている主な理由といえる。

・・・

毒性学だけが唯一、矛盾や困難を抱えている分野というわけではない。私は毒性学者としての教育だけでなく医師になるための教育も受けたため、医学を学ぶ体験が人間を謙虚な気持ちにさせ得るものだと身をもって知っている。医学生として、私は解剖学、生理学、生化学、薬理学、それに病気とその治療法を学んだ。しかしすぐに、そうした知識を現実の世界、すなわち病棟やクリニックで、病気にかかっている実際の人々に用いることが難しいとわかった。そもそも、病気に気づかない場合さえ少なくない。たとえ気づいたとしても、どう治療すればよいかわからないこともしばしばだ。さらに、患者が協力的でない場合もある。

職業人生において私が最初に影響を受けた人物にロジャー・O・エグバーグがいる。

ダグラス・マッカーサー将軍の副官だった男で、のちにアメリカ保険教育福祉省で保健科学担当次官補になった。この二つの肩書のあいだに彼は南カリフォルニア大学医学校の学部長を務め、そのころに、私がいた医学校新入生のクラスで基礎課程の講義を行っていた。彼は私たちに、医師が患者に害よりも益をもたらすようになったのは20世紀の初頭以降だと教えてくれた。それ以前は、病気とその適切な治療法がようやく理解され始めたばかりとあって、医術の大部分が一時しのぎに終始していたという。医師は瀉血療法のような治療で患者を死なせただけでなく、薬剤でうっかり中毒を引き起こしてしまうこともあったのだ。

同じように、環境も私たちに害をもたらしてきた。毒性学は特定の領域では大きく前進したが、そうならなかった領域もある。歴史を振り返ると、いまは化学物質への曝露による職業病はおおむね姿を消し、化学物質の環境への拡散は大幅に削減されている。とはいえ、毒性学上の未解決問題も残されている。化石燃料の産出や使用は依然として大気汚染を引き起こし、作業従事者を癌やほかの病気の危険に曝している。薬物の常用が過剰摂取による死を招き、感染性疾患の一因となり、解決の困難な社会的問題を引き起こしている。発癌性などは齧歯類モデルを用いて検証するのが一般的だが、その検証法の有効性は十分に立証されたとはいえない。ヒトへの有害性の評価について、私たちはまだ毒性学の力に確信がもてないでいる。したがって、本書では毒性学の成功と失敗の両方を紹介していくつもりである。

本書は4部構成になっている。パート1では読者の皆さんにまず毒性学の必要性を理解してもらうため、環境問題の実例のほか、毒性学の初期の歴史、産業医学の発展、新規化学物質の急増とそれがもたらした化学物質の動物実験による評価の必要性をとり上げる。第1章では、毒性学の主要な側面の一つ、すなわち特定の状況下におけるある化学物質と病気の因果関係をどのようにして立証するかを探っていく。この章で紹介する「癌クラスター」の評価には、ある限られた地域で予想より多くの人があるタイプの癌にかかった場合、それを環境中に存在する化学物質に原因を求めることができるかどうかという難しい問いを含む。第2章では毒性学のまた別の側面を掘り下げる。すなわち、毒性学が、化学物質や毒素が病気を引き起こすメカニズムをどのようにして実験により明らかにするのかを深掘りする。

続く二つの章では毒性学の基本原理の発展とその歴史を紹介する。毒性学の起源は古代ローマにあるが、ここでは中世後期、ルネサンス期、啓蒙運動時代を詳しくとり上げる。これらの時代に獲得された知識が、産業革命のもたらした数々の健康問題の解明に直接役立つことになるからだ。たとえばパラケルススは、病気を引き起こすには化学物質の摂取量や曝露量といった用量が重要であることを明らかにしている。ラマツィーニをはじめとする人々が職業病の存在を明らかにした結果、労働者の保護において、後世に引き継がれる毒性学が果たすべき役割の基盤が築かれた。パート1の最後では、毒性学が積み重ねてきた知見に基づき、産業化学物質や医薬品の爆発的な発展が、どのようにして労働者や消費者に病気をもたらしたかを検証していく。化学物質にまつわる問題の重要性とヒトを対象とした研究成果の欠如から、実験動物を用いた毒性試験の必要性が生まれたことも記す。

パート2では、ヒトの病気や動物への影響を調べることで、毒性学者がどのようにして化学物質の毒性や発癌性を研究し学んだかをたどっていく。例として、産業革命のもたらした問題のうち二つをとり上げる。すなわち、塗料や空気や水に含まれる鉛による中毒と、レイチェル・カーソンの本でよく知られるようになった残留農薬の問題である。毒性学の最も重要なテーマの一つは化学物質が癌を引き起こすメカニズムの解明で、ここでは三つの章にわたって、化学物質による発癌の分子機構をかいつまんで紹介する。ヒトを対象とした１９５０年代の画期的な研究によって、最もありふれた癌である肺癌が喫煙によって引き起こされることが明らかになった。このパートの締めくくりでは、発癌の主要な原因に関する疫学者の結論を探る。

パート３ではもっと実際的な観点から、毒性学が社会でどのように活用されているかに注目する。毒性学が提供する知見によって、私たちは化学物質を規制し、毒にならない薬剤の用量を設定し、土壌汚染物質や大気汚染物質の許容レベルを決めることができている。しかし、それらが適切でなかった場合、すなわち職場や環境における被害、あるいは医薬品や医療器具による被害に対する訴訟が生じたような場合には、司法は毒性学者に専門家証人としての見解を求める。最後に毒性学の負の側面、すなわち化学兵器の開発と使用について記す。

パート４では、毒性学が公衆衛生上の利益をもたらせなかった領域を含め、毒性学において、さらなる論議を呼ぶテーマや結論の出ていない問題をいくつか見ていく。最初にとり上げるのはモルヒネ系鎮痛薬の中毒と過剰摂取による社会的危機、次が化石燃料の産出や燃焼によって引き起こされた健康問題や気候問題である。三つの章にわたって、ヒトの病気の研究や治療に関して実験動物を使うことの問題点を探る。マウスの実験で得られた癌化学療法剤の評価結果をヒトに当てはめようとすると、期待どおりの結果が得られないケースもある。齧歯類を用いたバイオアッセイ（訳注：bio［生物］とassay［試験・評価］を組み合わせた造語で、生きた培養細胞や生物を用いてある物質の生理作用を測定して、その値から量を推定する方法を指す）において、発癌性や内分泌撹乱作用を含め化学物質の毒性を予測する場合も同じである。そのため、化学物質の評価については、従来の齧歯類を用いたバイオアッセイに代わる方法が検討されている。最後に、未解決の公衆衛生問題に、現代の毒性学の知識を応用することによって、疾病の予防法を提案したい。

最後のパート4の各章では、さらなる研究が必要だと私が考える毒性学の領域をとり上げている。ほかのパートの多くの章にも、私たちがいまだに望むほどの成果をあげられていない毒性学上の課題が記されている。たとえば小児期の鉛中毒は、環境からの曝露という脅威の一例だが、毒性学者を含む多くの研究者の不断の努力によって、50年以上も前にその脅威の実態が明らかになっている。しかしながら、早い段階で多くの成果が得られたにもかかわらず、政府が中途半端に手をゆるめてしまったため、アメリカではまだ問題が完全には解決していない。また、産業曝露によって引き起こされた多くの職業病は大幅に減少したものの、新たな疾病が報告されてきている。たとえば珪肺(けいはい)という肺疾患は、化石燃料の採掘のための水圧破砕に用いられる大量の砂塵の吸引によって引き起こされる場合もある。

本書は毒性学の総合的な歴史書や教科書ではない。とり上げていないテーマは数多くあるし、とり上げたもの一つひとつが、それだけで一冊の書物を書いてもよいほどのテーマでもある。私がめざしたのは、毒性学の基本的な問題点を物語風に紹介するとともに、この分野における知識の発展の歴史を示すことである。学生諸君にとっては、毒性学の包括的な教科書である『キャサレット&ドール　トキシコロジー』(2004年、サイエンティスト社)に向き合う前の入門書として最適かもしれない。本書は、毒性学のさまざまな話題について最新の知識を盛り込むよう努めたとはいえ、網羅的な総説ではない。

本書は回顧録でもないが、とり上げたテーマの多くについて、私には内部の人間ならではの視点を提供できている自負している。私の職業人生が直線コースではなかったため、毒性学の多様な側面に関与してきたからだ。一見関連のなさそうなさまざまな分野における私の個人的体験が挿入されているため、読者の皆さんが面食らうことのないよう、ここで簡単に説明しておこう。私は高校生のときに海棲生物が産生する毒の研究を始め、ジョンズ・ホプキンス大学に進学したあとも、夏のあいだは南カリフォルニア大学医科大学院のポール・ソーンダズのもとで研究を続けた。本書を彼に捧げたい。この医科大学院で医学と生化学の博士号を取得したあと、私は国立衛生研究所でウミヘビの毒の研究を行った。次に連邦政府の要請に基づき、アヘン製剤の依存症の調査と鉛含有塗料中毒の予防に関する研究を行った。その後、産業医学および環境医学のコンサルタントになり、並行して実験動物およびヒトにおける化学物質の発癌メカニズムを調べる研究所の要請に基づく仕事を行った。最終的には、コロンビア大学メイルマン公衆衛生大学院の環境保健科学部で、大学院生を教えることになった。本書は、私自身の経験と研究に基づき、毒性学の歴史と現在の状況を評価したものと言える。各章をめぐる旅を楽しんでいただけたら幸いである。

パート1

毒性学はなぜ必要なのか?

薬理学と毒性学はまったく同じものだ。
我々は毒によって癒され、
命を救う薬とみなされている物質も、
ある条件のもとでは、
たった一度の刺激でたちまち命が奪われる。

——トーマス・マン、『魔の山』（１９２４年）

本書の最初の六つの章では、毒性学の必要性を裏づける典型的な事例や歴史的な背景を紹介する。化学物質への曝露(ばくろ)が病気を引き起こすことについて、毒性学がどのように貢献できるかを確かめたい。まず「癌のクラスター」的発生、すなわち、ある地域で癌の発生率が説明できないほど高まる現象を調べる毒性学的な手法について述べる。これとは対照的に、因果関係がはっきりしている状況、たとえばある生物の毒液により、体調不良や死が生じた明白な事例については、その毒性効果が毒液の成分によってどのように引き起こされたかを、毒性学的な手法で説明できる。つまり、この二つの対照的な例は毒性学の両端を支えるブックエンドのようなもので、片や因果関係の確定という課題、片や毒性効果のメカニズムの解明という課題の解決を表す。

第3章と第4章では毒性学の手法の歴史的な発達を述べる。毒性学は中世の終わりに錬金術と医術という土台から勃興し、それに大きく貢献したパラケルススは毒性学の父とされている。その後、ベルナルディーノ・ラマツィーニをはじめとする人々が、鉱業やその他の産業に深く関わったことで、産業医学を発展させた。次に見ていくのは、純粋な有機化学物質を利用した合成化学の発達と、労働者に癌やその他の病気をもたらした化学物質の職業上の曝露についてである。パート1の締めくくりとして、医薬品やその他の合成化学物質によって引き起こされた中毒、先天異常および癌について考察する。それらについての研究が、やがて実験動物の大々的な利用、次いで大規模なバイオアッセイ（生物検定）へとつながっていく。

第1章

癌のクラスター‥真相がはっきりしない場合もある

疫学者や毒性学研究者は、医薬品をはじめとする化学物質の作用に曝された人々を調べたり、研究室で動物実験やその他の試験を行ったりすることによって、それらの物質の有害性について多くを学んできた。しかし、いまでは学者たちは、そうした知見を多様な生活環境下にあるヒトへの影響に対して、そのまま当てはめることはできないと十分に認識している。つまり、生身の人間が実際に生活していくなかで化学物質に曝された場合の影響を研究結果から推測するのは難しく、たいていは、答えが出るどころかますます謎が深まり、途方に暮れることになる。

毒性学者の探求の目標は「トキシコン（toxicon）」の発見だ。この言葉は古代ギリシャ語で「毒の矢」を意味し、毒素とその媒介生物、そしてその毒素への曝露形態を含む。ヘビに嚙まれた場合、毒素を見つけるのは比較的簡単で、ヘビ毒の主要な有毒成分を単離すればよい。そして「矢」はもちろん、嚙み傷を指す。しかしほとんどの場合、目当ての毒素は毒性をもつ可能性のある多くの物質が混在するなかに隠れており、何によってもたらされているかも、はっきりしない。

この難しさは、特定の職場や地域で予想より多くの人が癌になる現象、つまり癌のクラスター的発生にも明確に現れる。もし、それらの人々全員がある特定のタイプの癌にかかっているなら――あまり一般的でない癌なら特に――共通の原因があるかもしれない疑いが生じる。ある種の癌は通常の状況下では極めてまれなため、時にはほんの数例であっても、環境中に何かおかしな点があるのではないかという疑念を引き起こすのである。

・・・

1970年1月5日、ケンタッキー州ルイビルにあるBFグッドリッチケミカル工場の作業員が、上部消化管からの出血の指標であるタール状の便が出るという症状で入院した。当初は胃潰瘍のための治療を受けたが、1970年5月1日に再びタール便で入院。このときは触診で肝臓の腫れが判明し、画像診断で肝臓の左葉に大きな病変が見つかった。食道の静脈からの出血を引き起こすことがある病変である。1週間後の試験手術で肝臓の血管肉腫が明らかとなり、この作業員は数カ月後に死亡した。肝臓癌の代表的なタイプである肝細胞癌が肝臓の細胞を侵すのに対して、肝血管肉腫は肝臓の血管を侵すまれな癌で、発生率は肝細胞癌の300分の1である。

この作業員は工場医であるJ・L・クリーチ医師の患者だった。2年後、クリーチ医師は別の医師の治療を受けていた元工場作業員のあいだでさらに2人、血管肉腫による死亡者が出たことに気づく。関連を探ると、このまれな肝臓癌で死んだ3人の男性全員が、単量体である塩化ビニルから多量体であるポリ塩化ビニル(PVC)樹脂を製造する工場で働いていた。さらに調べてみると、作業員たちの職務にはPVCが製造される反応容器内での洗浄作業が含まれ、その際に空気中の高濃度の塩化ビニルに曝されていたことが明らかになった。1974年1月、製造会社は工場の従業員、アメリカ国立労働安全衛生研究所、ケンタッキー州労働局に危険を通告する。2月9日には、疾病対策センターの「*Morbidity and Mortality Weekly Report*(週刊疾病率死亡率報告)」に計4例を報告。その年の3月にはクリーチ医師らが調査結果を『*Journal of Occupational Medicine*』誌に発表した。その論文に付された編集者の注によれば、イタリアのボローニャ大学腫瘍学研究所の所長であるチェザーレ・マルトーニが、塩化ビニルが実験動物に肝臓の血管肉腫を発生させることを発見し、論文としては未発表の実験結果を１９７４年2月に口頭で発表したばかりだったという。

さらに多くの医療記録を追跡調査した結果、１９７５年にクリーチ医師は疾病対策センターのクラーク・ヒース・ジュニアおよびヘンリー・フォークとともに、自身とモーリス・ジョンソンの報告した3例を含め、４カ所のポリ塩化ビニル製造工場の従業員の肝臓血管肉腫13例を報告した。このような症例は国立癌研究所の第三回全国癌調査（１９６９～１９７１年）によればアメリカの全人口に対して年に25例から30例なので、このクラスターの発症率はその４００倍もの高率となる。次いで１９７６年には、別のポリ塩化ビニル製造工場における調査でさらに2例、肝臓の血管肉腫が確認された。その後、アメリカ、イギリス、カナダ、スウェーデン、ドイツ、イタリア、ノルウェーで塩化ビニルを扱う労働者を調べたところ、この癌の症例がさらに見つかった。こうした著しい増加は、塩化ビニルを人間の発癌性物質として告発するに十分なものだった。

こうして、ケンタッキー州のとある製造工場で見つかった癌のクラスターは、ポリ塩化ビニル製造業界における重大な労働衛生問題であることが速やかに確認された。この件ではトキシコンの発見を比較的容易にする要因がいくつかあった。まれなタイプの癌だったこと、曝露の起こった状況が明確に特定できたこと、そして問題の化学物質の塩化ビニルがヒトと実験動物の両方にそれと同じタイプの癌を引き起こすと確認されたことと。これらの要素が相まって、クリーチ医師の最初の観察結果の正しさが裏づけられたのだ。ほかの癌クラスターの場合は、そう簡単にはいかなかった。

・・・

塩化ビニルはどうやら、次に紹介する物語でも悪者として糾弾されたようだ。今度はイリノイ州マクヘンリー郡で19例の脳腫瘍が報告された。まず近所に住む3人が2006年に脳腫瘍と診断されたのだが、これは何か共通の原因があるのではないかという疑いを掻き立てるに十分なほど異常な出来事だった。この3人は製造工場の従業員ではなかったものの、塩素系溶剤を使っている化学工場――ローム・アンド・ハース社およびモディーン社が所有していた――の近くに住んでおり、塩素系溶剤は地下水中で塩化ビニルに分解されることがある。住民は、これこそ、この地域での高い脳腫瘍発生率の原因だと考えた。住民の雇った弁護士はそのうち、異なったタイプの脳腫瘍の症例をさらに集めた。

塩化ビニルがヒトに肝臓癌を引き起こすことは、疫学研究の評価も行っている国際癌研究機関（ＩＡＲＣ）のような団体によってはっきり認められていたものの、今回の癌クラスター地域の住民のあいだでは肝臓癌の増加は見られなかった。さらに、住民の飲料水には塩化ビニルがいっさい含まれていないことがイリノイ州当局の検査でわかっており、化学工場の敷地から飲料水供給源への明らかな混入経路もなかった。

毒性学博士のゲイリー・ギンズバーグはコネチカット州公衆衛生局と協力関係にあったが、マクヘンリー郡の訴訟では原告側の法律事務所に雇われていた。ギンズバーグは裁判の意見陳述で、塩化ビニルによる脳腫瘍がラットおよびヒトで見つかっており、自分が算出した住民の発癌リスクは、癌が塩化ビニルによって引き起こされたとする住民の危惧を証拠立てると述べた。しかし、彼が引用したラットの研究で報告された脳腫瘍は、実は鼻の腫瘍が脳に転移したものだった。ラットにおけるその他のタイプの脳腫瘍とは細胞の起源が異なっていたのだ。ケンタッキー州ルイビルのポリ塩化ビニル工場——クリーチ医師が最初に肝臓血管肉腫を見つけた工場——でも脳腫瘍の増加が見られたのは事実だが、アメリカおよびヨーロッパのその他のポリ塩化ビニル工場の調査ではそのような例は確認されていない。また、国際癌研究機関（ＩＡＲＣ）が塩化ビニルに関するそれまでの研究結果を１９９９年に再検討した際にも、塩化ビニルが脳腫瘍を引き起こすことはないという同様の結論に達している。

では、この癌クラスターはどういうことなのだろう？　マクヘンリー郡の症例は実際には、細胞型の異なる五つのタイプの脳腫瘍と、脳腫瘍とはみなされない良性腫瘍とからなっていた。住民側の法律事務所がコロンビア大学公衆衛生大学院のリチャード・ノイゲバウアー博士という疫学者も雇うと、彼は二つのタイプの脳腫瘍の発生率がこの地域社会で予想される数を上回ることを発見した。しかし、被告側の疫学専門家でカリフォルニア大学バークレー校公衆衛生大学院の元学部長であるパトリシア・バフラー博士は、ノイゲバウアー博士の所見に異議を唱えた。脳腫瘍の発生率が、住民以外の症例の算入や観察期間の設定などの要因によって水増しされているというのが彼女の主張だった。だが、ノイゲバウアー博士にとって本当に命取りとなったのは、彼がデータの分析法を絶えず変え、裁判中にさえ、陳述内容を変更したことだった。この証人にうんざりした裁判官は憤慨のあまり裁判の中止を宣告し、「20年以上も裁判官の席に座ってきたあげく、法廷での詐欺まがいの陳述を聞くことになろうとは思わなかった。本証言の続行を許可するつもりはない」と述べた。この訴訟は棄却されたが、別の訴訟が起こされた。ローム・アンド・ハース社は結局、２０１４年に示談でこの件を解決した。

・・・

アメリカ史上最も有名な――あるいは悪名高い――癌クラスターは、１９７０年代のマサチューセッツ州ウォバーンにおける事例を含む小児白血病の集団発生だ。ウォバーンはボストンの北西19キロほどに位置する町で、19世紀から20世紀初頭にかけて皮革加工と化学薬品製造の中心地だった。１９６０年代の中ごろから、住民は飲料水の味やにおいの変化に気づき始めた。この異常の発生は主に町の東部に飲料水を供給するための新しい二つの井戸、井戸Gおよび井戸Hの掘削時期に一致していた。1967年にマサチューセッツ州衛生局は細菌汚染によりこれらの井戸の閉鎖を考えたが、町には水が必要だったため、閉鎖ではなく塩素消毒で対処した。しかし、この対応は飲料水の味やにおいの改善にはつながらず、怒った住民は満足できる飲料水の供給を市に陳情した。市はこれに応えて新しい井戸を供給ラインから外したが、水不足の年には供給ラインに戻し、住民を大いに失望させた。それから10年以上もあとの1979年になって、井戸の近くに184バレル（約3万リットル）の産業廃棄物が捨てられた事件の捜査中に、化学薬品のトリクロロエチレン（TCE）が井戸水中に検出された。

その一方で、ボストンのジョン・トゥルーマンという小児血液専門医が、ウォバーンの6ブロックの地域内で1972年以降に6例の白血病を診たと報告。地元の聖職者のブルース・ヤング師は、過去15年間に町の東部地域で10例の小児白血病が発生したと説明した。住民は飲料水中に見つかったTCEが犯人に違いないと確信する。市民団体を結成し、1979年後半には白血病と診断された地元の子どもの名簿をつくった。これを受けてマサチューセッツ州公衆衛生局と疾病対策センター（CDC）が調査を実施し、その結果が１９８１年1月に報告された。

ＣＤＣの行った面接調査で、ウォバーンとその近隣の町の住民が飲料水の味や大気の臭気について少なくとも１００年も前から苦情を訴えていたことが明らかとなった。この地域は主に農業地帯だったのだが、１８５３年にメリマック・ケミカル社が土地を取得して、繊維や皮革、製紙工業のための酸やその他の化学薬品を製造する工場を建設した。１８９９年にはさらに隣接する工場を買い取って殺虫剤のヒ酸鉛の製造を始めた。１８９９年から１９１５年にかけて、ウォバーンの町は殺虫剤向けのヒ酸化合物のアメリカ最大の製造拠点だったのだ。この工場やその他の地所における所有権や活動は、地所が分割されてさまざまな会社のあいだで売り買いされたために、複雑になっていた。メリマック社の地所の一部はやがてスタウファー・ケミカル社に売られたが、スタウファー・ケミカル社は１９２０年代を通じて多種多様な化学薬品を製造し、その後は１９７０年まで膠（にかわ）をつくっていた。ウォバーンに20カ所以上もあった皮なめし工場のうち最後まで残っていたジョン・Ｊ・ライリー皮なめし工場は、シカゴのベアトリス・フーズ社に買収されていた。ニューヨークに本社のあるＷ・Ｒ・グレース社もまた別の地所を所有していて、１９６０年に食品加工業向けの機械をつくる工場を建てた。この工場は化学薬品の製造は手がけなかったが、機械の製造過程で化学薬品を使用していたとされている。

ＣＤＣの調査によって、ウォバーンで１９６９年から１９７９年にかけて小児白血病の発生率がかなり上昇している事実が確認された。予想される症例数は5・３件だったのに、12件が観察されていたのだ。とりわけ重要なのは、ウォバーンの東部地域だけを分析すると、予想の少なくとも7倍の症例が見つかったのに対して、残りの地域は増加を示さなかったことだった。

ハーバード大学公衆衛生学部とボストンのダナ・ファーバー癌研究所生物統計学および疫学部の研究者たちが、ウォバーンのこの地域に水を供給していた二つの井戸の水中にＴＣＥが見つかったという調査結果を裏づけた。この時点では確かに、ＴＣＥが癌の原因のように見えた。メディアには非難の声があふれ、Ｗ・Ｒ・グレース社およびベアトリス社という二つの企業に対する有名な集団訴訟が起こされて、これをもとにジョナサン・ハーによるベストセラー本『シビル・アクション――ある水道汚染訴訟』

（２０００年、新潮社）および同タイトルの人気映画が生まれた。映画ではジョン・トラボルタが原告側の弁護人ジャン・シュリックトマンを、ロバート・デュバルがベアトリス社の弁護人ジェローム・ファッチャーを演じている。異論はあったものの、判事は裁判を二つに分ける決定をして、第1部では飲料水によって誰がどのようにして汚染されたのかという問題だけを扱うこととした。ＴＣＥが実際に白血病を引き起こすかどうかは第2部で扱うことになっていたが、長引いたうえに費用がかさむ訴訟が原告側の弁護士を財政的に疲弊させたため、第2部の裁判が開かれる前に示談で解決された。

詳しい調査のあと、環境保護庁（ＥＰＡ）が汚染地域をスーパーファンド法（アメリカの環境保護に関する法律）の用地に指定し、用地の油状物の除去と地下水の処理を１９８９年に開始するよう求めた。特定された汚染源は5社だった。Ｗ・Ｒ・グレース・アンド・カンパニー、ユニファースト・コーポレーション、ニューイングランド・プラスチックス社、ワイルドウッド・コンサヴェイション・コーポレーション（ベアトリス・プロパティー社とも呼ばれる）、オリンピア・ノミニー・トラスト社という五つの企業が汚染の原因とされた。

癌クラスターについて、ＥＰＡは最終的に、真の癌クラスターの存在は疑わしいと結論づけた。またＥＰＡがＴＣＥのデータを包括的に再検討した最新の結果でも、ＴＣＥが腎臓癌を引き起こすことは確かである一方、白血病を引き起こすことは確認されなかった。こうして、最初に見つかったウォバーンの小児白血病のクラスターは、飲料水中のＴＣＥのせいではないかと考えられたものの、ポリ塩化ビニル工場における肝臓の血管肉腫と塩化ビニルとのあいだに認められたような因果関係は証明されなかった。

また別の小児白血病のクラスターが、ネバダ州ファロンの町で発生した。ファロンは、ファロン海軍航空基地としても知られるアメリカ海軍トップガン・スクールの現在の本拠地だ。トップガン・スクールは１９９６年にカリフォルニアからネバダに移転した。２０００年7月、地元のある明敏な医療従事者が州の保健局に、チャーチル郡の子ども数名が最近白血病と診断されたと通知してきた。定住者わずか2万６０００人のこの郡で4年のあいだに12人以上の子どもが白血病と診断されたのだが、本来なら２人にも満たないはずだった。このクラスターは、単に癌の発生率が増加しただけでなく地理的な境界が明確だったため、本当の意味で重要な癌クラスターと言える。ほかの癌クラスターでよく見られるのとは違って、影響を受けた集団がはっきりしていたのだ。

ファロンの中心街を通って基地にＪＰ－８というジェット燃料を絶え間なく運んでいるパイプラインに疑惑が集中した。パイプラインに漏れがあるのかもしれない、そしてジェット燃料には白血病を引き起こすことが知られているベンゼンが含まれているかもしれない、と考えられたのだ。ところが、この仮説は多くの理由からたちまち崩れてしまった。パイプラインにはまったく漏れが見つからなかったうえ、ＪＰ－８の燃料は高度に生成されたケロシンで、ベンゼンはほとんど含まれていなかった。それに、ベンゼンは急性骨髄性白血病を引き起こすことがわかっているが、ファロンの町で増加している白血病症例は急性リンパ性白血病と呼ばれるタイプで、こちらはベンゼンによって引き起こされるとは証明されていない。また、ジェット燃料が使用されている別の場所をカリフォルニア大学公衆衛生大学院とネバダ州カーソンシティにあるネバダ州衛生課の研究者たちが調査したところ、小児白血病の発生数にはまったく増加が見られなかった。

ファロンでのクラスターにおける別の原因として、飲料水中に天然に含まれる高濃度のヒ素、殺虫剤への曝露、タングステン精製施設の2カ所に由来する空気中のタングステンが疑われた。ただし、これらは白血病を引き起こすとわかっている物質ではなかった。たぶん一番決定的だったのは、ファロンの癌クラスターの発生が4年後に突然止まったことだろう。疑われた前述の要因はいずれも、クラスターの発生前にも存在したし、その後も存在し続けたのだ。疾病対策センターの研究者たちは、たとえ今回の白血病の症例数が異常に高いとしても、「現代科学では白血病の発生における環境曝露の役割の解明は不可能で、それは曝露と癌との関係を地域社会という環境において明らかにするのがいかに複雑な仕事であるかを示している」と結論づけている。

ウォバーンやファロンの子どもたちがどうして白血病になったのかはわかっていない。インフルエンザの流行後に小児白血病の増加が起こったという報告がある。ある種のウイルスがある種の癌の原因となり得ることは広く認められている。また、短期間に大量の新規住民を受け入れた田舎における小児白血病の大幅な増加が、繰り返し見つかっている。外部の人間が先住のスコットランド人の集団と接触することになった北海の石油掘削地域で、そうした現象が見られた。イングランド北部のアイリッシュ海沿岸のシースケールの村も、原子力発電所の建設に伴って外部からこのひなびた地域に労働者が流入した際にそうした癌クラスターを経験している。地方におけるそのような混合状況で病気の流行が促進されがちなのは、新参者がしばしば、もともとの住民が曝されたことのない潜伏感染症を持ち込むからだ。この現象は小児白血病が感染によるものだという仮説を裏づける。最初の感染がおそらく出生前に起こり、そのあと複数回の感染発症によって小児白血病の引き金が引かれるという仮説だ。アメリカ海軍のトップガン・スクールが１９９６年に移転してきたとき、ファロンの人口はわずか７０００人だった。そこへほんの2、3年のあいだに約10万人もの軍関係者が流入した。小児白血病の最も一般的な型の要因には小児期の早期というより後期に起こる感染が関与していて、それが出生前の遺伝的な変化と組み合わさったのだと、いまでは考えられている。

　住環境を共有する人々のあいだでの癌の見かけ上の増加、すなわち癌クラスターを調べることによって癌の原因を探ろうとするのは、直感的には正しいように思えるかもしれない。ところが、こうした形の探究はうまくいかないことが明らかになっている。実際、20年間に起こった４２８件の非職業癌クラスターの研究では、癌の発生率の増加が明確な原因と結びつけられるとわかったのはたった1件だった。ある化学物質が癌を引き起こすかどうかを解明するのは、到底簡単な仕事とは言えないのだ。それに、癌クラスターは統計的事象なので、そのクラスターがランダムな出来事である可能性が常につきまとう。あり得ないと思うかもしれないが、もしそれなりの数のクラスターを調べれば、偶然に発生したものにいくつか出くわすはずだ。

この現象は「テキサスの狙撃兵の誤謬（ごびゅう）」と呼ばれている。由来はあるテキサス人に関するジョークで、納屋の壁に何発も銃弾を撃ち込んだあとに、弾痕が最も密な点を中心に的（まと）を自分自身で描いて、自分は狙撃の名手だと主張するというものだ。このジョークは多重検定の問題点を示す一例で、あまりにも多くの統計的検定を行うと、いくつかは必ず肯定的な結果が出ることを示す。つまり、もし十分に多くの統計的検定を実施すれば、なかには偶然、肯定的な結果になるものがあるということだ。

とはいえ、カリフォルニア大学バークレー校公衆衛生大学院の調査員によれば、ファロンの小児癌のケースでは、このクラスターが偶然に発生する確率はおよそ2億3200万に一つだった。何かがこの癌クラスターを引き起こしたに違いなく、集団の極度の交流が最善の仮説のように思われる。つまり、この肯定的な結果は「テキサスの狙撃兵の誤謬」によるものではないものの、原因は化学物質とは思えないということだ。

原因と結果の結びつきが緊密な事例、たとえば範囲が明確な労働者グループにおいて塩化ビニルがめずらしいタイプの肝臓癌を引き起こすような場合のみ、癌クラスターに真の因果関係を付与することが可能だ。そうした産業医学の研究、すなわち一般大衆よりはるかに深刻な化学物質への曝露を経験した労働者の組織的な研究から、人間に対する毒性についての知識の多くが得られている。

ミシガン州衛生局のステファニー・ワーナーおよびオークリッジ国立研究所のティモシー・オルドリッチによる癌クラスターの初期の研究が、癌クラスター解明の意義と重要性を簡潔かつ雄弁に要約している。「癌クラスターの調査は原因の発見に関してはたいてい非生産的だが、一般への啓蒙という観点からすると、環境への懸念を和らげ、政府機関に対する好意的な感情を育むという大きな利点があるかもしれない」。癌クラスター研究のこの興味深い側面はまだ十分に探究されてはいない。しかし、この「大丈夫だと感じる」という側面は、公衆衛生にとって好ましい結果と好ましくない結果の両方をもたらす可能性をはらんでいる。

第2章

ヒ素や動物が産生する毒素による死：真相がはっきりしている場合もある

たとえ環境中におびただしい数の化学物質があったとしても、それが癌を引き起こすかどうかを個別の状況ごとに立証するのは難しいことがわかっていただけたと思う。とはいえ、有毒化学物質や発癌性物質のなかには自然界に由来するものもあり、その一部は私たちの周囲のいたるところに存在する。たとえば一部の飲料水の水源にはヒ素が含まれており、こうした自然に存在する毒物も、病気を引き起こしていると証明するには大がかりな調査が必要になる。自然界に見いだされる毒物としてはほかに、有毒動物のつくる毒液がある。精製されたヒ素で意図的に中毒にされたり、有毒動物に刺されたり噛まれたりした場合は、因果関係がはっきりしている。その点は、癌クラスターの原因となった毒物がはっきりしないのとは対照的である。

ヒ素は皮膚癌、膀胱癌、肺癌など、何種類かの癌を引き起こすことが知られている。さらに、第1章の塩化ビニル労働者に見られたのと同じ、まれな肝臓癌である血管肉腫を引き起こすという報告もいくつかある。ヒ素は地殻には20番目、海水には14番目、人体には12番目に多く存在する元素で、アメリカの土壌には平均7・5ppmのヒ素が含まれる。ヒ素はさまざまな無機化合物や有機化合物の形で存在するが、後者のほうが毒性ははるかに低い。一般に食品には大部分が有機化合物からなる低濃度のヒ素が含まれ、なかでも海産物、食肉、穀物、そして特に米に含量が多い。毒性学上、最も懸念されるのは井戸水の中の無機ヒ素であり、これは岩盤や堆積した火山岩に含まれるヒ素に由来する。バングラデシュをはじめ東南アジア各地の地下水中のヒ素は亜ヒ酸塩という＋Ⅲ価の化学形態をとっているが、これは地下水の中が還元状態になっているためである（基本的に、水に溶けている酸素を堆積物中の好気性菌がすべて消費して、還元環境をつくり出している）。チリでは空気に曝（さら）されている川の水（鉱山からの汚染物を含む）を飲料水としているため、水中のヒ素はヒ酸塩という＋Ⅴ価の酸化型となっている。亜ヒ酸塩の毒性はヒ酸塩よりはるかに大きいので、バングラデシュの井戸水中に亜ヒ酸塩が見つかったことは重大な意味をもつ。

　無機ヒ素は、普通はよからぬ目的で用いられた長い歴史をもち、急性中毒をもたらす毒物というイメージがある。古代ギリシャ人はヒ素毒を盛ることについて記し、ルネサンス時代にはイタリアのボルジア家が政敵をヒ素で毒殺したことで悪名をとどろかせた。法中毒学の起源は１８３６年にジェイムズ・マーシュによって開発されたヒ素の分析法にある。彼の検査法は、シャルル・ラファージュの死が妻のマリーによる毒殺だったことを立証した有名な裁判で用いられている。とり上げたのは著名な法中毒学者のマシュー・オルフィラだった。

しかしながら、ヒ素の毒性のうち、本書の目的にとって最も重要なのは、長期にわたる微量曝露による毒性だ。飲料水のヒ素濃度が高い地域で最初に確認された臨床医学的所見は１９６０年代初頭に見つかった非癌性の皮膚疾患で、人口13万人のチリの都市アントファガスタで、特に子どもたちのあいだで発見された。これとは別に、１９６１年にウェン・ペン・ツェンが台湾南西部沿岸の限られた地域にだけ見られる風土病の黒足病（烏脚病）について記している。黒足病は四肢、特に足の壊疽をもたらす末梢血管障害の民間での呼び名だ。この病気は侵された四肢の自然切断に終わることが多いのだが、原因は自噴する掘抜き井戸の水にあった。この井戸は、表層水を飲用とすることによって起きたコレラを防ぐために公衆衛生当局が掘ったものだった。

ツェンはのちに、黒足病が見つかったのと同じ地域の皮膚癌の発症率が高い事実に気づいた。これは実質的に、新しく見つかった癌クラスターと言える。台湾では皮膚癌は比較的まれな病気だ。国立台湾大学医学院の公衆衛生研究所によるその後の調査で、皮膚癌だけでなく肺や肝臓の癌も、飲料水から摂取されたヒ素の量と関連があるとわかった。

　地下水の最も広範な無機ヒ素汚染が見つかったのは１９９０年代のバングラデシュだった。飲料水に使用していた表層水が人間の排泄物で汚染されていたため、バングラデシュではコレラが蔓延していた。１９７０年代に世界銀行とユニセフが、病原菌を含まない地下水を汲み上げる管（くだ）井戸を１０００万基設置するための資金を提供した。当時は飲料水の供給においてヒ素が問題となるという認識がなく、この毒物に関する検査は行われなかった。ところが、この地下水には自然界の物質に由来するヒ素が混入していた。ヒ素を含有した物質が地域の河川水系によって何百万年にもわたって運ばれてきていたのだ。井戸水の中に高濃度のヒ素が見つかると、バングラデシュの人々は二つの恐ろしい可能性に見舞われることとなった。表層水中のコレラ菌による速やかな死か、それとも地下水中のヒ素による緩慢な死か、という状況だ。

　バングラデシュにおける地下水のヒ素汚染は史上最大の集団ヒ素中毒事例となり、何千万人もが影響を受けた。1983年、ヒ素による皮膚病変の最初の例が、当時インドのカルカッタ熱帯医学校皮膚科学部にいたK・C・サーハーによって確認されている。最初の患者はインドの西ベンガル出身の人で、特徴的な病変は皮膚の脱色を伴う手のひらや足の裏の角化症だった。1987年までに、西ベンガルに隣接するバングラデシュから来た患者数人が特定された。管井戸の水のヒ素汚染が1993年にナワーブガンジ地区で見受けられ、1996年、世界保健機関（WHO）による国別状況報告書中でさまざまな研究所の調査結果が照合された結果、広範なヒ素汚染が明らかになった。

飲料水中に高濃度のヒ素が見つかっているのはチリ、台湾、バングラデシュだけではない。ほかにも中国北部、カンボジア、ベトナム、アルゼンチン、メキシコ、アメリカなどのかなりの地域で、高濃度のヒ素が観察されている。アメリカでも、アリゾナ州で飲料水として使用されている井戸の約3％に、癌のリスクを高めるような濃度のヒ素が見つかっているという。ネブラスカ・メディカルセンター大学の著名な毒性学者サミュエル・コーエンが明らかにしたことによると、ヒ素の濃度が飲料水1リットル中100マイクログラムを超えると癌のリスクが増すことが確認されている。カリフォルニア、テキサス、ニューハンプシャー、メインの各州の一部では、自家用井戸からも高濃度のヒ素が検出されている。

・・・

これまで最初の二つの章では、環境汚染との因果関係の確立には広範な調査を要する病気の事例を見てきた。しかしながら、毒性学においてはいつもそうとは限らない。毒性学という分野のカバーする範囲をつかむために、今度はもう片方の極端な事例、まったく逆のことが当てはまる作用物質を見てみよう。ヘビやその他の陸棲および海棲生物がつくる毒液の場合、中毒の因果関係は明白だ。そうした生物による噛み傷や刺し傷を介した毒素への曝露が、たちどころに死をもたらすことさえある。癌クラスターの調査とは対照的に、この場合の毒性学の手法ははるかに直接的で、そうした毒物がどのようにして効果を発揮するかを探り出すことに重点を置く。毒性学者が直面するのはまったく異なる疑問、つまり「これらの毒液はどうやって死に導くのか？」という問いなのだ。

私が人生で最も長い散歩をしたのは、1964年ごろのある朝早くのことだった。毒液中のタンパク質の新しい分離法を学ぼうと、オーストラリアから来ていた医師に会いに出かけたときだ。彼は病院の午前8時の回診に出なければならなかったため、私は彼が滞在していた南カリフォルニア大学のフィンドレー・ラッセル博士の研究室に朝の7時きっかりに着いて、新しいポリアクリルアミドゲル電気泳動について学ぶつもりだった。ラッセル博士の研究室がある建物のドアを開けると、中は漆黒の闇で、30メートルばかり遠くにあるドアの周りが線状に明るく見えるだけだった。長い廊下を光の漏れているドアのほうへじりじりと進んでいくと、周囲のいたるところから、シュー、ドタッ！　シュー、ドタッ！　シュー、ドタッ！という音がする。この薄気味悪い音に少々パニックになったし、いったい何の音か見当もつかなかった。ようやくたどり着いてドアを恐る恐る開けると、部屋の主が私を温かく迎えてくれた。挨拶を交わしたあとで、廊下の奇妙な物音は何なのか訊いてみた。彼は笑って、灯りをつけてくれた。驚き、いくぶん恐怖も感じたことに、廊下にはガラガラヘビの入ったケージを五つ重ねたものがずらりと並んでいたのだ。

ラッセル博士は医師で、南カリフォルニア大学の神経学、生理学、生物学の教授を30年以上も務めていた。ガラガラヘビの毒に関する世界的な権威で、毒性学の重要な教科書である『キャサレット&ドール　トキシコロジー』（2004年、サイエンティスト社）の毒液と毒素に関する章を書いている。彼はまた、ガラガラヘビに噛まれた人間を抗毒素や対症療法で治療するために常に対応できる態勢を維持していた。通りを隔てて、彼の研究室の真向かいに見えるのはロサンゼルス郡病院で、そこにはアメリカで最も多忙な緊急治療室があった。多くの生き物が毒素（トキシン）をつくる。ヘビやクモなどの毒液（ヴェノム）は主にタンパク質からなる毒素で、噛まれたり刺されたりすることによって、皮膚から注入される（注：「毒（ポイズン）」は「毒素（トキシン）」よりも一般的な用語で、人間がつくった化学物質や自然界の鉱物をはじめ、有害な物質を広く指す。とはいえ、有毒であることを意味する「ポイゾナス」と「トキシック」はしばしばそうした区別なしに使われる）。

ヒトに対するヘビやクモなどの毒液の効果を調べるのは、癌クラスターを調べるのに必要とされるような毒性学よりはるかに単純だ。一般に毒液は速やかに作用する。効果は明白であり、因果関係を突き止めるには統計学も対照群も必要ない。誰かが噛まれたり刺されたりすれば、ほぼ即座に具合が悪くなり、時には死に至る。癌の場合と違って、罹患率(りかんりつ)など使わなくても、毒液の効果に関する毒性学的な評価を開始するための疫学的な手がかりが得られる。曝露経路の調査も不要だ。刺されたり噛まれたりしたことはたいてい明らかだからだ。毒性学という学問の知識や知見の範囲において、速やかに毒性を発揮するこうした生物学的に活性な分子への曝露は、有害な効果が表れるのに何年もかかるような発癌性物質への曝露の対極にある。

癌と違って、ヘビやクモに噛まれることは公衆衛生上の大きな懸念事項とは言えない。それでも、病気の明白な原因であり、予防、あるいは少なくとも治療が可能だ。毒液がどのようにして病気や死を引き起こすのかを解明するにあたって、毒性学者は重要な貢献をしてきた。どんな動物が致命的な毒をもっているかは、何世紀もかけて培われた知識として、一般の人々に広く共有されている。いまでは、ヘビに噛まれたりさまざまな動物に刺されたりしても、もはやかつてのように死刑宣告を受けたのも同然ということはない。最近は南太平洋のクラゲに刺された場合の危険性が懸念されている一方、人工呼吸器を使ったり、血圧や心臓のリズムを維持したりといった対症療法を施せるようになって、有毒な動物による死亡率は大幅に下がった。いまは抗毒素もある。徐々に用量を増しながら毒液を動物に注射し、その血液から毒液に対する抗体を抽出してつくられたものだ。いまではどこの緊急治療室にも市販の抗毒素が準備されているので、もう、ラッセル博士のような人物が患者を救うために通りの向こうから駆けつける必要はなくなった。

・・・

以前は、海棲生物の毒性はいまほどよくわかっていなかった。１９５０年代、毒性学者は毒液が作用する基本原理を解明しようとしていた。毒液は生物学的に活性な分子の複雑な混合物で、多様な特性を組み合わせて効果を高めている。たとえば毒液には、タンパク質を壊して血液の凝固を阻止することによって、組織内での毒液の拡散を高める成分が含まれている。大部分の毒液の主成分は神経毒で、麻痺を引き起こしたり、心臓のポンプ作用を弱めたりする。こうした研究の多くは、抗毒素や治療法の開発も含め、南カリフォルニアで行われていた。１９６０年代に、南カリフォルニア大学の医学教育部門の副学部長であり、ラッセル博士の親友でもあったポール・ソーンダズ博士のもとで私は働き始めた。ソーンダズの研究対象はツノダルマオコゼやイモガイのような有毒海棲生物だった。彼とラッセルは共同で国際毒素学会を設立し、『*Toxicon*』誌を発刊した。海軍が駐留している太平洋沿岸ではイモガイが脅威となっていたため、海軍省の海軍研究局が彼の調査に資金を出していた。イモガイは水中から飛び出して人に噛みつくわけではないが、貝殻がとてもカラフルで美しいため、生きているとは知らずに拾い上げ、手にのせると刺されてしまう。イモガイの毒は強力で、命に関わる場合もある。

イモガイは興味深い海棲生物で、獲物に銛（もり）を打ち込んで殺す。海底を這い回って獲物にこっそり忍び寄り、中が空洞の突起物を突き刺して、毒液を注入するのだ。この突起物は皮下注射針に似ていて矢舌と呼ばれ、イモガイの口から突き出した舌のような構造物である吻（ふん）の先端から突き出る。そして、イモガイ内部の筋肉質の球状物のはたらきで、毒が注入される。毒液は筋肉質の球状物と矢舌のあいだの毒管でつくられる。獲物が無力になると、イモガイはその肉を逆（さか）とげのある吻で口の中に引き込む。

ソーンダズは生きたイモガイを水槽に入れていて、珍奇なものとして、ずっと生かしておいた。グレートバリアリーフに近い南太平洋で採集されたものだったが、獲物の選り好みが激しかった。金魚は気に入らないようだったので、それらのイモガイを元気よく生かしておくために、私は海岸の汐溜まりで生餌（いきえ）を集めた。*Conus geographus*（アンボイナガイ）――イモガイの最大の種――と*Conus striatus*（ニシキミナシガイ）は魚しか食べず、*Conus textile*（タガヤサンミナシガイ）はほかの巻貝を食べるといった具合だった。世界中からやって来る科学者を含め、多くの訪問者がこの生物たちの食事風景を見に来て、学生に見せるための動画を撮影していた。汐溜まりにはハチマキクボガイ、学名*Tegula funebralis*という巻貝がたくさんいて、イモガイはそれをガツガツと食べた。獲物に忍び寄ると銛のような吻をハチマキクボガイの足に突き刺し、毒液で相手が死ぬと、ごちそうを体内に引き入れた。

魚を食べるイモガイにふさわしい獲物を探すのはもっと厄介（やっかい）だった。死んだ魚にはあまり興味を示さず、食べようとしないこともあった。訪れた科学者やフォトグラファーが見たいのはイモガイが獲物を襲う活劇シーンであって、単なる餌やりではない。カサゴの一種は汐溜まりの底にとどまる習性があり、イモガイの水槽に入れられると底にじっと横たわるしかないため、イモガイが忍び寄って銛を打ち込み、麻痺させて、食べることができた。

ソーンダズにとって、南太平洋のイモガイはラボで研究するには貴重すぎた。ヘビと違って毒液を搾り取ることができなかったからだ。毒液を調べるには殻を叩き割って毒管を切断するしかないが、それではイモガイを殺すことになってしまう。幸い、南カリフォルニアには近縁の *Conus californicus*（カシュウイモガイ）がいる。この種も強力な毒をもっていることを私はやがて発見するのだが、不思議なことに、このイモガイに刺されたという報告はなかった。同じイモガイでも、カシュウイモガイは小さくて黒く、南太平洋産のイモガイの冴えない「いとこ」といったところだった。収集したいと思うようなものではない。それに生息場所は海草の茂った泥だらけの入り江の底で、普通は人々が貝殻拾いなどしないようなところだ。ヒトが刺されないのもわかる。幸いなことにカリフォルニアのモロ・ベイでたくさん見つかったので、私は自分の研究をすることができた。

南太平洋産のイモガイのような新しい種の毒液に遭遇すると、毒性学者はまずその致死性を見極めるため、一匹の動物を殺すのに必要な毒液の量を測定する。毒性学における最も基本的な試験は用量反応試験といい、一群の動物の50％を殺すのに必要な毒液（または何らかの化学物質）の量、すなわちＬＤ50と呼ばれる量を確定するための試験だ。さまざまな用量の毒液を一群のマウスの尾静脈に注射する。ある用量を注射した際の結果に応じて、次の群に投与する用量を段階的に増やしたり減らしたりする。結果、イモガイの毒液は極めて強力であることがわかった。南太平洋産イモガイのちっぽけな近縁種であるカリフォルニア産のイモガイでさえ、魚を食べる最大のイモガイまたはアメリカでよく見られるガラガラヘビとほぼ同程度の殺傷力をもっている。

非常に致死性の高いイモガイよりさらに恐ろしいのがツノダルマオコゼという魚で、学名は*Synanceia horrida*というものだ。半ば砂に埋もれた石のように見えるが、毒の鞘（さや）が入ったとげを背中にもっている。裸足の人間がツノダルマオコゼを踏めば、たいていはすぐに死んでしまう。その毒液はイモガイの10倍も強力だ。

・・・

1950年代には、毒性学の研究は薬理学部で行われていた。ただし、薬理学が薬物の好ましい影響、つまりは効能を研究したのに対して、毒性学は悪影響を研究した。当時、毒性学の研究のほとんどは薬物の毒作用に関わるものだったが、ソーンダズはその研究法を毒液の研究に用いていた。私たちはカシュウイモガイの毒液が麻酔をかけたウサギにどう作用するかを調べようと血圧や心拍数、呼吸をモニターしたところ、このイモガイの毒は血圧と心拍数の急激な低下を引き起こした。呼吸数は上昇し、心拍リズムには変化がなかった。用量を上げると、死に先立って心拍リズムの変化が見られた。1963年に、この研究結果はソーンダズとラッセルの発刊した『*Toxicon*』誌の第3号に掲載された。

毒液の活性成分はタンパク質だ。そのため、致死性が確認されたら、次のステップは毒液中のさまざまなタンパク質を分離して致死成分を見つけ出すこととなる。研究室でタンパク質を研究する際の問題の一つとして、高温に曝されるとタンパク質が不活化されてしまうことがある。そこで、私たちはカラムクロマトグラフィーや電気泳動を低温室で行わなければならなかった。一日中、食肉用の冷凍庫で仕事をするようなものだ。のちに分子毒性学の基本ツールとなったポリアクリルアミドゲルを用いる電気泳動は、室温で行った。毒性は不活化されるものの、毒液のあらゆる成分を明らかにするには室温のほうが適していたのだ。カラムクロマトグラフィーや電気泳動は、タンパク質のもつ固有の電荷や分子量を利用する分離法で、前者はカラムの担体と溶離液に対するタンパク質の相互作用を利用し、後者は網目構造をもったゲルに通電してタンパク質の分子量に基づいて分離する。すると毒液に含まれる複数のタンパク質が、それぞれ固有の速度でカラムやゲル中を移動し、分離される。カラムクロマトグラフィーでは、毒液のタンパク質がまずカラムの担体に結合したのち、異なる時間で溶離するように、イオン強度を変えた溶離液を流す。毒性を評価するためには、カラムから溶出した毒素を含む画分を集めたあと、濃縮する必要があった。こうした方法によって、イモガイの毒液には20種類以上のタンパク質成分のあることが明らかになった。

ほとんどの毒液の致死成分は神経毒で、神経伝達物質に結合して不活化することによって効果を発揮する。たとえば神経伝達物質の一つにアセチルコリンという化学物質があり、一部の神経細胞はこの物質を介してほかの神経細胞に信号を伝える。ある神経細胞に電気信号が届くと、その細胞の軸索からアセチルコリンが放出されてシナプス――神経細胞間の間隙（かんげき）――を移動し、次の神経細胞の受容体に結合して、その細胞にまた別の電気的なインパルスを生じさせるのだ。アセチルコリンは神経細胞と筋肉のあいだの情報伝達を担う化学物質でもあり、筋肉の収縮を引き起こす。フランスや台湾の研究者が、アマガサヘビとも呼ばれる *Bungarus multicinctus* の毒液を研究している。台湾や中国南部の湿地で見つかる致死性のウミヘビだ。毒液の致死成分はα-ブンガロトキシンと呼ばれ、アセチルコリン受容体に不可逆的に結合して、全身の筋肉に恒久的な麻痺をもたらす。ヒトを含め、動物はたちまち窒息して死んでしまう。

　こうした毒液は医学研究における重宝なツールとなっている。ボルチモアにあるワシントン・カーネギー研究所胎生学部のダグラス・ファーンブローとジョンズ・ホプキンス大学生物学部のH・クリス・ハーツェルは、精製したα-ブンガロトキシンに放射性ヨウ素を結合させたものを用いて、ラットの横隔膜筋肉中のアセチルコリン受容体を同定し、定量した。すなわち、オートラジオグラフィーと呼ばれる撮影技術を用い、放射性ブンガロトキシンの位置を特定することができた。α-ブンガロトキシンは極めて不可逆的かつ特異的にアセチルコリン受容体に結合するので、組織培養した脊髄や脳のシナプスを可視化することができる。アセチルコリン受容体の数は、細胞に付着した放射能の量を液体シンチレーションと呼ばれる別の技法で測定することによって定量することもできる。これらの方法を使えば受容体に結合した毒液分子を定量できるのである。

このように、毒液の場合には病気との因果関係を立証する必要がない。すでに述べたとおり、たいていは明白だからだ。この場合の研究の狙いは、動物や細胞、生化学的な技法を使って研究室で毒性のメカニズムを解明することとなる。これは癌クラスターの調査とは極めて対照的と言える。癌クラスターの場合、原因が工業化学物質であろうとヒ素のような自然界の化学物質であろうと、病気と曝露との関係ははっきりしないことが多い。毒液の研究からはさらに、特定の神経学的状態のメカニズムだけでなく、神経芽細胞腫のようなある種の癌のメカニズムへの手がかりさえ得られている。

第3章

パラケルスス：錬金術と医術

毒性学の歴史を理解するには、初めに錬金術が中世の医療にどのような影響を与えたかを知る必要がある。錬金術の最大の目的は化学物質の変換であり、その点で、天然の鉱石から金属を取り出すことをめざす古来の冶金術と一線を画す。錬金術師の業績として最もよく知られているのはおそらく、鉛のような卑金属を精製して金のような貴金属に変換しようとした試みだろう。あるいは、永遠の命を与える霊薬や、万能溶媒となる液体も探し求めた。ヨーロッパの伝統的な錬金術においては、実験室での実際の化学実験と、キリスト教の教義を含む精神的かつ神秘的な要素とが混然一体となっていた。錬金術師のめざすものが何であろうと、その仕事には深遠な思想が深く染み込んでいた。中世の錬金術師は何百もの手法や処方を考案したが、いまとなってはほとんど意味がない。それでも、そうした手法や実験結果のいくつかは、現代の化学および毒性学における基本的な概念の基盤となっている。

パラケルススという名でも知られるフィリップス・アウレオールス・テオフラストゥス・ボンバストゥス・フォン・ホーエンハイムは、1493年にスイスで生まれた。コロンブスがイスパニョーラ島に上陸した1年後、グーテンベルクが初めて聖書を印刷した40年後のことだ。これらの出来事はともに、パラケルススの成功に大きな役割を果たす。探検家たちが持ち帰った梅毒をパラケルススが治療し、印刷機が彼の考えを広く普及させてくれた。パラケルススが毒性学の父と考えられているのには二つの理由がある。一つは、環境中の要因によって病気が起こり得ると突き止めたこと。もう一つは、化学物質の有害な作用の主な原因がその用量にあると気づいた最初の人物だったことだ。古くはヒポクラテス（紀元前４６０〜３７０ごろ）までさかのぼるほかの医師たちは、薬物などの化学物質がもつ毒性のいくつかの側面は理解していたものの、パラケルスス以前には、治療薬と毒物はまったくの別ものとみなされていた。パラケルススが初めて、両者が同じものである可能性——すなわち治療薬が毒にもなり得ること、用量こそが毒をつくることを理解したのだ。

パラケルススの父が、わが子にテオフラストゥスという洗礼名をつけたのは、レスボス島エレソス生まれの古代ギリシャの哲学者ティルタムス・テオフラストゥス（紀元前３７１〜２８７）にあやかってのことだ。この名は二重の意味でパラケルススにうってつけのものだった。テオフラストゥスは植物学の祖とされており、パラケルススは彼の著作を研究して、薬草を特定したと考えられている。またテオフラストゥスは逍遥(しょうよう)学派と呼ばれるアリストテレス(紀元前384～322)の学派の継承者だったが、これはパラケルススのもう一つの有名な特徴にふさわしい。すなわちパラケルススは放浪者だったのだ。

パラケルススはオーストリアのウィーンで学士号を取得し、同時代のほかの知識人と同様に錬金術、占星術、宗教学、古典科学を学んだ。次いで彼はフェラーラ大学をはじめとするイタリアのいくつかの大学で医学を学んだ。そのころから、「ケルススを凌ぐ」という意味の「パラケルスス」という名を名乗っている。ケルススとはローマ帝国初期の医師で、医師向けの百科事典的な大著『*De Medicina*(医学について)』を書いた人物である。

パラケルススの時代の医学はもっぱら、ヒポクラテス、ガレノス、アヴィケンナ、ラゼスといった昔の医師たちの著作に基づくものだった。ガレノスはローマ帝国時代のギリシャの医師であり、古代ギリシャの医師ヒポクラテスの教えに、動物を対象とした自らの研究結果に基づく修正を加えた。そうした医師たちの教えは、のちにイスラムの医師たちによって磨きをかけられた。

ヒポクラテスは患者に病気の症状、発症前の行動や体調、住まいや食事、身体的な活動などを訊ね、それをもとに、患者たちの病気に関するさまざまな推測を系統立てて関連づけた。つまり、病歴聴取という技法を考案し、その情報を用いて病気の因果関係を解明したのだ。また、集団ごとの病気の原因を突き止めるために、地理的な違い、季節の移り変わり、民族などに基づく一種の生態学的な比較も行っている。ヒポクラテスが説いた医術の理論的側面は、現代の基準からすればほぼ完全に誤りだが、体系的ではあった。彼は血液、粘液、黒胆汁、黄胆汁からなる四体液説を考案し、それらの欠乏あるいは過剰が健康や病気をもたらすという仮説を立てた。

ガレノスは四体液のバランスというヒポクラテスの説を自らの医術の基本理念とした。動物の研究からの類推をもとに人体の仕組みを理解し、何らかの事実を直接確かめることができないときは、プラトン哲学の観念論を土台にして組み立てた理論でその空白を埋めた。また、自らの研究に基づいて植物抽出物による治療薬を考案した。彼の解剖学および生理学の概念モデルは紀元２世紀に考案されたものだが、極めて包括的だっため、その後1000年にわたって医学の分野を支配した。その結果、パラケルススの時代には治療薬の使用は依然としてヒポクラテスとガレノスの説をもとに行われ、医学教科書は難解かつ複雑で、体液のバランスの回復に使うさまざまな丸薬や水薬について、果てしなく論じるものとなっていた。

・・・

当時、主導的立場にあった大学の医師たちがガレノスやほかの影響力のある人物の教えに全面的に依存していたのに対して、パラケルススは患者の治療からじかに病気について学ぶ道を選んだ。ほかの医師や錬金術師、呪術師、薬草医、信仰治療者などから得た知識はすべて、自分自身で検証しなければならないと考えたのだ。パラケルススはドイツ、イタリア、フランスを常に移動しながら、診断や治療、研究や教育に励んだ。

1515年には軍事紛争の真っ只中で旅を敢行し、時には軍医として活動した。デンマーク＝ノルウェー連合王国の王、クリスティアン2世は彼を王室付きの医師に任命した。チュートン騎士団の一派がダンツィヒを包囲攻撃して敗北した際には、パラケルススもその一団と一緒にプロイセンのケーニヒスベルクへ移動している。プロイセンのチュートン騎士団の団長はロシア全土を支配するモスクワ大公ヴァシーリー３世との停戦を望み、パラケルススが非公式の大使としてモスクワに派遣された。ところが、そこはタタール人に包囲されていた。パラケルススは捕虜となったものの、タタール人にとって信仰治療者は敬うべき人物だったため、処刑は免れた。パラケルススはタタール人を蛮族とみなしていたようだが、その虜囚（りょしゅう）となっているあいだも、医術を教え実践する活動を続けた。タタール人の薬草を研究しながら何年も過ごしたあと、１５２１年にようやくポーランド人騎士の部隊によってタタール人から解放された。

ウィーンに戻ってしばらく過ごしたのち、パラケルススはナイル川をさかのぼる旅に出発し、ベネチア商人の交易路や、巡礼路に沿って進んだ。紅海を渡ってアカバ湾に入り、エルサレムやオスマン帝国支配下のギリシャに滞在。１５２３年についにコンスタンチノープルに達し、そこでソロモン・トリスモジンという名のドイツ人錬金術師から、金をつくる錬金術の秘法を学んだと伝えられている。当時、オスマントルコの宮廷は知識の中心とみなされており、イスラムとキリスト教世界は戦争状態にあったとはいえ、それは現代の戦争とは違って、騎士道の決まりを守る品位ある戦いだった。パラケルススは1523年にコンスタンチノープルからベネチアへ戻る危険な旅に出発し、アルプスを越えてオーストリアのフィラッハにある父の家へ向かった。

パラケルススの旅について長々と述べたのは、直接の体験に対する彼の渇望の強さを示したかったからだ。その渇望があったからこそ、彼は毒性学にこれほど重要な貢献をすることになったのだろう。パラケルススはヒポクラテスやガレノスといった先人たちの独断的な教えに頼るより、自分が旅の途中でじかに得た技術や知識を教えることにこだわった。その姿勢が彼を改革者にした。「私は*monarcha medicorum*（医師たちの絶対君主）である」と彼は宣言した。「私はあなたがたが証明できない事柄を証明してみせることができる」。パラケルススは「快適な地位に安穏としている者」や、「書物に囲まれて坐し、そうすることで愚者の船に乗っている者」を軽蔑した。絶え間ない旅を通じてしか知識は得られないと確信していた。なぜなら、各地域に固有の環境がその地域の医術を形づくるからだ。

パラケルススは当時の典型的な医師を嘲(あざわら)って次のように描写している。「彼は少しずつ、おもむろに、自分を立派な医者に見せかけ始める。シロップ剤や通じ薬、下剤やオートミール粥、オオムギ、カボチャ、メロン、ジュレップといったばかげたものに多大の時間を費やす。時代遅れで、浣腸を多用する。何をしているのか自分でもわかっていない。こうして、ついに匙(さじ)を投げるそのときまで、優しい言葉で長々と時間を引き延ばすのだ」。パラケルススは医師の堕落ぶりも非難した。「利益のみを気にかけ追求する、かくも無能な輩(やから)が医術に従事しているとあっては、慈悲の心をもつようにと諭(さと)したところで何になろう。何の効果があろう。私としては医術を恥じるほかない――まったくの欺瞞と化してしまったさまを目にしては」。

・・・

錬金術の工程が救世主キリストという歴史上の人物を思い起こさせるため、中世の錬金術はカトリック教会と密接に結びつくようになる。それが錬金術を自然現象の探究という世界から引き離した。そうした中世カトリック教会の教えから一歩踏み出した錬金術師の典型が、パラケルススだった。彼は教義への盲従に逆らい、自然現象の直接の体験を通じて知識を追究する道を望んだ。それでも、この時代の錬金術師は科学と神とのあいだに調和を見いだしていた。パラケルススも同時代の錬金術師も、自らをよきキリスト教徒にほかならないと考えていた。

カトリック教会に背を向けることは決してなかったものの、パラケルススはおのれの信念に従って、聖書のなかの単純な真実以外のすべての教義は退けられるべきだと主張した。とはいえ、彼の信仰はより正確には一種の非正統的な神秘的汎神論と言える。人間は目に見える体のほかに、自然の神秘的な力と相互作用する見えない体ももっていると述べている。医学に関する非正統的な見解を理由に、パラケルススはしばしば同時代のマルティン・ルター（1483～1546）になぞらえられた。しかしパラケルススはそうした比較をはねつけた。1529年から1530年にかけて書いた『奇蹟の医の糧（かて）：医学の四つの基礎「哲学・天文学・錬金術・医師倫理」の構想』（2004年、工作舎）のなかでこう反論している。「私を医師のルターなどと評するとは何という侮辱だ。

私が異端者だというのか」。

こうした引き合いを嫌っていたにもかかわらず、パラケルススは、自分の説に対抗して発布された教皇勅書を燃やしたルターから、あるヒントを得た。学識ある医師たちにとって権威ある書物であるアヴィケンナの『医学典範』（２０１０年、第三書館）や、ガレノスの教えに基づくその他の教本を公の場で燃やしたのだ。毎年聖ヨハネの日にバーゼル市では大かがり火をたいて、嫌われ者をかたどった人形を燃やす。パラケルススはこの行事に乗じて、学生たちに囲まれながら、そうした書物を１５２７年６月24日に焼却した。本人によれば、「不幸の原因となるすべてのものが煙とともに空に昇っていく」ように、というわけだ。パラケルススは体液説に基づく古来の医術に異を唱えた。自分が遭遇した病気の多様性を四体液の不均衡で説明できるとは思えなかったからだ。たとえば血液を体外に抜く瀉血（しゃけつ）は四体液の一つである血液の平衡を保つとされるが、パラケルススはそうした治療法による体液の再調整を通じて病気の治癒をめざすのではなく、むしろ化学的な治療薬として用いた。幅広い経験が彼に、病気は外的な要因によって直接起こるのであって、内的な不均衡によって起こるのではないことを確信させたのだ。

したがって体液の再調整など不要であり、外的な治療法や治療薬が体に直接影響を与えて、特定の結果をもたらすことができるだろうと考えた。

錬金術に基づくパラケルススの治療法は中世や古代に用いられた数多くの治療法や処方とは大きく異なっていた。彼はガレノス派の薬草の大半が無意味であることに気づいた。そうした治療の実践の試みにおいて実際に何が行われるか、あるいは用いられるかについての指示はほとんどなく、成分の名称はほぼどうにでも解釈が可能だったのだ。

最初の大著である『アルキドクセン』(2013年、ホメオパシー出版)すなわち「最高位の知恵」において、パラケルススの関心は金をつくることにはなかった。つくっていたのは薬だった。パラケルススの仕事は薬物療法の始まりを意味する。体内の平衡の調整を通じてではなく、体に対する化学物質の直接の効果を通じて病気を治療する方法だ。多くの錬金術師の仕事は、たとえば金をつくる場合のように、完成させるためには、原料を殺すことだった。しかしパラケルススからすれば、錬金術の根底には、生体というミクロコスモス(小宇宙)内で起こる事象は、天地万有というマクロコスモスでの事象に反映されるという基本原理があった。これはパラケルススにとって、外界での出来事は錬金術師の実験室での出来事も含め、人体の仕組みへの洞察を与えてくれることを意味した。哲学的な見方をすれば、錬金術とは自然のいきいきとした治癒力から世俗的な現実という不純物を化学的に除去し、それによって、浄化された純粋な自然の本質を得る方法だった。

・・・

梅毒は１４９４年にナポリに駐屯していたフランス兵のあいだに突然出現した。急速に広がって１４９５年にボローニャに達し、翌年にはスイス兵がそれをジュネーブに持ち帰る。そこから瞬く間にフランスおよびドイツ全土に広がった。この恐ろしい性感染症は、それ以前にはヨーロッパでは見られなかった。パラケルススは、梅毒は古い土着の病気が形を変えたもので、単に治療には新しい薬が必要なのだと考えたが、ヨーロッパ世界にとってはおそらく新しい病気であろうと考えられ、新しい治療薬を必要としていた。ドイツ人はフランス病と呼んだが、スペイン支配下の港からのスペイン人医師の報告からして、コロンブスの水夫たちが西インド諸島から持ち帰ったのだろうと考えられている。

第一期梅毒は感染部位に硬性下疳（訳注：硬いしこりから潰瘍になったもの）を形成し、これはペニスなどに見られる。第二期梅毒は初感染の数週間後に現れる広範囲の発疹を特徴とすることが多い。このように目に見える症状が皮膚に現れ、また数世紀前のアラビア人医師たちがある種の皮膚病に水銀を用いていたことから、この有毒金属が梅毒の治療法の一つとなった。だが、水銀は恐ろしい副作用をもたらした。患者は制御不能の震え、口内や舌のただれ、歯の喪失、悪臭を伴う頻尿などに苦しんだ。

水銀の毒性のため、これに代わる薬草が人気となった。水夫は西インド諸島でグアヤクと呼ばれる密度の高い木を見つけていた。現在はユソウボク（癒瘡木）として知られる木だが、地元の病気には地元の治療薬という考えから、この木から梅毒治療薬が調合された。木を薄く削って煮沸し、泡状の浮きカスを皮膚のただれに塗ったり、患者に飲ませたりしたのだ。この希少価値のある商品を扱う、うまみのある市場が生まれた。ドイツのアウクスブルクのフッガー家は、進取の気性に富むヨーロッパ屈指の銀行家だったが、融資と引き換えにスペインのカルロス1世からグアヤクの独占売買権を得る。カルロス1世はその金を賄賂に使って、神聖ローマ帝国皇帝カール5世となった。あいにく、その治療薬は彼には効果がなかった。

パラケルススはグアヤクによる梅毒治療を研究して、この治療薬は役に立たないと確信するようになった。そのことで、医学界の支配層だけでなく、強い影響力をもつ人々からなる新興の営利事業にも対抗する状況になった。彼はまた、自分が使う治療薬の本質はその毒性にあることも理解していた。自身の錬金術師としての見識によれば、そうした毒物を純化することで治療薬へと変えることができるはずで、そうしてできたものを正しい剤形、用量、投薬計画で使用すれば、病気に対する効果的な治療法になるだろうと考えた。

金属の研究者としての錬金術師の直感に従って、彼は問題の多い水銀治療法に注目した。さらに、「似たものが似たものを癒す」という諺（ことわざ）を信じていたため、毒性によって病気を引き起こす金属を正しい用量で用いれば、病気を治療できるだろうと考えた。実際、水銀中毒の症状の多くは第三期梅毒の症状に似ていた。水銀は明らかに有毒だが、病気の治療には大量に投与する必要はないと、パラケルススは確信していた。ある閾値(いきち)を決めることは可能であり、用量をその値以上に増やしても治療効果はそれより大きくならず、毒性が増すことを発見した。正しい用量で使えば、水銀は梅毒の治療に有効で深刻な毒性を示さないことを見いだしたのだ。これは用量と毒性反応の理解に基づく医学への扉を開いた画期的な出来事だった。その結果、パラケルススが決めた用量に基づく水銀処方が、20世紀に別の金属治療薬であるヒ素剤が発見されるまで、唯一の有効な梅毒治療法となった。

似たもので似たものを治療するという理屈を採用した点で、パラケルススは時にはホメオパシーの元祖とみなされてきた。「類似したものは類似したものを治す」というホメオパシーにおいても用量という概念が重視される。とはいえ、こうした比較は表面的な見方だ。ホメオパシー治療薬で用いられる用量はあまりにも微量なため、事実上、無に近いからだ。そのような量では、パラケルススの治療薬がもつ治療効果も、毒に近い効果も引き起こさなかっただろう。

パラケルススはその他の金属、たとえば鉛、アンチモン、硫黄、銅、ヒ素なども治療に使った。用量を変え、適切な病気にしかるべきタイミングで慎重に投与することで、致命的な毒を治療薬に変換するための手順を開発した。水銀を用いた梅毒の治療に成功を収めたため、アンチモンのようなほかの金属も用いている。治療薬として使えるように、この金属を「アンチモンバター（訳注：三塩化アンチモン）」という扱いやすい形態に調製した。医学の目的の一つは自身が「アルカナ（秘薬）」と呼ぶものを調製することだと説いたが、それはギリシャ・ローマ時代の教えにちなんだ植物に由来する薬とは対照的に、大半は金属だった。パラケルススは硫酸を用いて、てんかん、梅毒、浮腫、痛風、鉱夫病を治療した。彼によれば、病気とは体液とやらの定義のあいまいな不均衡ではなく、それぞれ固有の実体をもつものであって、的確に選ばれたアルカナによって治療できる。病気のつくり出した毒をそのアルカナが破壊するのだという。錬金術師兼医師である自分の役目は、錬金術師の道具である火と蒸留を用いて、不純なものから純粋なエッセンスを分離することである――パラケルススはそう主張した。

パラケルススの治療法が最終的に成功を収めたのは、自分が提案する治療薬の毒性学を理解していたからにほかならない。毒はそれぞれ *toxicon*（トキシコン）、すなわちその毒性をもたらすうえで一番重要な化学的実体を含んでいると、彼は考えていた。これは錬金術に深く根差した概念で、パラケルススにとって錬金術とは、不純物を取り除く分離工程を必然的に含むものだった。錬金術では蒸留のような技法を用いて、有毒金属の効力を濃縮した。

用量という概念も錬金術の原理に基づく。「薬草や石、木として目に見えるものはまだ治療薬ではない。治療薬とは見た目にはドロス（訳注：溶融金属の浮きカス）にしか見えない」とパラケルススは書いている。「しかしその内側、ドロスのなかには治療薬が隠れている。まずドロスを取り除かなければならない。そうすれば治療薬が現れる。これが錬金術であり、古来より薬剤師であり、創薬科学者であるウルカヌス（訳注：古代ローマの火と鍛冶の神）が担う仕事である」。

・・・

パラケルススが遺したものには、化学物質に対する毒性学および薬理学上の生体反応の研究に関する実験こそが不可欠だという考え方がある。そうした試みにおける反応の特異性が、治療効果と毒性の違いを理解する手がかりなのだ。この考え方に導かれて、彼は化学物質の治療効果と毒性との差異が通常、用量の違いによってもたらされることを理解した。

整然とした科学的な考え方ができた一方、パラケルススは極めて信仰心の篤い人物でもあった。毒は神が人間に与えたもので、排斥すべきではないと信じていた。治療効果も備えているかもしれないからだ。毒にもなり得る治療薬があるからといって、医師は恐れるべきではないと彼は訴えた。次のような言葉がよく知られている。「すべての物質は毒であり、毒でないものなど存在しない。用量だけが、ある物質を毒でないものにする。たとえば、いかなる食べ物も飲み物も、適切な量以上に摂取すれば毒になる。それが何よりの証拠だ。私は毒が毒であることも認める。ただし、毒だからといって排斥することはできない」。もちろん、こうした考え方はいまの私たちにはなじみ深いものだ。薬の服用量は守らなければならないこと、飲みすぎればその結果に苦しむ可能性があることを、私たちは知っている。パラケルススは適切な量を慎重に処方することで、薬による害毒を防ごうとした。したがって、パラケルススは毒性学の父とみなされるだけでなく、薬物療法の最も傑出した初期の提唱者でもあり、薬理学という現代の医学分野の創始者でもあった。

パラケルススは医学の伝統的な硬直した考え方を拒否したことで、いったんは同業者のあいだで異端者とみなされた。しかし、最終的には医学に関する科学の進むべき道と病気の治療に大きな影響を及ぼすことになった。パラケルススの流れをくむ医師は尊敬を集めるようになり、パラケルスス派の学説は絶大な人気を博するようになった。一つには、薬物療法を効果的に用いたからであり、また一つには、パラケルススの教えに見られる敬虔（けいけん）なキリスト教徒らしさが当時の宗教的信条にとって魅力的だったからだ。ピューリタンでさえ、ガレノス派の学説の異教徒的な本質をあばいたとして、パラケルスス派の学説を称賛した。

第4章
採鉱と初期の産業医学

職業によっては、危ない目に遭ったり、命の危険に曝されたりする場合がある。現代社会において、統計的に見て最も危険な仕事は木材の切り出しと漁業だが、労働災害による死（死亡率）と疾病（罹患率）に関して最も長く悪名高い歴史をもつのは、おそらく鉱業だろう。採鉱は文明の夜明け前後から存在した産業で、鉱山労働者は常に事故や化学物質の危険に曝されてきた。いまもその状況は変わらない。毒性学の知識の多くは採鉱のような職業の研究に由来する。鉱山労働者は、化学物質をはじめ人体に影響を与える大量の物質に長期にわたって接するからだ。

採鉱の危険性は古代から書き記されてきた。カルタゴに続いてローマの植民地となったスペインのカルタヘナでは、４万人もの人々が鉛の採鉱に従事させられ、病気と死という負の遺産を遺した。鉛鉱山労働者に特有の病気を初めて記述したのは鉱山で奴隷を働かせていたエジプト人であり、のちに古代ギリシャ人やローマ人も書き残している。ヒポクラテスは鉛中毒の症状を、食欲不振、疝痛、顔面蒼白、体重減少、疲労感、易怒性、けいれんと書いているが、これは現代の毒性学者が知っている症状とほぼ同じである。また、経験上、牛や馬を鉱山の近くで放牧してはならないとされていた。さもないと、たちまち具合が悪くなって死んでしまうからだ。おそらく、鉱山の周囲の町や村に住む人々も、そうした採鉱活動による環境汚染の被害を受けていたことだろう。

　鉱山関係の労働者の病気に関して、おおよそ包括的な記述を試みたのはパラケルススが初めてだった。彼が調査地域として選んだのは中央ヨーロッパであった。ドイツ南部のザクセン州にある「黒い森」の一帯またはボヘミア（現在のチェコ共和国の一部）だった可能性がある。また、一説によれば、彼は１５３３年にオーストリアの山岳地帯であるチロルの鉱山労働者の病気を記録したという。具体的な調査地域については諸説あるものの、１５３４年に書かれた『*Von der Bergsucht und Anderen Bergkrankheiten*（坑夫病およびその他の鉱山労働者の病気について）』は、何らかの職業病としての肺疾患に関する初めての科学的な記述と一般にみなされており、いまでいう産業医学分野の最初の手引書となった。パラケルススはその肺疾患を*mala metallorum*と名づけたが、ヒ素あるいは放射性粉塵によって引き起こされた肺癌だろうと、いまでは考えられている。病気に関する彼の記述は鉱山労働者や錬金術師、その他の金属加工労働者を直接観察して得られた事実に基づいていた。パラケルススは著書を３冊に分けており、１冊目では鉱山労働者のさまざまな病気を記述し、2冊目では精錬工や冶金（やきん）工の病気にふれ、3冊目では水銀によって引き起こされる病気をとり上げている。

パラケルススは鉱山労働者の病気について、その原因、進行、症状、徴候、治療法を詳しく記録することに心を砕いた。曝露（ばくろ）から毒性効果が表れるまでに要する時間も書いている。これは潜伏期という毒性学上の重要な概念で、彼は曝露の経路が違えば潜伏期も違ってくることに気づいていた。「空気が、肺を傷害する本体（*corpus*）である」と記しているが、これは鉱山労働者が吸入を通じて毒素に曝されたという意味だ。この点を曝露のもう一つの経路である経口摂取と対比させて、次のように書いている。「たとえば、もしヒ素が経口摂取されれば急速な死を引き起こす。ところが、ヒ素本体が摂取されず、その*spiritus*（霊気）が摂取された場合は1時間が1年になる。すなわち、毒性の本体が10時間で成し遂げることは何であれ、*spiritus*は10年かけて行う」。このときパラケルススは急性中毒と慢性中毒の違いを見つけ始めていたのだ。高用量のヒ素を経口摂取すればたちまち死んでしまうが、ヒ素から発生する蒸気、すなわち*spiritus*を吸い込んだ場合はゆっくり病気が進行し、肺線維症や腫瘍形成あるいは肺気腫などに似た症状が現れる。

パラケルススは曝露が病気を引き起こすメカニズムの解明も試みた。精錬において、溶鉱炉内での錬金術の工程によって空気がどのようにして構成要素に分離され、その後にそれらが人間の健康にとって有害となるかを書き記した。その構成要素とは、煙から凝固することによって病気を引き起こす水銀、焼けるような硫黄、肺に沈着する塩である。これらがパラケルススの *tria prima*（三つの基本要素）だが、その実体はいまでいう元素状の水銀と硫黄、それに化合物の塩であり、アリストテレスの唱えた古代の四元素説を彼なりに応用したものだった。パラケルススにとって、硫黄は物を燃焼させる普遍的な要素、水銀は流体要素、塩は本体つまり固体要素だった。バランスが崩れると、これらの要素は肺によって適切に消化されず、一種の粘液を形成して、病気をもたらす。

パラケルススは採鉱の必要性を否定したわけではない。それどころか、彼自身、錬金術に対する興味の一環として、精錬や冶金のさまざまな作業に従事した。彼は次のように述べている。

我々は金や銀も、また鉄や錫、銅、鉛、水銀といったその他の金属も手に入れなければならない。もしそれらを手にしたいと願うなら、我々に抵抗する多くの敵との闘いにおいて肉体と命の両方を危険に曝さなければならない。また、たとえ健康な生活のために利用することが必要なその他のものも得たいと思ったとしても、その内部に我々に危害を及ぼすものを含まないものは何もない。自然の事物に関する知識は人間には推し量ることもできないほど膨大であるから、神は医者をおつくりになったのだ。

この文章からわかるように、パラケルススは自分を神と鉱山労働者とのあいだの仲介者と見ていた。職業上の危険が存在し、しかし努力によって得られる利益を考えれば、そうした危険を冒す価値があるのだと理解していた。

パラケルススから1年遅れの1494年に生まれたゲオルギウス・アグリコラもやはり、鉱山労働者の病気を研究した学者だった。ライプツィヒ大学で学士課程を終えたあと、ボローニャやベネチア、パドヴァの大学で哲学、医学、自然科学を学んでいる。開業医として、アグリコラは余暇のすべてを鉱山や精錬所への訪問にあてた。パラケルスス同様に、彼も古代ギリシャの逍遥（しょうよう）学派を彷彿とさせる研究者だったのだ。とはいえ、本来鉱山技師であったアグリコラは、錬金術や錬金術師を認めていなかった。１５３３年ごろ、『*De Re Metallica*（金属について）』の執筆を開始し、20年後に完成させている。しかし、出版されたのは１５５５年の死去のあとだった。

『*De Re Metallica*』は、採鉱および精錬に関して当時としては最も包括的な書籍であり、その後の２００年間、この一冊を凌ぐものは現れなかった。鉱山技師からやがて第31代アメリカ合衆国大統領になったハーバート・クラーク・フーヴァーと妻のルー・ヘンリー・フーヴァーが、これを英語版の『*On the Nature of Metals*（金属の性質について）』に翻訳している。二人はスタンフォード大学の地質学部入学を機に出会っていた。原本はラテン語で書かれていたが、当時アグリコラが用いたラテン語は約１０００年も進化のなかった言語で、彼は自分がとり上げる対象を記述するために何百ものラテン語表現を新たに考案しなければならなかった。そうした新造語は翻訳者を悩ませた。アグリコラは採鉱の個々の段階を非常に詳細に書き留めており、添えられた挿絵はルネサンスの版画にも劣らぬ出来栄えだった。

アグリコラは医者でもあったため、鉱山労働者の健康への悪影響も観察していた。『*De Re Metallica*』の第1巻では採鉱を価値のある職業として描き、有害な空気による死亡や肺の腐食はまれにしか起こらないが、もし起これば行き着く先は墓場だと述べた。さらに第6巻では、健康に対する採鉱の多様な影響を記している。鉱山では水中に立って作業を行う場面がよくあり、足がヒ素やコバルトに侵食され、ザクセン地方の鉱山ではその症状がよく見られたという。乾燥した鉱山内の塵埃(じんあい)は「気管や肺に侵入し、呼吸困難を引き起こす。もし塵埃に腐食性があれば肺を侵襲し、体を衰弱させる」。時には真に迫った描写もあるものの、アグリコラによる鉱山労働者の病気の記述は、思慮深さや鋭さの点ではパラケルススの論文に遠く及ばない。

・・・

17世紀になってようやく、ベルナルディーノ・ラマツィーニが、採鉱や金属精錬を含む多くの職業の病気について、さらに広範囲に書きつけた。ラマツィーニは１６３３年にイタリアのカルピで生まれ、パルマおよびローマで医学を学んでいる。ヴィテルボ地方で開業医をしたあと、カルピに戻ってマラリアからの回復に努めた。モデナ近郊のある裕福な家族の主治医という名誉ある地位を確立し、１６９４年にはリナルド・デステ枢機卿の後ろ盾を得てモデナの作業場で調査を行い、さまざまな職業の危険性に関する情報を集めることができるようになった。

ラマツィーニは患者を直接観察して情報を得たほかに、パラケルススやアグリコラを含むルネサンス期の大家はもちろん、ヒポクラテス、ケルスス、ガレノス、テオフラストゥスといった古代の著述家による著作からも情報を引き出した。一部の職業については直接調べることができなかったため、定評ある医学教本に頼らざるを得なかったのだ。たとえば、モデナの近くには鉱山が一つもないため、ラマツィーニは鉱山には一度も足を踏み入れたことがなかったらしく、直接体験した人々の記述を引用するほかなかった。６年に及ぶ集中的な調査の末、１７００年に彼は主著である『*De Morbis Arificum Diatriba*』（『働く人の病』、２０１５年、産業医学振興財団）を出版したが、そこにはさまざまな職場環境を扱った60を超える章が含まれていた。

ラマツィーニは鉱山労働者がしばしば呼吸困難や肺病に苦しむことを書き留めた。肺病が何を指しているのかは、いくらかあいまいだ。この肺病という語は塵埃の吸入に由来する病気、すなわち塵肺（じんぱい）のほか、結核を指すのにも使われていたからだ。とはいえ、この二つの病気はしばしば同じ人間を襲っていた。ラマツィーニはまた、脳溢血（脳卒中）、足の腫れ、歯の欠損、歯茎の潰瘍、関節痛、麻痺が高い率で見られることにも気づいたが、これらの症状は鉛や水銀のような金属を含む物質の吸入によって起こるのだろうと考えた。労働者の病気の予防に注意を向けた点で、ラマツィーニはパラケルススよりはるかに先を行っていた。鉱山労働者については、換気装置による新鮮な空気の引き込み、呼吸器疾患を防ぐための保護マスク、皮膚の曝露を防ぐ特殊な衣服を推奨している。

ラマツィーニが特に衝撃を受けたのは水銀鉱山の労働者を苦しめる神経症状だった。鉱山労働者に関する章ではファロッピオやエトミュラーといった人々による言葉を引用して、水銀鉱山労働者は3年働くのがやっとで、4カ月経たないうちにしびれやめまいに襲われると述べている。金メッキ用アマルガムから発生する有毒な水銀蒸気に曝されるメッキ職人の病気も記載している。医者でさえ、梅毒を治療するためのバルム剤として水銀を用いる際には、有害なほど大量の水銀に曝されていた。ラマツィーニはその毒性を経皮曝露によるものだとした。軟膏を繰り返し塗るために雇われる最下級の外科医は、手袋を使用していても水銀中毒になったからだ。

ラマツィーニは鉱山労働者、陶工、メッキ職人、ガラス職人、金属細工師が共有するもう一つの病気を共通の原因と結びつけた。鉛中毒である。陶工は炉に入れる前にかける釉薬（ゆうやく）に溶融鉛を使っていた。ラマツィーニが記録した陶工の鉛中毒の徴候は、手のしびれ、麻痺、倦怠感、消耗症候群で、やがて、鉛色の死人のような顔つきとなる。絵描きは辰砂（しんしゃ）や酸化鉛を含む鉛丹（えんたん）のほか、絵の具に含まれる鉛にも曝された。

ラマツィーニもパラケルススも、鉱山労働者の重要な一種である炭坑労働者の病気については書き残していない。当時のドイツやイタリアでは燃料として石炭は使われていなかったからだ。石炭の採掘業は主にイングランドやスコットランドで13世紀に始まった。当時は露天掘りで、川の土手沿いの露頭から石炭を削り取っていた。かなりの深さがある地下での作業は、のちに換気および水力学の効率のよい手法が開発されるまでは、不可能だった。それに、地下での石炭採掘が本当に求められるようになるのは、18世紀初頭に鉄の大量生産が始まり、蒸気機関が発達してからだった。

フランスの医師ルネ・ラエンネック（1781～1826）は聴診器の発明でよく知られているが、炭坑夫のあいだに見られる病気に気づき、メラノーシスと名づけた。肺が黒い物質の嚢胞（のうほう）に浸潤される病気で、いまは一般に「黒肺塵症（こくはいじんしょう）」と呼ばれている。のちに、シリカやアスベストといったその他の鉱物の吸入も肺に同じような損傷を与えることがわかって、1866年に「塵肺症」という総称が導入された。考案したのは、旋毛虫症の発見で知られるドイツ人病理学者のフリードリッヒ・アルベルト・フォン・ツェンカー（1825～1898）だ。塵肺とは「ほこりまみれの肺」を意味し、鉱物またはその他の種類のほこりによって引き起こされた肺の線維症を指す。その後、炭鉱夫のあいだの病気は石炭塵肺症、または短く炭粉症と呼ばれるようになった。

古代ギリシャ人は採石場でのシリカへの曝露による塵肺症を目撃していた。ヒポクラテスがそれを書き留めており、ローマの博物学者大プリニウスは、呼吸器を保護すれば防ぐことができると主張した。アグリコラはこれを石工の病気として、ラマツィーニは鉱山労働者の病気として記載した。シリカやその他の鉱物の粉末を吸い込むと肺に慢性炎症が起こり、それが線維症と肺換気量の減少につながったのだ。患者は息切れや、随伴する気管支炎による慢性の咳に悩まされた。この病気はいまでは珪肺と呼ばれ、これを防ぎ労働者の安全を守るための規則はいまだに改善が重ねられている。

・・・

１８７５年までに、イングランドにおける石炭関連の肺疾患は事実上、医療問題としては存在しなくなっていた。これは炭坑での換気の向上や衛生状態の改善と労働時間の短縮とが相まって達成されたものだった。代わって有害な塵埃とその影響として注目されるようになったのが、遊離した結晶シリカとそれがもたらす珪肺だった。ウェールズ大学の予防医学の教授であるＥ・Ｌ・コリスが１９１５年に行った一連の講義で、炭坑労働者のあいだの塵肺は採掘作業中に砂岩から飛び散ったシリカへの曝露によるものだと述べている。石炭自体は炭坑労働者の塵肺の原因ではないと考えていたのだ。

しかし事態はそう単純に割り切れるものではなかった。19世紀末まで、炭坑労働者の塵肺の増加と減少の経緯は主に開業医の診療記録と見解を根拠にしていた。ところが1896年のX線の発見が、この分野に大きな風穴を開けた。ヴィルヘルム・コンラート・レントゲンが新しい種類の光線を発見して「X線」と名づけたと発表したのだ。X線撮影は当初、骨折の診断や、膀胱結石のようなX線を通さない異物の検出に使われた。しかしすぐに、その用途はほかの骨格や臓器の検査にまで広がった。そして1907年には西オーストラリアで塵肺にかかった鉱山労働者の肺の画像化に用いられ、やがて、埠頭で石炭の選別や積み込みを行う地上労働者にも同じような肺の変化が見つかった。こうして、X線撮影の発明のおかげで、炭坑夫の病気は再び産業医学において重要な問題となった。

塵肺はアスベストによっても起こり、アスベスト症（石綿症）と呼ばれる。この繊維質の鉱物はシリカのほかマグネシウム、ナトリウム、鉄などの元素からなり、主に三つのタイプがある。マグネシウムを含むクリソタイル、鉄を含むアモサイト、鉄とナトリウムを含むクリシドライトの３種だ。アスベストはエジプト、ローマ、フランス、中国などで使用されたと伝えられているが、大々的に使われ出したのは、南アフリカとカナダで大きな鉱床が発見された19世紀後半になってからだ。耐熱性に優れているため、ボイラーやスチームパイプ、タービン、オーブン、窯などの高温になる装置の断熱材として、非常に価値が高いことがわかった。

カナダのケベックではクリソタイル型アスベストの鉱床が１８４７年に発見され、その30年ほどあとに南部のセットフォードという町で採掘が始まった。さらにその30年後には、カナダのこの地域が世界のアスベストのほとんどを産出していた。その比率はやがて、南アフリカ、ロシア、イタリアの鉱山が操業し始めるにつれて下がっている。１８８０年代初頭に南アフリカの辺鄙な農園でアスベストの試掘と土地投機が始まったが、それはダイアモンドの発見のすぐあと、そしてアフリカ人社会がイギリスおよびアフリカ系白人の植民地主義者の支配下に入った時期だった。やがて試掘者たちは、クロシドライト型アスベストの豊かな鉱脈がボツワナとの国境まで約３９０kmにわたって延びているのを発見する。このアスベストがヨーロッパや北アメリカの市場に出回った。

クリソタイル型アスベストの鉱床は１９０５年に南アフリカのバーバートンという都市の近くで発見され、アモサイトは１９０７年ごろに同国北東部にあるトランスバールのピーターズバーグ採掘地帯で見つかった。

ところがすぐに、イギリスに本社があって南アフリカでアスベストを採掘していたその同じ企業が、アスベストが肺疾患の原因かどうかを確認する当事者となる。そうした企業が「珪肺に関する国際会議」を１９３０年にヨハネスブルクで主催し、そこでアスベスト症が新しい職業病として認められた。企業側がいつアスベストの有害性に気づいたのかは明らかではない。しかし、アスベスト繊維がアスベスト症、肺癌、中皮腫を引き起こすことを明確に示した包括的な報告が、それぞれ１９２８年、１９４８年、１９５９年に公表されている。

シリカ、金属、その他の鉱物は地下では混在する傾向があるため、採掘による曝露は複雑になる。肺疾患を調べるためのX線撮影の扱い方を医師たちが把握し始めたころ、１８８６年に南アフリカのウィトウァーテルスランド地域で金が見つかって、新たな容疑者が浮上した。数年のうちに、シリカ（二酸化ケイ素）からなる鉱物である石英の乾式掘削に致命的な危険のあることが、金鉱労働者の検診で明らかになったのだ。金は石英鉱脈中に含まれる。この金鉱労働者たちは珪肺のほかに肺癌の発症率が高いことがのちにわかった。金の採掘と肺癌とのつながりは１９５７年にローデシア（訳注：現在のジンバブエとザンビアの地域。イギリスの植民地だった時代があった）で初めて記述された。

金の採掘や精錬に従事する労働者の肺癌の原因は、ローデシアの鉱山の原石が高濃度のヒ素を含むという事実によって、いっそうややこしくなる。ヒ素は銀、鉛、銅、ニッケル、アンチモン、鉄などの複合鉱石２００種以上に存在する。したがって、そうした鉱石のいずれかを採掘したり精錬したりすればヒ素に曝される可能性があるが、ヒ素自体が、皮膚癌や膀胱癌だけでなく肺癌も引き起こすことが確認されているのだ。そのほかのタイプの鉱石にもそれぞれ特有の危険性がある。さらに、亜鉛鉱石の採掘や精錬は労働者をカドミウムに曝すが、これも肺癌の原因になる。クロム酸鉛（紅鉛鉱として）や重クロム酸カリウム（ロペザイトとして）の採掘は、クロムを原因とする肺癌を引き起こすおそれがある。ニッケルはさまざまな鉱石に含まれ、そうした鉱石の採掘や精錬は肺や鼻腔、副鼻腔の癌の原因になり得る。

珪肺はいまも存在する。石英は地球の大陸地殻中で2番目に多い鉱物で、内陸部の砂はたいてい石英でできている。この砂はシリカと呼ばれることもある。最近ではキッチン用の石英カウンタートップの人気が高く、その製作を行う労働者に珪肺の発症が見つかっている。再加工された石英の厚板を裁断したり、ドリルで穴を開けたりする際などに流水で塵埃を捕捉しないと、大量のシリカの微粒子が空気中に放出されるのだ。あとのほうで、水圧破砕と呼ばれる天然ガス産出法に関連した珪肺をとり上げる。産出現場の労働者はこの工程に使用される大量の砂に曝されている。

第5章

化学物質の時代

紀元前4世紀にはすでに、病気を化学的な方法で治療した記録が残っている。当時のギリシャの医師ヒポクラテスが、柳の葉からつくった飲み物を分娩時の痛みの緩和に勧めているのだ。それからおよそ2000年後の1763年には、イギリスの聖職者エドワード・ストーンが、すりつぶした柳の樹皮をリウマチ熱に苦しむ50人の教区民に用いた。1828年になってようやく、柳の木の活性成分であるサリチル酸という化合物がドイツの薬理学者ヨハン・ブフナーによって発見された。サリチル酸は現代の合成有機化学によってアスピリンに変換され、いまでは非常にありふれた家庭用鎮痛剤になっている。

有機合成化学分野の発展にはかなりの意識改革が必要だった。立ちふさがったのは古くから続く概念だった。体内で起こっていると思われる化学反応を実験室で再現することは不可能だと考えられていたのだ。皮肉なことに、毒性学の父と称されるパラケルススも、発展の妨げとなった歴史上の人物の一人だった。

古代の学派は病気の原因を、目に見えない「生命力」であるアルケウスが「体に有用な化合物と有害な化合物を分離するという機能を果たす」のに失敗したためだとしていた。ルネサンス期にパラケルススが生気論という考え方を復活させ、生物の機能は生命の根源である*vis vitalis*、*spiritus vitalis*、すなわち霊魂によって動かされており、そうした力は非生物世界を支配している物理化学的な力とは明確に区別できるという説を唱えた。生物の体内で起こる化学反応はこの生命の根源なしには起こり得ないと考えられた。実験室の環境にはこの生命の根源が欠けているので、体内での有機合成を実験室で再現することはできないというわけである。

ところが、たった一つの出来事によって、そうした思い込みはあっさりと投げ捨てられる。ドイツの化学者フリードリヒ・ヴェーラーが１９２８年に、通常は尿中に見られる有機化合物の尿素を合成した。シアン酸とアンモニウムを反応させることで、二つの無機分子から有機化合物を合成することに初めて成功したのだ。彼は師であるスウェーデン人のイェンス・ヤコブ・ベルセリウスに、生きている腎臓を使わずに実験室で尿素をつくる方法を発見したと宣言した。ベルセリウスは、生命力なしに有機化合物をつくり出すことはできないという*vis vitalis*学説の強固な信奉者だった。それにもかかわらず、彼はその偉業を認め、ヴェーラーを祝福した。「まさに、彼はその名を不朽のものとする技を会得したのだ」と。そしてヘルマン・コルベが二硫化炭素から酢酸を合成したことが、生気論にとってのとどめの一撃となる。これらの発見が、有機合成化学という分野の誕生につながった。1897年には製薬会社であるバイエル社のフェリックス・ホフマンがアセチルサリチル酸を合成したが、これは柳の樹皮の活性成分に由来し、のちにアスピリンと名づけられた。

1849年にイギリス人のチャールズ・ブラッシュフォード・マンスフィールドが石炭から純粋なベンゼンを製造する分留法を開発したのを機に、産業化学物質の時代が始まった。石炭は化石燃料由来の化学物質の最初の主要な供給源となる。マンスフィールドはアウグスト・ヴィルヘルム・フォン・ホフマンの弟子であり、コールタールを研究していたドイツ人科学者のホフマンは、ヴィクトリア女王に招かれてロンドンに来ていた。ベンゼンは極めて可燃性の高い最も単純な芳香族化合物で、六つの炭素からなる六角形の構造をしている。炭素間の結合は三つが二重結合、三つが単結合となっており、各炭素に水素が結合している。ベンゼンは親油性物質の究極の溶媒であるだけでなく、多くの重要な化学物質の合成における出発原料でもある。なお、マンスフィールドは実験室事故の最初の犠牲者の一人となる悲劇に見舞われている。実験室の火事で重いやけどを負い、それがもとで亡くなった。

合成化学物質によって癌が起こり得るという最初の明確な証拠をもたらしたのは、染料工業分野の研究だった。同じくホフマンの弟子である若いイギリス人化学者のウィリアム・ヘンリー・パーキンがベンゼンからキニーネを合成する実験をしていたとき、有機化学におけるある大きな発見があった。できたのはキニーネではなく、優れた着色性をもつ青みがかった物質だったが、のちにアニリンパープルとして知られるこの物質は、これまでつくられたどの染料よりも色落ちしにくかった。この美しい藤色の染料を皮切りに、ほかの染料も続々とつくられた。まもなく、コールタールのその他の成分も、染料をはじめとする化学物資の製造に利用できることがわかった。こうして、アニリン染料として知られる一連の重要な工業化学物質が合成された。

外科医によるこれらの染料の研究から、化学物質への曝露によってどのようにして癌ができるのかに関する重要な情報がもたらされた。１８９５年、ベルリンで開催された第24回ドイツ外科医協会会議で、外科医のルートヴィッヒ・レーンが「フクシン（マゼンタ）製造作業員のあいだの膀胱腫瘍」と題する講演を行った。そのなかで彼は、ヘキスト社の染料工場でアニリンを製造する作業員の45人中3人に膀胱癌腫が見つかったと報告した。レーンはマクシミリアン・ニッツェ（1848～1906）によって導入された膀胱鏡を早くから使っており、もともとは尿中の潜血が認められたそれらの作業員の膀胱を直接観察することで、2件の良性腫瘍と1件の癌を見つけていた。ロンドン大学癌研究所のロバート・ケースによると、レーンは、製造工程に用いられた物質のなかでそれらの作業員が曝（さら）されたもののうち、最も疑わしいのはアニリンであると結論づけた。この疑惑から「膀胱のアニリン腫瘍」という用語が生まれ、医学教科書にもよく登場するようになった。ところが、犯人はアニリンではなくほかの芳香族アミン類であることが判明する。いずれも、ベンゼンの窒素を含む誘導体だった。

1920年までに、染料工業で使われる数種類の芳香族アミンが、膀胱癌を引き起こす疑いのある物質として特定された。ドイツで教育を受けた若手病理学者のヴィルヘルム・ヒューパーは、1930年にアメリカのニュージャージー州ディープウォーターにあるデュポン社の染料工場を訪問した際に、ドイツでは同じような作業をしている染料労働者に膀胱癌が見つかっていると、経営者に注意を促した。その後、それらの作業員にも25例の膀胱癌が見つかった。デュポン社は調査のための実験室を立ち上げてヒューパーを雇い、作業員の膀胱癌の化学的な原因を探らせた。１９３８年にヒューパーは論文を発表し、疑われていた化学物質の一つであるβ－ナフチルアミンによって、犬の膀胱に癌ができたと報告した。この仕事で、彼は実験動物での膀胱癌を明確に実証した最初の研究者となった。

続いてＴ・Ｓ・スコットが１９５２年に、イギリスの染料製造会社であるクレイトン・アニリン・カンパニー・リミテッドで１９３５年から１９５１年にかけて芳香族アミンであるベンジジンにだけ曝された作業員１９８人のあいだで、23例の良性および悪性の膀胱癌が見つかったと発表した。ロンドン大学癌研究所のケースは１９５４年に、イギリスでの１９２０年から１９５０年にかけての21社のデータの分析結果を報告した。４６２２人の労働者群における２９８例の膀胱癌のうち、38例はベンジジンにだけ曝されたという話だった。ケースによると、非曝露の一般人口４６２２人なら、死亡診断書に膀胱癌への言及がある人数は４人になると予想された。明らかに、膀胱癌発生率が劇的に増えていた。

・・・

石炭から生み出されたベンゼンは第一次世界大戦後には主要な原材料となり、やがて産業界のいたるところで用いられる化学物質となった。溶媒として使用され、自動車の燃料にも活用された。フェノールに変換されて、フェノールホルムアルデヒド樹脂のような合成樹脂の製造に大量に使用され、ナイロンの製造にも用いられた。特に第二次世界大戦中には、合成ゴム用のスチレンの生産にますます大量に使われるようになる。1950年までは、ベンゼンはほぼすべて石炭乾留の産物から得られ、「軽油」として石炭ガスから除去するか、タール留分を蒸留するかによって取り出されていた。石炭からのベンゼンの生産は1950年代にピークに達し、年に約7億5700万kgとなったが、その後大幅に落ち込んで石油由来のベンゼンに首位を譲った。

ベンゼンは、石炭からの製造に従事したり使用したりする労働者の骨髄に有害な影響を及ぼすと報告されている。ハーバード大学で産業医学を研究していたアリス・ハミルトン医師が１９２２年に、健康へのベンゼンの影響としては最も早期に発見された症例をいくつか記録している。彼女は、ベンゼン中毒の症例が最も多いのはドイツだが、ゴムを溶かすのにベンゼンを使っていたある工場からの少数の症例が、第一次世界大戦前にジョンズ・ホプキンス大学で報告されていると記した。ハミルトンが目にしたのは骨髄中の造血細胞の破壊で、その結果、体内を循環する赤血球および白血球と血小板の数が大幅に低下し、場合によってはこうした血液成分が完全に消失していた。赤血球は酸素を運び、白血球は感染症と闘い、血小板は血液凝固に関わる。これらの減少は健康に重大な影響をもたらし、その影響はベンゼンに曝されるとすぐに起こる場合が多かった。

ベンゼンによる職業上の影響については、１９３９年にさらに二つの論文が発表された。マサチューセッツ州労働産業局労働衛生課のマンフレッド・ボーディッチとハーベイ・エルキンズが、合成皮革の靴を製造する労働者の曝露を調査した。製造にはベンゼンを含むゴム接着剤が日常的に使用されていた。マサチューセッツ総合病院のフランシス・ハンターがそれと同じベンゼン曝露労働者の医療記録を報告した。彼らは10例の中毒死と57例の赤血球および白血球数低下を発見している。

１９７７年になってようやく、オハイオ州シンシナティにある疾病対策センター国立労働安全衛生研究所から、労働者の白血病に関する決定的な疫学調査結果が発表された。ベンゼンに溶かした天然ゴムから「プライオフィルム」を製造する作業員を調査したものである。プライオフィルムはゴムからつくられる防湿フィルムで、主にレインコートや包装資材に用いられる。白血病はめずらしい病気ではないので、作業員の白血病有病率と非曝露集団の予想される有病率を比較する必要があった。作業場の空気中のベンゼン濃度はモニターされていた。調査対象母集団の白血病による予測死亡数を求めるため、著しいベンゼン曝露のない二つの集団が対照群として選ばれた。第一のグループはすべて白人のアメリカ人一般男性で、年齢と調査対象群の生存期間に応じて標準化された。第二のグループはオハイオ州の違うタイプの工場に雇われていた男性１４４７人で構成された。二つのグループを比較してみたところ、ベンゼンに曝露したプライオフィルム作業員の白血病患者数は、曝露のない場合に予想される患者数の約５倍であることがわかり、しかもこれらの結果は統計的に有意だった。この調査チームは別に、この両方の工場での過去の曝露をさらに詳しく調べ、両工場ではさまざまな区域でその他の溶媒も使用されていたものの、塩酸ゴムの製造に使用されていた溶媒はベンゼンだけだったと報告した（ただし、一つの工場では１９３６年から１９４９年にかけてクロロホルムも使われていた）。さらにその後、プライオフィルム作業員のあいだで増えていたのは特殊なタイプの白血病である急性骨髄性白血病だったことが明らかになった。これは、イタリアのグラビア印刷および靴製造業でベンゼンに曝された労働者のあいだでの、やや確実さに欠けるこれ以前の調査結果とも一致した。

・・・

やがて石油がベンゼンの主要な供給源として登場し、石炭生産を追い越して、化学の時代をさらに押し広げた。無鉄砲な夢想家と揶揄（やゆ）されたエドウィン・ドレークが１８５９年にペンシルベニアで最初の油井（ゆせい）を掘り当て、世界の歴史を変えた。すぐに、石油製品の一つである灯油のユニークな特性が原動力となって、フロリダ州タイタスビルのいたるところに油井やぐらが出現した。灯油はほかのどの光源よりも明るく燃えたため、よく売れたのだ。最初の油井が掘られてから2年後には、強力な噴出油井が黒い奔流を空に高々と噴き上げていた。ジョン・D・ロックフェラー・シニアは共同経営者のモーリス・クラークとともに1863年に石油市場に参戦し、それからの40年で、灯油と潤滑油で一財産を築く。ゴットリープ・ダイムラーは自転車、三輪自転車、そしてついには軌陸車にガソリンエンジンを搭載し、カール・ベンツは1886年に自動車の特許を取得した。それ以前はガソリンには何の使いみちもなく、精製工程中または夜陰に乗じて燃やされるか、水路や川に垂れ流しにされていた。こうした初期の時代を経て石油産業は全盛期を迎え、灯油や潤滑油、ガソリンに加えて、やがてベンゼンやトルエン、キシレン、エチルベンゼンといった石油化学製品が製造されるようになった。石油からのベンゼンの商用製造は1941年に始まった。1950年には石油ベンゼンがベンゼン製造統計に初めて含まれるようになり、約3790kgに達した。

化学の時代はいまや爆発的な拡大を見せつつある。実験室で新しい化学物質が何万もつくられ、そのなかの何千もの物質が商業生産されるようになって、いきおい、人間がそうした化学物質に曝される可能性も高まっている。石油や天然ガスからつくられる化学物質の量は１９５０年には約63億kgと、前年の２倍に達した。１９７１年には、石炭を原料とするベンゼンの量はアメリカのベンゼン生産量の約12％にまで縮小していた。

石油化学製品の生産規模の拡大に歩調を合わせるように、現代毒性学は１９５０年から の20年で独立した学問分野となり、大学生や大学院生が学ぶようになる。その前は毒性学といえばもっぱら毒物の影響やその中毒の治療法を扱い、薬理学と双子のようなものだった。薬理学者が主に薬物の有益な作用に関心をもつのに対して、毒性学者はその有害な影響を研究していた。しかし毒性学が扱う範囲は拡大して、職場や環境中で起こる長期の化学物質曝露の影響も包含するようになる。１９７５年には毒性学の最初の本格的な教科書が出版された。有害物質規制法（ＴＳＣＡ）による１９７９年の規制化学物質一覧には、その時点において商業利用を製造業者が報告した化学物質６万２０００種が含まれていた。

このときまでに、そうした化学物質の一部には発癌性のあることがわかっていた。本書の初めのところで述べたように、そのなかの一つは塩化ビニルで、肝臓の血管肉腫という非常にめずらしい癌を引き起こすことが確認された。ポリ塩化ビニル樹脂製造作業員のあいだで因果関係が明確に証明されたのだ。アスベストも、アスベスト採掘者に見られる中皮腫と呼ばれるまれな肺癌の原因であることが、比較的簡単に判明した。染料工業では、化学物質による癌はもっとありふれた膀胱癌だったが、労働者のあいだでの発生率が非常に高かった。

こうした職場環境での化学物質への曝露が極めて高濃度だったことを、強調しておくべきだろう。染料作業員は染料の中間生成物をシャベルで大量にすくい取り、全身が粉塵まみれになっていた。実に作業員たちの半数が膀胱癌を発症していた。反応容器を洗滌(できき)する塩化ビニル作業員は薬品の蒸気で意識不明になることもあった。体内のベンゼン濃度も高く、骨髄毒性を示した症例も多かった。これらの作業員は明らかに、体が解毒して発癌性を封じ込める閾値(いきち)を超えるような用量の化学物質を浴びていたのだ。

第6章

バイオアッセイ・ブーム

化学物質の毒性はどのようにして調べればよいのだろうか？　研究対象をヒトにするか動物にするかは、おおむね、研究者が医者か、疫学者か、実験科学者かによって左右される。しかし、最も役に立つ情報が得られるのはどちらだろうか？　研究分野によってどちらかに決まる場合もあるだろうが、一般にどちらにも価値があるし、もちろん状況によっては、ヒトを対象とした研究と動物実験との組み合わせもあり得る。そうは言ってもこのテーマは昔から論争を引き起こしており、どちらを好むかをめぐって激しい言葉の応酬に発展することさえあった。医科学分野では情報の多くを、ヒトを対象とする研究に頼ってきた。とはいえ、ヒトの解剖学的構造、生理機能、病気のモデルとしての動物の使用には長い歴史がある。

古代ギリシャの医師ヒポクラテス（紀元前460〜370）は、病気や毒物の影響についての知識を得るためにもっぱら自分が診た患者の研究に頼った。古代ギリシャの哲学者アリストテレス（紀元前384〜322）は動物を解剖したが、彼の研究はどちらかといえば動物学という当時発展中の科学に寄与するものであって、ようやく始まりつつあった人体のはたらきの理解には貢献しなかった。彼は人体の解剖はまったく行っていない。ヒトの死体を初めて科学的に解剖したのはヘロフィロス（紀元前３２５〜２５５）だ。彼はコス島のヒポクラテス学派の医学校で学んだあとにエジプトのアレクサンドリアに移り、そこで同時代人ではあるが年下の医師エラシストラスと一緒に仕事をした。ヘロフィロスは解剖学および生理学において数々の画期的な発見をしたため、解剖学の父と呼ばれている。

ガレノス（紀元１２９〜２１７）はサル、ヒツジ、ブタ、ヤギの解剖を行ったが、人体解剖はしていない。彼は動物の解剖学的構造の観察から、人体の構造や生理機能のいくつかを推測した。たとえば、ヒトの尿路の構成を正しく推測し、腎臓から出た尿が尿管を通って膀胱に流れ込むとしている。中世には、人体の解剖は神への冒涜とみなされていた。キリスト教信仰の締めつけが特に厳しかったあの時代には合理的な思考が麻痺し、医師にできるのはせいぜい、アリストテレスやガレノスといった過去の偉大な人物の仕事を再現することだと教えられた。ずっとあとになってようやく、ウィリアム・ハーヴィー（１５６７〜１６５７）がガレノスの犯した誤りの一部を訂正する。ケンブリッジ大学で医学博士号を取得したハーヴィーの推論の根拠は主として動物での新たな観察であり、ヒトの死体を調べたわけではなかった。

人体解剖は限定的な規模ではあったが許されていて、13世紀に始まり、イタリアのモンディーノ・デ・ルッツィが1316年に解剖学の教本を書いている。とはいえ、彼の所見はすでに確立されているものとほとんど同じだった。その後、画家のレオナルド・ダ・ヴィンチをはじめ多くの解剖学者の研究が、アンドレアス・ヴェサリウスによる決定的な著作につながる。以前の章で述べたように、医学は16世紀のパラケルススならびに18世紀のベルナルディーノ・ラマツィーニの研究によって変貌を遂げたが、それはヒトを対象とした研究によるところが大きい。

その後、振り子は動物の研究へと揺れ戻る。ルイ・パスツール（1822〜1895）は動物実験を活用して病気と闘った最初の科学者の一人だ。彼は感染症に関する細菌論、すなわち異物——いまで言うウイルスや細菌——が体内に侵入して感染を引き起こすという説を提唱した一人だった。もしそうした作用物質を弱めた形で体に入れてやれば、免疫系を目覚めさせて、感染を防いだり撃退したりできるのではないかとパスツールは考えた。狂犬病を研究した彼は、感染したウサギの脊髄を乾燥させたものにほぼ無毒の微生物が含まれることを発見した。それをイヌに注射すれば、ウイルスに曝しても狂犬病の発症は防げるだろうと考えた。狂犬病の犬に15カ所も噛まれた子どもの治療を頼まれたとき、自身の狂犬病ワクチンをテストする一世一代の機会がやって来た。動物実験で学んでいた知識をもとに、パスツールが徐々に用量を大きくしながら14日にわたってワクチンを投与したところ、子どもは発症しなかった。同様の成功をもう一度収めたことで、パスツールはヒトの病気との闘いにおいて、動物実験を用いた研究には価値があることを実証した。その後の国民的な熱狂のなかで、１８８８年にパスツール研究所が設立された。

パスツールがワクチン製造に用いた炭疽菌は、ロベルト・コッホ（１８４３〜１９１０）によって分離されたものだった。コッホは結核、ジフテリア、チフス、肺炎、淋病、髄膜炎、ハンセン病、腺ペスト、破傷風、梅毒、百日咳などの病原体も分離している。そのうえ、ある微生物を病気の原因と断定するのに必要な一連の原則を確立した。これは科学的方法に関する一大偉業とされるべきもので、「コッホの原則」と呼ばれるようになる。原則の一つ、疑わしい病原体の動物でのテストに関する項目は、「分離されたもともとの微生物から何世代も隔てた純粋な培養物によって、実験動物で病気を再現できること」となっている。

ヒトの病気の多くの側面の研究において、動物は重要であり続けた。毒性学に動物が欠かせないのは、毒物を意図的に投与してその効果を観察することが可能なのは動物だけだからだ。やがて、癌のような慢性疾患を化学物質がどのようにして引き起こすのかを理解するうえで、動物による研究が重要になっていく。しかしそれは、感染病原体を分離したり毒液の致死効果を説明したりするよりも、はるかに複雑な仕事だった。

・・・

毒性学におけるバイオアッセイ(生物検定)の広範な使用をもたらしたのは、人目を引く三つの出来事だった。スルファニルアミドの新しい剤形が引き起こした中毒、サリドマイドによる先天性四肢欠損症という惨事、そして議会のデラニー委員会をめぐる世間の注目の三つである。初の「サルファ剤」抗菌薬であるスルファニルアミドは、

１９３０年代に細菌感染症の治療のために導入された。錠剤や粉末剤として投与され、劇的な治療効果をあげていたが、テネシー州ブリストルの製薬会社であるＳ・Ｅ・マッキンギル・カンパニーは、大人も子どもも飲める液剤で提供したいと考えた。そこで実験を重ね、スルファニルアミドが新しく開発された溶媒のジエチレングリコールによく溶けることを発見する。同社はエリキシール・スルファニルアミドと名づけた液剤を大量に調製し、全国にどんどん出荷した。

すぐに、恐ろしい突然死の報告が入り始めた。ある医師は１９３７年に次のように書いている。

それにしても、６人の人間――すべて私の患者であり一人は親友だ――が、何も知らずに私が処方した薬を飲んだために死んでしまうとは。しかもその原因は、何年も私が処方してきた薬にもかかわらず、テネシー州の定評ある大手の製薬会社に勧められた最新最先端の剤形になったことで突然、致命的な毒に変わってしまったことなのだ。こうした事実を知って以来、私は昼も夜も、心と魂の苦悶に苛（さいな）まれている。このような苦しみに耐えて生き延びられる人間がいるとは思えない。いっそ死んでしまえばこの苦しみから解放されるのだと、絶えず考えている。

ある女性はフランクリン・D・ルーズベルト大統領への手紙で、子どもの死について次のように書いている。

ジョーンのためにお医者さんを呼んだのはあれが初めてで、そのときにエリキシール・スルファニルアミドを処方されました。そして私たちには、彼女の小さなお墓の世話だけが遺されました。あの子の思い出さえ、身を切るような悲しみとごっちゃになっています。小さな体が苦しみもだえるさまがいまも目に浮かび、痛みに泣き叫ぶか細い声がいまも聞こえるからです。そのせいで、頭がおかしくなりそうです……どうか、小さな命を奪ってこのような苦しみをあとに残す薬の販売を止める手立てを講じてください。今夜の私のように将来に何の希望ももてない人間が、これ以上出ないようにしてください。

当時の法律は新薬の安全性試験の実施を要求しておらず、スルファニルアミドの新しい剤形の毒性は調べられていなかった。通報を受けた製薬会社はエリキシール・スルファニルアミドに関する動物実験を実施し、薬を溶かすのに使われたジエチレングリコールが致命的な毒であることを発見した。

エリキシール・スルファニルアミドでの大失敗をきっかけに、１９３８年の連邦食品・医薬品・化粧品法の制定が急ピッチで進められた。この法律は、ヒトへの毒性がないことを保証するため、新しい薬剤に対しては動物実験の使用を要求していた。25年後、この薬剤規制の新しいシステムが、さらに大きな薬害事件――ドイツとイングランドで起こったサリドマイド事件から、アメリカを救うことになる。

サリドマイドの薬理作用を記述した最初の論文が１９５６年に発表され、翌年にはこの薬がドイツで最初に売り出された。サリドマイドは、バルビツール酸類とは異なる作用をもつ催眠鎮痛薬であることが実験で明らかになっていた。筋肉の協調運動失調や呼吸抑制、昏睡を引き起こさないので、事実上無毒と考えられた。試験を受けていない薬が他国よりはるかに容易に市場に出回るドイツで、サリドマイドは処方箋の要らない市販薬として販売された。当時のイングランドでも同様に、薬の効果または安全性の立証は求められていなかった。

サリドマイドに毒性がないという説には、すぐに悲惨な状況で疑問符がつくことになる。1959年12月にドイツで行われたある会議で、ヴァイデンバッハという名の小児科医が、前年に生まれた奇形児の病歴を提示した。原因は遺伝にあるとされた。ところがその9カ月後のドイツ小児科学会で、別の2人の医師がさらに2例の似たような奇形について述べた。しかし、さらに多くの症例に気づいたヴァイデンバッハが13例を記述した論文を発表するまで、そうした報告には大した手は打たれなかったようだ。それらの症候群は「アザラシ肢症」と呼ばれ、四肢の短縮または欠落に併せてその他の著しい先天性欠損を示していた。ドイツではこの10年、そのような症例の報告はなかった。これはまさに先天性欠損の集団発生だった。

それからわずか2カ月後、ドイツでの別の会議で、ペイフェールとコーゼノーが、ミュンスターの小児病院で22カ月のあいだに見つかった乳幼児の長骨欠損34例について報告した。会議に出席していたハンブルクのウィドキント・レンツ医師は、薬剤が関係しているのではないかという疑いをもった。調べてみたところ、案の定、母親の多くが、つわりを抑えるために新しい鎮静剤のサリドマイドを服用していたことが明らかになった。１９６１年11月16日、レンツ医師は、製薬会社のヒェミー・グリューネンタール社にこの問題についての警告を発するに十分な証拠がそろったと感じた。そこで11月18日の医学会議で、サリドマイドがこれらの異常の発生に関与した可能性を論じた。レンツ医師は、こうした影響を受けた乳幼児の母親のうち、かなりの人が妊娠２カ月のときにサリドマイドを飲んでいたことに気づいていた。ちょうど胎児の身体構造の発達が活発な時期にあたり、その際にできた奇形が出生時に明らかになったのだ。

１９６１年だけでも、以前はほとんど見られなかったこうしたタイプの先天性奇形の新生児が西ドイツで４７７例も見つかった。悲劇は拡散し、同様の奇形児の報告がほかの多くの国からも寄せられ始めた。特に目立ったのが東ドイツ、ベルギー、スイス、スウェーデン、オーストラリア、イングランド、スコットランドだった。最終的に、つわり対策としてサリドマイドを口にしていた母親からおよそ８００人の奇形児が生まれたことが確認された。

アメリカがこの惨事をおおむね免れたのは、フランシス・O・ケルシーという名の食品・医薬品局の医官がこの薬の承認を抑え込んでいたおかげだった。ケルシーは食品・医薬品局に雇われた最初の月のあいだに、初めての担当案件であるサリドマイドに反対する立場を固めた。仕事は、すでにヨーロッパで広く使われている睡眠薬の単純な評価のはずだったが、ケルシーは製薬会社から提出されたあるデータを不安視した。繰り返し服用した患者に危険な神経学的副作用が見られることを示していたのだ。彼女は承認を保留し続け、アメリカの製造元であるシンシナティのウィリアム・S・メレル・カンパニーは、彼女の懸念を払拭するためにあらゆる手を使った。

ケルシーはアメリカ食品医薬品局（FDA）では新米だったが、承認申請に判断を下すための適切な教育は受けていた。シカゴ大学で医師の資格と薬理学における博士号を取得していたのだ。「安全性を裏づけるためにこうした申請書に添付される文書の仕事の質には、ショックを受けたと言わざるを得ません」とケルシーはのちに『*London Times*』紙の取材で回想している。1938年のFDA法令は、新薬についてある程度の試験は要求していたものの、ストップする十分な理由がない限り承認を出すような方向で書かれていた。事実上、「疑わしきは罰せず」の方針だったのだ。ヒトについては、サリドマイドに関する承認前試験はまったく行われておらず、動物でのデータも不完全だった。感覚神経に影響を及ぼすという報告が多少あり、神経系へのさらに幅広い影響を示す証拠があった。ケルシーはこうした結果を根拠に、アメリカでのサリドマイドの承認を遅らせた。彼女の努力のおかげで、アメリカでは奇形児の誕生はわずか17例にとどまった。そのうち7例は母親が海外で薬を入手し、10例は治験のために免責のうえ投薬されていた。１９６２年8月7日、ケルシーはジョン・Ｆ・ケネディ大統領から「連邦文民特別功労賞」を授与された。

・・・

ヨーロッパでのサリドマイドの悲劇によって、連邦食品・医薬品・化粧品法の強化のために提出中の合衆国法令に世間の注目が集まることとなり、そのあいだに議会ではキフォーバー・ハリス医薬品改正法が可決された。以前の政府勧告にも動物の繁殖周期中の試験が含まれていたものの、医薬品安全委員会のはたらきによって、ＦＤＡはようやく、ヒトでの大規模な臨床試験の前に追加の動物実験を要求するようになったのだ。そこには特に先天性欠損を調べるための試験が含まれ、また、それらの試験が完了しないうちは、妊娠の可能性のある女性に対する治験薬の投与を許可しないこととされた。

この１９６２年の医薬品改正法では、新薬の承認に対する規制がその他の面でも強化された。ＦＤＡは新薬の試験および規制のための新しい部署を設け、ケルシーをその責任者に任命した。それ以前は、実証されていないありとあらゆる医学的効果を謳う薬が売られていた。しかし、１９６２年の医薬品改正法によって、所定の病気に対して効果があるだけでなく安全でもあることを証明済みでなければ、医薬品は市場に出せないことになった。医学史上、画期的な出来事である。この変化を受けて、１９６２年以降の数年で、何千という処方薬がアメリカの市場から姿を消した。安全性か有効性、またはその両方の証拠がなかったか、既知の医学的事実を反映するようにラベルを変えなければならなかったからだ。ＦＤＡでの45年のキャリアを通じて、ケルシーは規則を強化し続けた。最終的に彼女はＦＤＡの科学調査部の部長となっている。

ＦＤＡには以前から、食品添加物に関して動物試験を要求するという方針があった。アメリカ政府は20世紀初頭から不純物の混じった食品や医薬品から国民を守る仕事に励んでいたが、食品や医薬品、環境一般に含まれる潜在的な発癌物質に関心を向けるようになったのは１９５０年代になってからだった。１９４９年にはＦＤＡ長官のポール・Ｂ・ダンバーがウィスコンシン州選出の下院議員フランク・Ｂ・キーフを説得して、食品中の化学物質を調査するための決議案を提出させた。

１９５０年にはニューヨーク州選出の民主党議員ジェームズ・デラニーの率いる「食品および化粧品への化学物質の使用を調査する下院特別委員会」が、食品供給における発癌性物質に関する証言を聴くために開催された。デラニー委員会公聴会として知られることになるこの一連の出来事が、発癌性物質の特定のための拡大バイオアッセイが考案される土台となった。公聴会で示された情報から、ジクロロジフェニルトリクロロエタン（ＤＤＴ）やその他のより強力な合成農薬、たとえばパラチオン、クロルデン、ヘプタクロルなどに毒性のあることがすぐに明らかになった。１９５４年にはアメリカ連邦議会が連邦食品・医薬品・化粧品法に対するミラー農薬修正案（農薬改正法）を可決し、生鮮農産品中の残留農薬について、ヒトへの曝露（ばくろ）を考慮した安全限界が定められた。

同じく特に懸念されたのが、強力なエストロゲン（女性ホルモン）作用をもつジエチルスチルベストロール（ＤＥＳ）による汚染だった。肥育のため、ニワトリの首にＤＥＳの丸薬が注入されていた。エストロゲンには乳癌のリスクを増大させる疑いがあったが、そうしたニワトリの肉にはＤＥＳが残留していた。ＤＥＳに関するデラニー委員会公聴会がもとになって、やがて連邦食品・医薬品・化粧品法に対する修正案として１９５８年の食品添加物改正法が成立し、実験動物あるいはヒトに対して発癌性があるとわかった食品添加物の使用が禁止されることとなった。この新しい法律によってニワトリへのＤＥＳの使用はなくなったものの、ＤＥＳは１９８０年代まで、流産を防ぐための薬として流通していた。服用した母親から生まれた子どもに生殖器の癌や異常を引き起こすという圧倒的な証拠が明らかになるまで使用は続いた。

デラニー委員会は結局、連邦食品医薬品法に対する三つの修正案を提示し、規制のプロセスを今後どう進めるべきかを決定づけた。しかし、デラニー修正案が可決されたときには、何千もの医薬品や化学物質がすでに市場に出回っていた。新たな修正案によって、食品業界は食品中の添加物や着色料、残留農薬などの安全性を、動物試験を用いてテストするよう求められることとなった。ＦＤＡは食品添加物や着色料の安全性の評価に必要な動物試験データを得るための手続きを１９５５年に指定し始めており、１９７３年まで、人間用の新薬を検査して売り出すための動物試験として、ラットでの18カ月の試験とイヌまたはサルでの12カ月の試験が必要条件とされていた。製薬工業協会は結局、新薬承認申請に用いる試験にはラットおよびマウスを用いた18カ月から24カ月の慢性試験を含めると決定した。

・・・

ジョン・ワイズバーガーがアメリカ国立癌研究所（ＮＣＩ）の公衆衛生局特別研究員になったのは１９５０年、デラニー委員会がバイオアッセイ・ブームにつながる公聴会を開始したのと同じ年だった。ワイズバーガーはＮＣＩの発癌性物質スクリーニング部の部長に任命され、その後、発癌バイオアッセイプログラムの責任者となった。そこで彼は妻のエリザベスとともに、芳香族アミンの2-アセチルアミノフルオレン（AAF）が癌を引き起こすメカニズムの研究を始めた。

ワイズバーガーが発癌性試験プログラムを開始した1961年、研究はもっぱら、AAFと化学的に類縁の芳香族アミン類の発癌性を、ドイツの染料作業員に膀胱癌を引き起こしたことがすでに証明されている芳香族アミン類と比較する作業が中心だった。ルートヴィッヒ・レーンが1895年に研究した癌である。ワイズバーガー夫妻は動物実験のための手順を考案し、バイオアッセイを適用する優先権は、癌がどのように発生するかを解明するのに役立つと思われる化学物質に与えられた。

すぐに政府による規制のために何百もの化学物質の試験が必要になり、巣立ったばかりの動物実験業界にはとても消化しきれないほどになった。農務省によって施行された1947年の連邦殺虫剤・殺菌剤・殺鼠剤法は、1972年に改正されて農薬の発癌性の動物実験を要求するようになり、新設された環境保護庁の管轄となった。新しい規制に適合するために試験が必要な活性成分の数は600にのぼった。

現在行われている動物バイオアッセイのデザインは1970年代に標準化されたものだ。通常、一つはマウス、一つはラットを用いた別々の2組の試験が求められる。一つの化学物質につきそれぞれ三つの異なった用量を用い、用量ごとに100匹の動物を割り当て、対照群にも別に100匹を割り当てる。最高用量は動物が生涯にわたって与えられても毒性による死亡率の有意な上昇を示さない量とする。これは最大耐用量（MTD）と呼ばれ、生涯にわたる評価を行う本試験に先立って実施される予備的な短期試験の結果から推定して求める。半数致死量（LD_{50}）から2年間試験までのすべての段階の試験を合わせると、各バイオアッセイ――化学物質一つの試験――の完了には通常、1000匹を優に超える動物と数年の月日を要する。

バイオアッセイの目的は化学物質の毒性作用を明らかにすることであり、用量を引き上げて毒性作用を生じさせる。発癌性試験にバイオアッセイが使われるようになるまで、試験の主な目的は特定の臓器に対する毒性を見極めることだった。これは医薬品や食品添加物には特に重要だった。動物実験は昔もいまも、どの臓器が最も新薬の害を受けやすいかを知るために行われる。その傷害性がわかれば、ヒトでの治験を計画する際に、そうした臓器のより詳細な理学的検査や臨床検査を実施することができるからだ。動物の全身状態の検査では、毒性が細胞外での症状、たとえば血圧や心拍数、呼吸数などの変化に起因する場合もある。

しかし、なぜ動物実験では癌を検出するためにそのような高用量を使う必要があるのだろうか？　なぜヒトの普通の曝露レベルで試験しないのだろうか？　その答えは毒性の検出率に関係がある。曝露された動物やヒトのそれぞれについての検出率は極めて低い。要求される統計学的信頼度を設定したのち、毒性を検出するのに必要な最小動物数を算出できるが、5％の動物に現れる毒性を統計学的に信頼できる方法で検出するには58匹の実験動物が必要になり、1％の動物に表れる効果なら約300匹が必要になる。同じように、0・1％と0・01％の頻度で起こる出来事については、それぞれ3000匹と3万匹の動物が必要になると推測できる。1群につき50匹しか使わないなら、大半の癌についてバイオアッセイ試験の感度がそれほどよくないのは明らかだ。規制に関わる毒性学者は、動物に与える用量を引き上げることでこの問題を克服するという賢い方法を思いついた。用量効果は通常、直線的に増大するからだ。そこで、3万匹の動物に、ヒトが受ける通常の曝露量に近い低用量を与えるのではなく、ヒトの曝露量の約500倍の量を与えれば、一用量につき約50匹しか必要ないことになる。この方法の唯一の問題は、この用量では動物に中毒を生じさせてしまい、ヒトの曝露レベルでは決して起こらないような効果を引き起こしてしまうかもしれないことにある。それに、動物の特定の臓器の慢性中毒が、このような高用量曝露がなければ起こらなかったであろう癌をその標的臓器にもたらすかもしれない。

低い曝露レベルでは、ホメオスタシス機構（恒常性維持機構）と呼ばれる作用のおかげで、普通は毒性が発現しない。これは化学物質の効果に対抗する生理学的な機構とも考えられ、たとえば毒素が血圧低下をもたらしたときには血圧を上昇させる刺激が発生する。別の例としては、毒性物質によって損傷を受けた細胞の再増殖がある。しかし、ヒトが曝される可能性のある500倍もの量の化学物質を動物に与えた場合は、ホメオスタシス機構には過剰負荷となって、毒性物質による損傷を防いだり修復したりする体の能力を超えてしまう。したがって、ラットやマウスでの「最大耐用摂取量」での毒性は、ヒトの通常の医薬品服用量や化学物質への職業曝露では決して起こらないだろうし、ましてや環境からの曝露では起こるはずがない。動物実験の結果が手に入ったあとは、動物が示した効果について、ヒトで考え得る用量でヒトに動物と同じ傾向があるかないかを見極めるのが、難しくて重要な仕事となる。

・・・

アメリカ国家毒性プログラム(NTP)は1978年に健康・教育・福祉省で開始されたが、動物発癌性試験のほとんどは1981年にNCIに移された。NTPには、動物実験をNCIのためだけでなく、FDA、国立労働安全衛生研究所(NIOSH)、国立環境科学研究所(NIEHS)のためにも行うという目標が与えられた。NTPでは、検討した500万近い化学物質のうちでヒトが曝されるのは約5万3000であることが確認された。NTPの推定によれば、そのなかでヒトが極めて曝されやすい化学物質は約1000で、それが、プログラムで試験すべき物質となった。

しかし、その1000の化学物質のために必要な動物実験の量は、化学薬品製造会社、製薬会社、ＮＴＰの内部の対応能力を超えていた。必要な試験業務を提供するには請負研究所の使用を大幅に拡張する必要があり、この業務提供が一大産業となった。そうした請負研究所の一つが、ジョセフ・カランドラ博士の設立した工業用バイオテストラボだ。カランドラ博士は、抗関節炎薬のナプロシンのために作成されたデータに不備があったことをＦＤＡが発見したあと、１９７７年に工業用バイオテストラボの社長を辞任した。ＦＤＡが見つけたのは、研究記録が不完全なこと、一部の動物の腫瘍が報告されていなかったこと、腐敗の度合いが進んでいたために一部の動物の死後の検査に信頼性がないことの３点だった。工業用バイオテストの弁護団によって開示された大陪審証言によると、実験動物の多くは「沼地」と呼ばれる水浸しの部屋で飼われていた。検査助手はのちに連邦捜査官にこう話している。「『沼地』では死んだラットやマウスがあまりにも急速に腐敗するため、死骸がワイヤーケージの底からとろけ出し、糞受けトレーに暗紫色の水たまりをつくっていた」。死亡率が高すぎて、試験中の化学物質の効果の判定ができない場合もあった。

ＥＰＡは工業用バイオテストラボの調査に基づいて１００以上の化学物質を承認して

いた。そのため、試験の無効を宣言して、製造業者にそれぞれの製品の試験をやり直すよう勧告する事態になった。工業用バイオテストラボの職員3人が医薬品試験結果の改竄(かいざん)で有罪となり、最長30年の実刑判決を受けた。ラボは1978年に廃業した。こうした出来事もあって、政府機関による化学物質試験の状況は悪化の一途をたどった。3万5000種の農薬に使用されている1400の成分すべてを1976年までに試験するという最終期限が設定されていたものの、1977年時点で予定より10年遅れていた。この試みを監督している上院委員会は、システムが「カオス状態」にあると述べた。

工業用バイオテストラボの失態を受けて、議会は急遽、NTPのほかの請負研究所による業務を調査するケネディ公聴会を開催した。さまざまな試験会社の業務や施設を査察した結果、不適切な試験計画、無能な仕事ぶり、方法や結果の記録の不備などの事例が明らかになった。試験中に死んだ動物を記録に残さずに新しい動物(被検化学物質による処置を適切に受けていない)に交換するという不正が行われたケースさえあった。肉眼での検視観察結果が削除されたケースもあったが、それはその同じ組織を顕微鏡下で調べる組織病理学者にそれらの病変部の標本が届かなかったためだという。この公聴会の結果を受けてＦＤＡが優良試験所基準（ＧＬＰ）に関する規制案を１９７６年に発表し、１９７９年６月に最終規則を確定したことで、以降はそうした試験の適切な実施が保証されることとなった。やがてＥＰＡも同じ試験手順を採用する。

ＧＬＰを満たすには標準化された研究デザインの使用と、より大きな業務量が必要となるため、急成長中のバイオアッセイ産業が否応なしに大量の仕事をこなすことになった。世界中の政府が、年間売り上げが１兆ドルを超える規模の医薬品や化学薬品、それに石油のような生産物の規制を実施しているのだ。２０１６年にはアメリカ国内で推定１２００万匹の動物が研究に使用された。そうした研究の結果は、アメリカ国内だけでも２０００億ドルの年間売り上げを誇る製薬産業にとって不可欠なものとなっている。ヨーロッパでの試験には約１００万匹の動物が使用されているが、そのコストは年間６億２０００万ユーロと推定される。世界全体でのコストは、間違いなく膨大な金額になるだろう。

アメリカではいまや、化学物質の発癌性がラットやマウスを用いた１０００件を超えるＧＬＰ動物バイオアッセイで試験済みだ。このあとの章で見ていくように、課題はそのデータすべてを正しく読み取ること、特にヒトにどう外挿（がいそう）できるかを適切に読み取ることにある。動物バイオアッセイは依然として製薬会社のために日常的に行われているが、その他のタイプの化学物質のバイオアッセイの件数は減ってきている。たとえば、NTPが出した発癌性バイオアッセイのための技術報告書は、1976年から1985年には約300件、次の10年間には約140件、そして次の20年間にそれとほぼ同数となっている。その一方で、PubMedで文献を検索してみると、1976年以降、疫学研究の報告数が10年ごとに増えているのがわかる。その結果、動物実験に比べてヒトでのデータ量のほうが伸びているように思われる。これは、化学物質による疾患の予想にはヒトを対象とした研究のほうが信頼できるという考え方があることを示しているのかもしれない。

パート2

毒性学ではどのような研究をするのか、毒性学研究からわかったことは何か？

そこには「わたしを飲んで」とはっきり書いてありましたが、賢いアリスは急いでそのとおりにしたりはしませんでした。「いいえ、よーく調べてからでなくちゃだめ」とアリスは言いました。「毒って書いてないかどうか確かめないと」……もし毒と書いてあるビンのなかみをごくごく飲んだりしたら、たいてい、そのうちに気持ちが悪くなるものだということを、アリスは忘れていなかったのです。

——ルイス・キャロル『不思議の国のアリス』

このパートではまず、毒性学が臨床医学および生態学上の観察結果の理解に役立った二つの例を紹介する。一つは小児の鉛中毒の例で、小児科医や毒性学者の調査によって中毒の源が発見され、発達中の精神に対する鉛の影響が解明された。もう一つの例は、農薬の見境のない使用と野生生物への影響を調べたレイチェル・カーソンの研究だ。その後、癌の研究と癌の化学的な原因の話に戻ろう。実験室での研究で、化学物質による動物およびヒトの腫瘍の発生にはいくつかのタイプのメカニズムが関わっていることが明らかになった。すべて同じように発生するわけではないのだ。ある種の化学物質では遺伝毒性が非常に重要な役割を果たす。そして、ＤＮＡに対する酸素による傷害を含む二次的なメカニズムを通じて変異をもたらす遺伝毒性も関与する。このように、毒性分野は化学物質が癌を引き起こす機構の解明に大きく寄与した。

とはいえ、化学物質に由来する癌についての最も重要な発見は、人間の肺癌の研究からもたらされた。疫学と毒性学の研究の組み合わせを通じて、エルンスト・ウィンダー、リチャード・ドール、オースティン・ブラッドフォード・ヒルならびにその同僚たちが、癌の単一の原因としては煙草が最も重要で予防可能な原因であることを発見したのだ。癌のその他の主要な原因は、肥満を含む食生活、感染、職業や環境からの曝露(ばくろ)であるとわかった。このパートの最後の章では、予防できる癌はどれくらいあるのか、どれくらいの癌が加齢に伴って体内で起こる避けようのない細胞の変化によって引き起こされるのか、という疑問を追究する。

第7章

鉛：脳の発達を阻害する重金属

いったいなぜ、鉛のような有毒な物質が塗料に用いられていたのかと、不思議に思うかもしれない。塗装工は鉛白をオイルおよび石油スピリットと混合して、鉛を約50％含む塗料をつくった。家の木製外装に塗る塗料に鉛が耐久性を与えると信じていたのだ。画家の使う油絵具にも、鉛白やクロム酸鉛として鉛が含まれていた。鉛はまた、水道管をはじめとする多くの用途に使える極めて有用な素材として高く評価されていた。

鉛中毒はもともと、ギリシャの医師ヒポクラテスによって坑夫の病気として記述されていた。その後パラケルススやベルナルディーノ・ラマツィーニなどによって、また啓蒙時代を通じても研究されたが、20世紀初頭にアメリカで再び注目されるようになる。そのころ、アリス・ハミルトンがイリノイ州職業病委員会のための仕事の一環として鉛中毒を調べ始めた。ハミルトンは塗料に用いられる鉛白顔料を製造する労働者のあいだに鉛中毒の症例が見られることを発見した。鉛やその他の職業病の原因に関するハミルトンの重要な研究については、あとの章で紹介する。

1974年には住宅・都市開発省（HUD）が鉛塗料の問題に巻き込まれることとなった。HUDはアメリカ最大の家主として、鉛塗装を施した多くの家屋を管理する立場にあったため、これは大きな問題だった。ＨＵＤはこの対策に、デヴィッド・エンゲルとジーン・グレイという職員を配置した。二人は意欲的でアイディア豊富であり、ジーンは物静かなタイプで、デヴィッドのよき相棒であった。もともとこの巨大な問題を解決する重責を担っていたデヴィッドはエネルギーのかたまりのような人物だった。専門は手ごろな価格の住宅の開発だったが、ＨＵＤの直面する困難な問題の解決に全力で向き合った。

デヴィッドはまず、業務用の塗料製品中にある鉛の量はどれくらいなら許容範囲なのかを知る必要があった。私をＨＵＤのコンサルタントとして雇った彼は、一見単純な疑問を解くよう頼んだ。塗料に含まれる鉛の化合物には甘味があるが、どれくらいの量までなら、甘味を求めた子どもが既存の基準の鉛塗料を口にしても中毒にならないのか？鉛の毒性に対する懸念の高まりを受け、アメリカ塗料業界が自主的に業務用塗料中の鉛の量を１％未満に制限し始めたのは、１９５０年代末になってからだった。１９７４年には許容可能な量は０・５％になっていた。これはそれまでの数十年の塗料中の鉛量の１００分の１という数値だった。

従来の古い塗料が中毒を引き起こすことは明らかだが、新しい基準の塗料は子どもが口にしても安全なのだろうか？　0・5％という自主規制値を用い、子どもがかなりの大きさの塗料片を食べるという想定で、血中の鉛濃度がどの程度になるかを計算してみた。もし鉛がすべて血液中にとどまるなら——損傷が起こる部位である脳との平衡を保ちながらだ——脳の鉛濃度は急速に危険なほど高くなり、子どもはすぐに鉛中毒になってしまうことがわかった。

次に私は、数年前に博士号取得直後の研究員として在籍したことがあるアメリカ国立衛生研究所にある国立医学図書館に向かった。医学文献を丹念に読んだ結果、私の計算結果を台なしにする最大の要因は、骨に大量の鉛が蓄積し得ることだとわかった。骨に蓄積した鉛は血中の鉛と平衡状態を保ちながら、ずっと骨中にとどまる。したがって、もし子どもが少量の鉛を日常的に口にすれば、鉛の血中濃度は、最初は低いかもしれないが、やがてじわじわとかなりの高濃度に達する。また、ボルチモアでは市の保健当局が、食物以外のものを食べずにはいられない異食症と呼ばれる症状を示す子どもに鉛中毒が特によく見られることを発見しているのもわかった。そうした異食症の子どもなら、毎日のように鉛を口に入れていても不思議ではない。したがって、私の答えは、塗料中の鉛濃度が、既存の基準以内でも鉛中毒が起こる可能性があり、もっと引き下げる必要がある、ということであった。

デヴィッドは鉛問題の革新的な解決策を日夜探し続けた。たとえば彼はブルックリンのある製造業者に興味をそそられた。すでに知られている最も苦い物質である安息香酸デナトニウムを含む、まずい味の塗料を開発するというアイディアを出していた。嫌な味のする物質を塗料に混ぜておけば、子どもは塗料片を食べないだろうというわけだ。古い塗料の上に苦い塗料を塗り重ねただけでも、子どもを遠ざけることができるだろう。この方法が魅力的なのは、鉛塗料を家屋から取り除くにはいろいろと難しいことがあるからだ。塗料をこすり落としたり焼却したりする際に、作業員や守るべき子どもにさえ、曝露（ばくろ）を引き起こすおそれがある。塗料の下の木部やしっくいが傷んでいるケースも多く、そうなると塗料を剥がしたあとにその交換も必要になって、非常に費用のかさむ改善工事になってしまう。

この塗料の開発にあたって、私たちはラットでの毒性研究と子ども用の実験プログラムを組み合わせて、そうした製品が安全かつ効果的かどうかを見極めようとした。子どもがその塗料を嫌がるかどうかを知るには、幼児で実験する必要があった。実験にうってつけの場所をもつ大学の小児科医が見つかった。積み木に塗料を塗って、子どもが口に入れようとしたときに嫌悪感を示すかどうかを観察したところ、確かに効果があった。その後、この塗料はチャイルドガードという製品名で売り出され、いまでは50州すべてで使用が承認されている。

デヴィッドは鉛塗料の検出技術の向上にも尽力し、携帯型蛍光X線（XRF）検出器の研究への資金提供を決めた。多くの元素と同じく、鉛も高エネルギー放射線をあてると特徴的な周波数のX線を放射し、その強度は鉛の量と相関関係にある。そこで、携帯型のXRF装置を使えば調査官は鉛塗料の存在をリアルタイムで検出でき、サンプルを検査室に送って調べてもらう必要がなくなる。

1974年には数十の都市で鉛の検出および除去のプログラムが作成され、実行に移されていたが、影響を受けた子どもの血中の鉛濃度の引き下げに関しては困難に見舞われていた。子どもの生活環境から鉛塗料を除去すれば、血中の鉛濃度は下がってしかるべきだった。しかし、たとえば尿への排泄により血液から鉛が取り除かれると、骨に蓄積されている大量の鉛がたちまちその穴を埋めてしまう。こうして、汚染源が取り除かれれば体内の鉛はいくらか減るものの、骨に貯蔵された鉛によって、高い血中濃度が維持される。

最初は、家屋からの鉛塗料除去プログラムが効果をあげていないのではないかと考えられた。しかし、最善の介入を行っても、子どもの血中鉛濃度は下がらないことが多かった。いったいどうなっているのだろう？　プログラムのどこが間違っているのだろう？　一部は、骨に蓄積された大量の鉛のせいとも考えられる。そのせいで体からの排泄が遅くなっているのかもしれない。しかし、鉛塗料が1年間完全に除去されていた場合でさえ、血中の鉛濃度は頑固に高濃度を維持し、上昇することさえあった。まもなく、疾病対策センター（CDC）のヴァーノン・ホウク博士がこの謎に対する答えを提示した。それは毒性学における偉大な「ああ、そうか！」の瞬間の一つとなった。彼は、普通の子どもの生活環境中にある別の大きな鉛汚染源を見落としているとHUDに告げた――ガソリンである。

塗料中の鉛がどれくらいなら許容できるか、それをどうやって検出するかをHUDが解明しようとしていたあいだ、CDCのホウク博士はアメリカ中の鉛塗料中毒予防プログラムの改善に励んでいた。ホウクは、ガソリン中の鉛が空気や塵埃（じんあい）、土壌の中に移行すること、そしてこの曝露が子どもの鉛曝露に関するもう一つの主要な汚染源として存在し続けていることに、アメリカ国内で初めて気づいた保健当局者だった。これで、なぜ一部の子どもの鉛濃度が、特に都市部では期待どおりに下がらないのかという謎が解けた。つまり、鉛塗料による中毒予防プログラムの対象となっている子どもたちは、同時に環境から、つまり有鉛ガソリンから、絶えず一定量の鉛の曝露を受けていた。有害物質の曝露源が二つあって、それが同じ病気を引き起こしていたのだ。

・・・

四（し）エチル鉛の形でガソリンに鉛を添加するようになったのは1923年からだ。四エチル鉛を加えると、ガソリンの燃焼性能が上がる。四エチル鉛はドイツ人科学者のカール・ヤコブ・レーヴィヒによって1852年に発見されたが、一見使いみちのないめずらしくて有毒な化合物として、長いあいだ日の目を見ることなく放置されていた。時が流れ、やがてゼネラルモーターズ社がトーマス・ミジリー・ジュニアという機械工に、低コスト燃料の開発という任務を与えた。フォード社のモデルTの追い落としをめざす戦略の一環だった。ゼネラルモーターズ社の車はひどく遅く、高圧縮シリンダー内で燃料がすぐに異常燃焼するため、上り坂ではノッキングを起こす。つまり、ガソリンエンジン内の異常燃焼によって音や振動が生じてしまう。これが起こると、燃料の潜在エネルギーの20分の1しか放出されない。3年の月日と幾多の失望ののち、ミジリーは四エチル鉛を再発見し、ガソリンに混入した。ガソリンにわずか0・05%の四エチル鉛を加えただけで、あらゆる面で期待を上回るエンジン性能が発揮された。

有鉛ガソリンの使用が始まるとすぐ、保健当局はこれが中毒のもとになるのではないかと危惧した。どのみち、鉛の毒性は2000年も前から知られている。ミジリーでさえ、特に交通量の多い道路やトンネルで車の排気ガスを吸い込むことによる影響を懸念した。排気ガス中には鉛の無機化合物である酸化鉛も含まれるが、それとは違って四エチル鉛は有機金属化合物であり、したがって皮膚から直接吸収されやすい。実際、ミジリーと助手は実験室での作業中に急性鉛中毒を発症した。そして1924年にはオハイオ州デイトンにある四エチル鉛工場の作業員のうち2人が鉛中毒で亡くなり、ほかに60人が体調を崩した。四エチル鉛が再発見されたあと、鉛中毒がたちまち職業上の健康問題となったにもかかわらず、車の排気ガスの一般大衆への影響は無視された。排気ガスによる鉛曝露の研究計画はあったが、どれも実現はしなかった。

おそらく、公的監視のこうした欠如のせいで、四エチル鉛の販売にはストップがかからなかったのだろう。宣伝活動における最初の巧妙な策略は四エチル鉛から「鉛」の語を落として短く「エチル」とすることで、それがエチルコーポレーションの製品名となった。次に、若い病理学者のロバート・キーオ博士が同社の協力要請に応じて、その製品の健康上の危険には根拠がないという証拠を提供した。キーオは、添加剤は一般大衆にとって何の危険にもならず、簡単な安全規則が多少あれば、製造する工場の作業員にも危険がなくなると述べた。そうした主張にもかかわらず、ほどなくある独自の調査によって、道路の粉塵中の鉛が1924年から1933年の10年間で50％も増えていることが判明した。しかしながら、こうした調査結果はたいていてい無視されている。1960年代には、大気の鉛汚染がアメリカのいたるところに広がってしまったため、実験室で鉛の研究をすることが難しくなった。

1953年にカリフォルニア工科大学のクレア・パターソンという地球化学者が、鉛の同位体を使って、地球の年齢としては最初の信頼できる推定値であるおよそ45億年という数値を出していた。その過程で、パターソンは極めて低い濃度の鉛の検出に関して腕を磨いた。ところが、彼の調査にとって最大の障害は実験室内のどこにでもある鉛汚染だった。彼は地球の自然環境のいたるところに――雪や海水中にさえ――鉛が存在することを周到な分析法を用いて明らかにし、その原因は工業活動にあるとした。1965年にはグリーンランドの氷床の調査結果を発表し、ガソリンに由来する鉛によって全世界の大気中の鉛が憂慮すべき量にまで増加していることを明らかにした。論文が『*Nature*』誌に掲載された3日後、鉛業界の代理人たちが研究室を訪れ、パターソンを買収しようとした。その申し出をはねつけるとすぐ、彼は政府と業界両方の研究補助金を失った。カリフォルニア工科大学の理事会には四エチル鉛を含むガソリンを販売する石油会社の重役がいて、学長のリー・ドゥブリッジに圧力をかけて、進行中のパターソンの研究を阻止しようとした。見上げたことに、ドゥブリッジはパターソンの研究への干渉を拒否した。

1975年、一部の子どもの鉛レベルに有鉛ガソリンが影響しているというCDCのホウク博士の警告に促されて、アメリカ政府はついに、新車には無鉛ガソリンしか使えないようにすることを命じた。さらなる規制によって、有鉛ガソリンは1986年には完全に姿を消した。1976年から1980年にかけて実施された第2回国民健康栄養調査では、血中鉛濃度の40%の減少が明らかになったが、この変化は有鉛ガソリン使用量の減少および家屋への鉛の使用の中止と一致していた。

こうした前進にもかかわらず、ボルチモアのジョンズ・ホプキンス大学のジュリアン・チソルム博士による1979年の推定に従えば、アメリカでは依然として年に4万人の子どもに高濃度の鉛が検出されていた。同時に、子どもの神経学的な損傷がますます低レベルの曝露で見つかるようになっていた。入院の必要な健康障害は1890年にオーストラリアでターナーとギブソンによって初めて確認されたが、それは脳および消化管に対する鉛の急性毒性効果によるものだった。そこには貧血、腎障害、疝痛（激しい腹痛）、筋力低下、脳障害などが含まれ、やがて命に関わる場合もあった。とはいえ、調査の結果、低レベルの曝露でも、重症度は低いもののやはり有害な影響を神経系に及ぼすことが明らかになっていた。

こうして１９６０年代から１９９０年代にかけて、子どもで許容可能とみなされる鉛濃度は劇的に低下した。１９６０年代初頭には血中の正常な鉛の上限は、血液１デシリットル（dL）あたり80マイクログラム（μg）だった。これはおよそ１ppmに相当するが、普通は簡潔に80μg／dLとされる。子どもの場合、許容レベルは60μg／dLと考えられたが、１９７０年代にはこれが引き下げられ、経験則として子どもの場合は40μg／dLを超えないこととされた。その後、１９７５年、１９８５年、そしてさらに１９９１年に、それぞれ30、20、10μg／dLに引き下げられた。子どもの発育中の神経系に対する鉛の影響を評価する方法は、この16年でますます高感度になってきている。１９８０年代の終わりには、臨床的な注意欠陥・多動性障害（ＡＤＨＤ）と血中の鉛濃度に関連のあることが、10μg／dL以下の濃度において確認された。その後の研究で、１～10μg／dLという低い血中濃度でさえ、知能指数の低さ、実行力や認知能力の低さ、地域調査におけるADHD頻度と関連のあることがわかった。

鉛曝露が若年層の学習障害だけでなく、その後の人生における一連の反社会的行動、さらには犯罪行動さえ引き起こすことを示唆する調査がますます増えている。こうした調査の推進力となったのは、1960年代から1990年代における犯罪増加の原因の一つが、1940年代から1980年代にかけて、環境中の鉛への幼い子どもの曝露が増えたことにあるのではないかという仮説だ。犯罪は、子どもたちがガソリンや塗料に由来する鉛に初めて曝(さら)されてから20年が経過し、犯罪の大多数が集中する若年成人期に入るころに急増していた。この仮説によれば、1990年以降の犯罪の減少は子どもを極めて深刻な環境中の鉛への曝露から守るための努力の成果であり、とりわけ1975年から1985年にかけてアメリカではガソリンから鉛が排除されたことによるものである。

いくつかの研究が、小児期の鉛のレベルと犯罪に関連があるというこの仮説を裏づける証拠を提供している。たとえば、「シンシナティ鉛研究」の200人以上の被験者からなる集団では、出生前（それに小児期）の血中鉛濃度で成人期の逮捕を予測できた。血中鉛濃度の上昇と犯罪とのつながりをミズーリ州セントルイスの人口調査標準地域で分析した別の研究では、鉛濃度が犯罪行動の強力な予測因子となることがわかった。もっと大規模なサンプルを用いた追加の調査後にもこうした研究結果に説得力があるかどうか、そしてマクロなレベルで、犯罪動向がどの程度まで鉛で説明できるかは、いまのところ不明だ。

・・・

ここまで、現代における最も広範な鉛の曝露源二つについて考察した。家屋の塗料とガソリンである。次は、この二つよりもはるかに長いあいだ問題となってきた飲料水をとり上げる。ローマ時代には、都市へ水を送る水道橋に鉛の内張りが施され、市内で水を配る鉛管網という形でも鉛が存在していた。もっと時代が下ると鉛管がしだいに姿を消し、鉄管にとって代わられる。ところが鉄管は錆びて詰まりやすい。そこで、錆びず、比較的軽いというので銅管が注目を浴びるようになった。しかし、それぞれの銅管を接続しなければならず、一番しっかりと低コストで溶接するには鉛のハンダを使う必要があった。

1989年、全国紙の『*USA Today*』紙では女性記者たちが懸念を募らせていた。1987年と1988年に多くの同僚が流産していたためだ。その全員が、バージニア州ロズリンにある22階建てのオフィスビルの二つの階で一緒に働いていた。1988年12月には、アメリカ国立労働安全衛生研究所(NIOSH)が『*USA Today*』紙から健康上のリスク評価の依頼を受けた。NIOSHは、流産のほとんどが、ビルの一つの階で働き、1988年の5月から9月にかけて妊娠した8人の記者のあいだで起こっていたことを突き止めた。この100%の流産率とビルのほかの階での流産率との差は統計的に有意で、これは正真正銘の流産クラスターのように思われた。問題は原因の特定だ。新聞社の従業員たちは流産を職業上のさまざまな要因のせいにしていた。職場の最近の改装工事中に使用された化学薬品への曝露、ビデオディスプレー端末(VDTs)の使用、精神的なストレスなどである。

ＮＩＯＳＨでは従業員の挙げた説はどれも裏づけられなかったが、飲料水中に鉛が存在することが発見された。とはいえ、『*USA Today*』紙の階の飲料水中の鉛のレベルは、実際にはビルのほかの階よりも低かった。そのうえ、流産クラスターの大半の女性たちの血中からは鉛が検出されなかった。ＮＩＯＳＨは、入手できた調査結果からは流産と鉛のつながりは確定できず、そのうえ、『*USA Today*』紙の記者からは誰一人、鉛曝露の証拠は見つからなかったと結論づけた。もっとも、鉛は除外したものの、この流産のクラスターらしきものの原因を見つけることはできなかった。ビルの人々は鉛曝露についての懸念を抱いたままで、特に『*USA Today*』紙で働く記者たちの不安は消えなかった。

当時私が仕事を請け負っていたワシントン・オキュペーショナル・ヘルス・アソシエーツ医院に、『*USA Today*』紙を所有するガネット社から接触があった。私たちの調査で、『*USA Today*』紙のオフィスの飲料水の鉛汚染源は蛇口付近にあるらしいとわかった。鉛の濃度は蛇口を最初に開けたときが最も高く、水を長く出しているほど低くなったからだ。ハンダ付けされた接合部の大部分は蛇口付近にあるので、銅管をつなぐためのハンダに含まれる鉛が問題を引き起こしているように思われた。鉛を含んでいるハンダが禁止されたのは１９８６年に飲料水安全法が成立してからで、このビルはそれ以前に建てられていた。

このビルの鉛問題への対処は難題だった。水道管をすべて撤去して、鉛ハンダを含まない新しい水道管に取り換えるのは、可能ではあるだろうが、非常に費用がかかる。私たちは別の解決策を勧めた。水処理システムを主水道管に挿入して内側を覆い、鉛が水中に溶け出さないようにする方法だ。また、ビルに入って来る水をアルカリで処理して酸性度を下げるように提案した。鉛は酸性の水に溶けやすいからだ。問題は解決され、その後、水道水に鉛はほとんど検出されていない。

・・・

私たちが多くを学び、その教訓を政府の大々的な対策を通じて都市、州、連邦レベルで適用したおかげで、１９８０年代末にはアメリカの鉛問題は解決に向けて着々と進んでいるように見えた。ところが２０１５年になって、ミシガン州フリントの町における給水スキャンダルが新聞の紙面を賑わすようになり、そうした自己満足にいきなり冷水が浴びせられた。フリント発のショッキングな暴露記事は、鉛汚染が依然としてこの国の公衆衛生への深刻な脅威であることを、はっきりと示していた。

フリントの悪夢は、行政当局が経費を節約するために自治体の給水源をヒューロン湖からフリント川に切り替えたときに始まった。フリント川の水は酸性度が高かったため、ヒューロン湖の水のときより、水道管からの鉛の溶出率が高くなった。そうしたリスクは、市あるいは州政府の誰であれ科学を学んだことのある人には自明の理のはずだった。時を同じくして、見たところ事前に何の考慮もされることなく、フリントで長く使われてきた腐食防止システムが中止された。その結果、水道管の鉛が水に直接曝されることになった。この二重の不運が、飲料水中の鉛を子どもに有害なレベルにまで押し上げた。

フリント・スキャンダルが、ほかの都市で進行中の鉛汚染問題にも注意を促すこととなった。一番有名なのが、隣のオハイオ州で最大の都市、クリーブランドでの汚染問題だ。クリーブランドの学校の飲料水検査で、鉛の濃度が非常に高いことが明らかになった。60の建物にある何百もの噴水式水飲み場や蛇口、その他の設備の交換が必要になるほどだった。鉛塗料も、市のいたるところに残っていた。フリントの子どもの7％に血中の鉛濃度の上昇が見つかったのに対して、クリーブランドでは14％に見つかった。クリーブランドの人口がフリントの4倍であることを考えると、危険に曝されている子どもの総数は8倍になる。

アメリカでの鉛の脅威の規模と地理的な広がりには恐るべきものがある。2014年から入手できるようになった推定値によれば、国全体で、2400万軒の家やアパートの土壌や塗料片、ハウスダスト中に潜在的に危険なレベルの鉛が含まれ、それらの家屋の400万軒には子どもがいる。東海岸の三つの都市——アトランティックシティ、フィラデルフィア、アレンタウン——だけで、医師の診察を要するほどの鉛を血中にもつ子どもが500人にのぼると考えられた。

さらに、最近また別の形の鉛汚染も人々の関心を集め始めた。塗料や配管の製造に使用される鉛は国中の精錬所で生産され、その多くは人口密集地にあった。そうした施設は何年も前に閉鎖されたが、跡地の土壌は鉛で汚染されている。塗料や配管中の鉛ほど広範囲にわたる問題ではないものの、アメリカには何千とはいわないまでも何百もの精錬所跡地がある。その一つが最近、全国的な注目を浴びた。イーストシカゴの市長が、ある公営住宅を取り壊して住民を移転させる決定をしたのだが、その理由は、そこの土壌が廃業した近くの精錬所からの鉛で汚染されていることがわかったことだった。どうやら、環境保護庁は工業用地の除染を狭い範囲に集中させ、周辺地域の状況は調べなかったらしい。市や州、環境保護庁の役人たちは責任のなすりつけ合いをするばかりで、子どもたちへのリスクについて地域住民に知らせなかった責任を誰も認めようとはしなかった。

鉛の汚染源は、塗料や土壌、飲料水、有鉛ガソリンおよび精錬所からの飛散物を含む塵だけではない。缶をはじめとする鉛含有容器も、子どもの健康に有害なレベルの鉛に曝す。鉛ハンダは無糖練乳や果汁の保存用の缶の製造に使われていた。１９４０年代初頭、このハンダは63％の鉛と37％の錫（すず）からできていたが、第二次世界大戦中には錫が不足したため、鉛の含量が98％という超有毒レベルにまで跳ね上がった。１９７０年代初頭になっても、缶に保存された子ども向けの農産物に依然として高濃度の鉛が見つかっていた。これを受けて、アメリカ食品医薬品局(FDA)はハンダ中の鉛の量を減らす対策を講じるとともに、ミルクと果汁には別のタイプの容器の使用を促した。

どこの家庭にもあるようなその他の潜在的な鉛曝露源のリストは非常に長い。西洋人以外が下痢などの治療に使う薬の多くにはかなりの量の鉛が含まれている。2001年に発表されたある調査によると、フロリダ、ニューヨーク、ニュージャージーの健康食品店やアジア食材店で売られていたアジアの伝統薬のサンプル中に見つかった汚染物質または混ぜ物のなかで、最もよく見られた重金属は鉛だった。調べた治療薬の実に60%が、ラベルの指示どおりに服用すれば1日量として300mgを超える鉛を摂取することになる量を含んでいた。

・・・

子どもの鉛中毒の研究は三つの重要な教訓を私たちに教えてくれる。一つは、毒物の曝露には多様な源が考えられ、それが個人の中毒の原因の特定を難しくすること。子どもの鉛中毒が初めて判明してから何十年も経って、ようやく問題の複雑さがわかったのだ。

もう一つの大事な教訓としては、最初は子どもにはささいな影響しかないと考えられた小規模な曝露が、より高度な神経学的検査が可能になると重大な意味をもつようになったことが挙げられる。私たちは用量が毒をつくることは知っているが、中毒がいつ起こっているかを見分けられることも同じように重要だ。それなのに、私たちの情報は検査法の感度によって常に制約を受けている。このことに関連して指摘できるのは、大きな集団の子どもの鉛をその神経学的な検査と関連づけた研究が、個々の子どもにおける検査結果の観察よりもしっかりした情報を提供したということだ。

こうした純粋に科学的な問題はさておき、私たちは次のようなことを認めなければならない。鉛中毒のような公衆衛生問題については、毒性学者を含む医療関係者や大衆が政治家や政府の役人に対して粘り強く圧力をかけ続けない限り、効果的な対策の実施は望めない傾向がある。圧力がなければ無関心が蔓延し、鉛のような長期にわたる問題について何かをしようとする意志は消散してしまう。ほかのもっと緊急の課題が優先され、資金がよそに回されて、鉛という重荷を体内に抱えた子どもは置き去りにされるのだ。

子どもたち、特に都心の恵まれない地域に暮らす子どもたちを鉛中毒から守ることにアメリカが長く失敗してきた点については、官僚や選出された公僕、さらには毒性学者にさえ、大きな責任がある。「どうすれば解決できるかは、わかっている」と話すのは、1995年から2004年にかけてHUDの健康な家と鉛対策局の局長を務めたデヴィッド・ジェイコブスだ。「技術はある。資金を適切に割り当てるかどうかは、単に政治的な意志の問題だ」。ジェイコブス博士が言及していたのは鉛含有塗料についてだが、彼の発言は飲料水や土壌その他の汚染源中の鉛にも当てはまる。確かに私たちには子どもたちを守る技術はあるものの、対策には多額の費用がかかる。しかも、長年にわたる着実で粘り強い努力が必要とされる。

第8章

レイチェル・カーソン：沈黙の春はいまや喧騒の夏に

環境中にはもう一つ別の鉛汚染源がある。農産物の広範な汚染を引き起こした鉛化合物だ。農薬としてつくり出されたヒ酸鉛（$PbHAsO_4$）は１８９２年に初めて使われ、マサチューセッツ州でマイマイガに散布された。数年後、今度はリンゴ生産者が、壊滅的な被害をもたらす害虫のコドリンガを退治するために使い始めた。ヒ酸鉛は非常に毒性の強い二つの化学物質――鉛とヒ素――を組み合わせた化合物だが、即効性があって安価なうえ、使いやすくて効果が長続きするため、農家のあいだでは人気があった。その後60年にわたってヒ酸鉛の使用頻度と量は増加し続け、やがて害虫たちはこの農薬に対する耐性をもち始めた。すると効果は低下の一途をたどるようになり、生産者は使用の比率と頻度を上げ続ける必要に迫られた。明らかに、何か新しいものが必要だった。

そこへ登場したのが、ジクロロジフェニルトリクロロエタン、すなわちＤＤＴだ。初めての完全な合成農薬で、スイス人化学者のパウル・ヘルマン・ミュラーが１９３９年につくり出した。ミュラーが１９３５年に殺虫剤の開発を始めたのは、アメリカだけでも毎年４５００トンものヒ酸鉛を使っていると知ったからだった。３４９の化学物質をケージ内のハエに噴霧したあと、３５０番目に試した化合物が大当たりをもたらした。

数分あるいは数時間で、ハエが一匹残らず仰向けに落ちて死んだのだ。スイスのバーゼルにあるＪ・Ｒ・ガイギー社の同僚たちは、最初はそれほど感銘を受けなかった。ヒ酸鉛も、同様にほぼ即座に昆虫を殺す。しかし、ＤＤＴには着実な致死効果があり、噴霧されたケージは何カ月あるいは何年も、致死性の環境を維持していた。標的はハエにとどまらなかった。この新しい化学薬品は、蚊、アブラムシ、甲虫、蛾など多様な昆虫にとって致命的であることが判明した。ついにＪ・Ｒ・ガイギー社も納得して、ＤＤＴの殺虫剤としての使用に関する特許を１９４０年に取得する。ミュラーはＤＤＴの発見に対して１９４８年にノーベル医学生理学賞を授与された。

第二次世界大戦が勃発すると、ＤＤＴは瞬く間に必須のものとなった。１９４３年には１８０kgのＤＤＴが貨物飛行機でニューヨーク市に到着し、農務省とシンシナティ大学医学部ケタリング研究室での試験に供された。試験の結果、戦場でのチフスやマラリア、黄熱病、脳炎への対策として、安全かつ有効だろうと判断された。アメリカ軍占領下のナポリでの１９４３年の実地試験で、ＤＤＴは既存のシラミ退治薬よりはるかに優れていることが明らかになった。ナポリでは90％の住民にシラミがたかり、それが原因でチフスの流行が起こって、死亡率は25％に迫っていた。

DDTはペニシリンと肩を並べる奇跡の物質と称賛された。戦中戦後を通じて何百万もの人々がDDTを噴霧されたり粉剤をかけられたりしたが、見たところ害はないようだった。すぐにDDTは家庭、倉庫、森林、耕作地とあらゆるところに噴霧されるようになり、非常に毒性の高いヒ酸鉛にとって代わった。

1950年代半ばに世界保健機関（WHO）がマラリア撲滅を最優先課題としたとき、その主な武器はDDTだった。DDTに対する耐性が現れていることにWHOが気づいていたにもかかわらず、その使用は拡大し続けた。マラリアは毎年何十万人もの人命を奪い、何百万人も病気にしていた。アメリカ上院議員のジョン・F・ケネディおよびヒューバート・ハンフリーのつくった法律によってWHOのマラリア撲滅計画に1億ドルが供与され、その計画ではDDTが使用されていた。1960年にはマラリアは11カ国で撲滅されていた。インドでは症例数が7500万から10万以下へと激減。そのあいだにもアメリカ国内ではDDTの使用が急速に拡大した。1950年に国内で製造されたDDTのうち海外に出荷されたのは10分の1ほどにすぎず、残りは国内で消費された。1959年だけでも、アメリカ人は3600トンのDDTを使っていた。

ヒ酸鉛やDDTが登場した当時、農薬に対する規制はほとんどなかった。1910年のアメリカ連邦殺虫剤法（FIA）は単に製品の虚偽表示を禁止するものだった。1947年にアメリカ連邦議会は連邦殺虫剤・殺菌剤・殺鼠剤法（FIFRA）を成立させたが、これは農薬の有効性に関する法律で、使用についての規制はない。食品・医薬品・化粧品法に対する1954年のミラー農薬修正法では生鮮農産物の残留農薬に限度が設けられたものの、1972年に連邦環境農薬規制法が成立するまで、人間の健康と環境を保護するために農薬の使用が制限されることはなかった。

その一方で、DDTやその他のより強力な合成有機塩素系農薬、たとえばリンデン、クロルデン、ヘプタクロルなどとパラチオンのような有機リン系農薬が、野生生物に毒性を示し、したがって人間にとっても潜在的に有害であることが明らかになりつつあった。1955年の春には、ジョージ・J・ウォレスという動物学者がミシガン州立大学でコマドリの大量死に気づいた。毎年春に、たいていはニレ立ち枯れ病対策としてニレの木に農薬を散布したあと、多くの鳥が中毒症状を見せていた。1958年までにイースト・ランシングの街の一部と大学のメインキャンパスからコマドリが姿を消した。全部で40種の鳥が影響を受けていることがわかった。リチャード・F・バーナードがミシガン州立大学で死んでいた鳥の組織にＤＤＴの残留を検出し、それが、鳥の死とニレの害虫駆除のためのＤＤＴ散布とにつながりがある可能性が強まった。ＤＤＴのような有機塩素系化合物は鉛同様に体から排泄されにくいため、血液や組織中のレベルと、体に対するそうした化学薬品の効果を比較的容易に関連づけることができる。

１９５７年の秋にはニューヨーク州ロングアイランドの住民14人が、マイマイガ退治のためのＤＤＴ散布の禁止を求める訴えを起こす。ロングアイランドでのマイマイガ対策散布プランが原因で、２週間で鳥の個体数の83％が死んだと報じられていた。この訴訟が野生生物学者のレイチェル・カーソンの目に留まる。彼女はアメリカ魚類野生生物局に勤めた経験をもち、しばらく前から農薬に懸念を抱いて、農薬問題に関する新聞記事の切り抜きを日課としていた。１９５８年初頭に裁判が始まったとき、原告弁護団の一人であるマージョリー・スポックがカーソンの関心に気づいて連絡をとった。その夏、スポックがカーソンに送った分厚い訴訟資料のファイルでは、散布が乳牛のミルクを汚染し、人々の健康に脅威となっていると主張されていた。裁判で原告側の専門家証人を務めたのは総合病院であるメイヨー・クリニックのマルコム・ハーグレイヴズ博士だった。１９５８年の散布は中止の予定だとニューヨーク州は述べたが、裁判官は、散布計画は合法で効果をあげているという裁定を下した。訴訟へのカーソンの関心とこれまでに集めていた資料のいくつかが相まって、やがて一世を風靡（ふうび）する画期的な著書『沈黙の春』（１９７４年、新潮社）につながる執筆計画に発展した。

カーソンの著書には、その他の出来事も影響を与えた。彼女の調査と執筆計画のことを知ったハーバード大学の進化生物学者エドワード・Ｏ・ウィルソンから、１９５８年10月７日に手紙が届いた。ちょうど出版されたばかりの『*Ecology of Invasions by Animals and Plants*（侵略の生態学）』（１９８８年、新思索社）を読んでみてはどうかというのだった。カーソンはチャールズ・Ｓ・エルトンが書いたこの本が非常に刺激になったと認めている。「害虫とその防除に関する混乱した議論に、強烈な北風さながら、鋭く切り込んでいる」。

１９５９年末には、化学薬品による食物汚染が癌を誘発するという大きな不安が広がった。クランベリーが除草剤のアミトロールに汚染されているとわかったのだが、この薬品はラットに甲状腺腫瘍を引き起こすことが明らかになっていた。報告された甲状腺腫瘍のほとんどは良性とみなされたものの、5例については一部の病理学者が悪性と判断していた。アミトロールは、前年に成立したデラニー修正案によって1959年6月には禁止となっていた。問題なのはワシントンとオレゴンから出荷されたクランベリーだけと考えられた一方、消費者はウィスコンシン、マサチューセッツ、ニュージャージーからのクランベリーもすべて購入を拒否した。その後、ウィスコンシンのクランベリーもやはり汚染されていることが判明した。その年は感謝祭やクリスマスのディナーにクランベリーが使えず、怒った生産者たちはアメリカ保健教育福祉省長官のアーサー・フレミングの辞任を要求している。アミトロールは禁止となったが、ヒトに何らかの健康被害を及ぼすのかどうかは誰も知らなかった。マサチューセッツのとある地元ラジオ局が企画した派手なイベントで、無数の群衆が何千ガロンものクランベリージュースを飲み干した。ウィスコンシンにいた上院議員のジョン・F・ケネディはクランベリージュースで乾杯した。副大統領のリチャード・ニクソンは負けてなるものかと、フレミング長官が引き留めたにもかかわらず、クランベリーを４皿平らげた。アミトロールで汚染されたクランベリーは、カーソンの著書のヒトの癌の章で特に重要な役割を演じることになる。

１９６２年に出版された『沈黙の春』は、科学者にとっては一種の警告の書だった。産業公害によって癌が引き起こされることがないかどうか、批判的な目で評価するようにと呼びかけた本だ。カーソンは優秀な科学者であると同時に優れた書き手でもあったが、それでも、この本にはどこか、熱烈に神の教えを説くような雰囲気がある。カーソンは当初、『*Man Against the Earth*（地球に挑む人間）』という表題を考えていたが、鳥の大量死が主なテーマであることがはっきりした時点で『沈黙の春』を選んだ。一般読者向けに毒性学的な考え方を紹介した初めての本の一つとして、１９６２年10月にブック・オブ・ザ・マンス・クラブの今月の本に選ばれ、やがて大ベストセラーとなる。

『沈黙の春』でカーソンは、農薬の散布が何百あるいは何千もの動物の死につながったおびただしい例を挙げた。有機塩素系殺虫剤のクロルデン、ＤＤＴ、1,1 - ジクロロ - 2,2 - ビス（４ - クロロフェニル）エタン（ＤＤＤ）、ヘプタクロル、エンドリン、ディルドリンや、パラチオンのような有機リン系殺虫剤について観察された影響を紹介し、鳥や魚、両生類、爬虫類、哺乳類の病気や死亡例を報告している。殺虫剤は昆虫を殺すためにつくられたものなので、昆虫という食料源がなくなったせいで鳥や魚が死ぬことは当然予想できる。しかし、野生生物に直接の毒性効果をもたらし、その影響が食物連鎖に沿ってのぼっていくという証拠もあった。

カーソンが挙げた例の一つに、イリノイ州シェルドンの村で1954年に行われた散布キャンペーンがある。マメコガネの防除のためにディルドリンを空中散布したあと、コマドリその他の鳥類が文字どおり一掃され、ジリスやジャコウネズミ、ラット、ウサギ、それに一部の羊も死んだという。キャンペーンはアルドリンを使って翌年も続けられ、野生生物に同じような影響が出た。もう一つの例は、カナダのニューブランズウィック州にあるミラミチ川周辺で1954年に行われた散布だ。標的は数種類の常緑樹の葉を食い荒らす害虫だった。何百万エーカーもの森林にDDTが散布された結果、サケやカワマスが死んだ。カナダ水産試験庁は1950年以来この川の調査をしており、死んだサケの数は克明に記録されていた。サケにとっては幸いなことに、このケースでは激しい嵐が汚染のほとんどを洗い流し、サケの数は多少回復した。

・・・

有機塩素系殺虫剤の散布と、場合によっては数日間以内に表れる急性毒性効果という密接な関係が、因果関係を立証する十分な証拠となった。この因果関係の信憑性は、事例の数の多さ、影響を受けた動物の個体群の大きさ、エピソードが起こった場所の地理的な多様さ、環境条件の多彩さといった要因によって補強された。こうしたことから、偶然の一致である可能性は除外されるように思われた。

カーソンは野生生物学者だったので、動物について書く際にはしっかりした基礎知識があった。さらに彼女は『沈黙の春』で、ヒトの健康に関する持論の展開に挑戦している。軽々しい気持ちからではない。ヒトの症例を考察するにあたっては、より推測に頼らざるを得ないことを承知しており、このテーマを完全に省くことも考えた。しかしカーソンには、野生生物に対する自身の観察結果から、読者がヒトへの影響の可能性をどうしても推測してしまうことがわかっていた。それに、『沈黙の春』を執筆していた時期に彼女は乳癌を患っていた。

カーソンは癌に関する情報をどう扱えばよいか、どの程度強調すべきかに悩んだ。出版社であるホートン・ミフリン社の一般書籍部門の編集責任者で『沈黙の春』の刊行を担当するポール・ブルックスへの手紙に、次のように書いている。「最近まで、私はこれをヒトに対する身体的な影響全般を扱った章の一部とみなしていました。いまはこのテーマの恐るべき重要性をひしひしと感じており、まるまる一章をあてたいと思っています――そしてそれはこの本の最も重要な章となるでしょう」。思い切ってヒトの健康をとり上げる決心をしたカーソンは、慎重に段階を踏んで進めた。まず、「ボルジア家の夢をこえて」という章で、強い一時的な関係が見られるヒトでの急性中毒の事例をいくつか年代順に記述した。次に来るのが、「四人にひとり」という癌に関する章で、そのなかで次のような論点を提起している。「ここで問題となるのが、私たちが自然を制御しようとして使っている化学薬品のなかで、癌の原因として直接または間接の役割を果たすものがあるのではないかということだ」。

カーソンは癌の章を、除草剤や殺虫剤としてのヒ素化合物の使用についての記述で始める。ヴィルヘルム・ヒューパーの１９４２年の著書『*Occupational Tumors and Allied Diseases*（職業癌と関連疾患）』を引用する形で、ヒ素を含んだ金や銀の鉱石に曝され、癌を含むさまざまな病気に冒された東ヨーロッパに広がるシレジア地方のライヒェンシュタインの坑夫の調査を描写した。アルゼンチンのコルドバ州で、飲料水が天然の高濃度のヒ素を含んでいたために起こった皮膚癌にもふれている。ヒ素を含む農薬の使用者のあいだの癌は一つも記述していないが、「ヒ素系殺虫剤の長期にわたる使用によって、ライヒェンシュタインやコルドバと似たような状況をつくり出すことは難しくはないだろう」と述べている。もちろん、これは論理の大きな飛躍とは言えない。とはいえ、極めて有毒で広く使われていたヒ素系殺虫剤は、スイス人化学者のミュラーによってＤＤＴに置き換えられていた。

カーソンは次にＤＤＴに注意を向ける。これが彼女の主要な関心の的のように思われる。１９５２年にアメリカ国立癌研究所のヒューパーは議会のミラー委員会で証言し、ＤＤＴを人間にとっての発癌性化合物と呼ぶことはできない、そう呼べるようになるまでにあと10年から15年はかかるだろうと述べた。DDTに発癌性があるとするカーソンの拠りどころは主として状況証拠で、ロングアイランド裁判の原告側の専門家証人であるハーグレイヴズの未刊の臨床観察や見解に基づくものだった。ハーグレイヴズはメイヨー・クリニックで白血病やリンパ腫の患者を毎日のように診ており、それが農薬への曝露(ばくろ)によるものだと確信していたとカーソンは書いている。しかしハーグレイヴズは、その考えを厳密な調査で立証したわけではないと認めている。カーソンの最近の伝記によれば、クリーブランド・クリニックで彼女の担当になった癌専門医のバーニー・クライルから、農薬とヒトの癌につながりがあるとすれば恐ろしいことだが、あくまでも推測にすぎないと注意を受けていたという。特にそのつながりが細胞生物学の単純な解釈やハーグレイヴズの証言のような逸話的な観察を根拠にしているとなると、確かにそのとおりだった。ロングアイランド訴訟中にハーグレイヴズが農薬の使用と白血病との関係について行った証言に、カーソンはそれほどまでに大きな感銘を受けたということだろう。

彼女の本において、癌とつながりがあるというカーソンの主張を裏づける例として具体的に記述されているのは、ＤＤＴへの曝露に関連した悪性腫瘍の1例のみだ。ハーグレイヴズの患者の一人で、カーソンによれば、クモが怖くてＤＤＴを噴霧した主婦だという。彼女はどうやらそれから2カ月ほどで、急性白血病と診断された。しかし、癌についてのそれほど短い潜伏期間は知られていない。化学薬品への曝露後に白血病を発症するには数年かかることを、カーソンは認めている。ではなぜ、彼女はこの報告が少しでも信用できると考えたのだろう？　農薬への曝露のその他の例として文献やハーグレイヴズの患者に言及しているが、彼女の本にはそれらに関する具体的な記述はない。ハーグレイヴズが全米野生生物連盟に対して行った講演では、その他の白血病症例はすべて、ハーグレイヴズ自身によって、石油蒸留物またはＤＤＴ以外の農薬によるものとされていた。

カーソンはもっと深く掘り下げる必要があることをわかっており、こうした調査結果を生物学的な妥当性に基づく議論で補強しようとした。編集者のポール・ブルックスに宛てた手紙に次のように書いている。

実は、農薬と癌との関連性はあいまいで、せいぜい状況証拠があるにすぎないと、最初は感じていました。いまでは、その関係性はとても強固なものだと確信しています。一つには、それらの物質が正常な細胞を癌細胞に転換させる実際のメカニズムを示せるだろうと思うからです。それには、化学は言うまでもなく、生理学、生化学、遺伝学の領域を非常に深く掘り下げる必要がありました。でもいまは、ジグソーパズルのバラバラのピースの多くが、突然、ぴったりはまったように感じています。私の知る限り、そんなふうにまとめた者はほかには誰もおらず、これで私の主張は間違いなく、とても強固なものになると思います。

彼女が選んだのはドイツ人生化学者のオットー・ワールブルクによる理論だった。それが、農薬が癌を引き起こすメカニズムを提供してくれると確信したのだ。ワールブルクの理論を農薬の毒性に当てはめてカーソン流に解釈すれば、農薬への曝露はアデノシン三リン酸（ＡＴＰ）の形でエネルギーを産生する細胞の能力を傷つける。ＡＴＰは酸素のはたらきで形成された細胞エネルギーの主な源であるため、それをつくる能力が傷つけられると、「失われたエネルギーを取り戻そうとする過酷な闘い」が起こるとカーソンは書いている。細胞は好気的解糖を高めることで、この失われたエネルギーを埋め合わせ、「このとき、正常な体細胞から癌細胞が形成されたと言えるかもしれない」。

オットー・ワールブルクは細胞代謝に関してやがてノーベル賞を受賞するほどの仕事をしていたものの、生化学は当時まだ黎明期（れいめいき）にあった。彼は癌細胞中でミトコンドリア呼吸の減少と好気的解糖の増加に相関関係があることを発見していたが、二つの出来事に相関関係があるからといって、因果関係があるという証明にはならない。ワールブルクが記述した代謝上の変化は癌の原因ではなく、癌がもたらした影響の一つであることが判明している。癌細胞はゲノムの変容によってすでに生成していて、それが正常なミトコンドリア呼吸ではなく好気的解糖によるエネルギーの生成下で増殖するのだ。これはワールブルク効果として知られており、癌の検出に用いられる現在のＰＥＴスキャンの基本原理となっている。しかしながら、ミトコンドリア呼吸の不足が癌の原因であるという見解を裏づける証拠はほとんどない。

・・・

農業用化学薬品業界の反応はすばやく、『沈黙の春』の前半部分が『*New Yorker*』誌の三つの号に掲載されるとすぐに動きがあった。「『沈黙の春』はいまや喧騒の夏に」と題した『*New York Times*』紙の記事には、「気だるい真夏が、農薬業界に巻き起こった1959年のクランベリーパニック以来最大級の騒動によって、突如として活気づいている」と書かれている。農薬メーカーは、「あくどい儲け主義か、はたまた理想主義者の扇動か」「開いた口が塞がらない」「業界は大混乱だ」などといっせいに、不当な言いがかりだと声を上げた。カーソンの本に書かれた事実に関する論争はほとんどなかったが、業界や政府が軽率にも環境を破壊しているとほのめかされたことに対して、農薬メーカーは強硬に異議を唱えた。これは完成本が世に出る何週間も前のことだった。

ほどなく、連邦政府が行動を起こした。『沈黙の春』刊行の翌年の1963年、食品医薬品局は、マウスに腫瘍を引き起こすことが発見されていた農薬のアルドリンとディルドリンに特に注意を向けた。アルドリンについては、太平洋岸北西部のジャガイモに食品医薬品局の許容範囲を超える濃度が検出されていた。この件を担当する政府の役人は、「もしレイチェル・カーソンが事態を大げさに述べているとしても、それは天使の側に立ちすぎたからだ」と話したという。つまるところ、業界は別の側、つまり天使の側に立っていないということだ。１９６３年5月にはケネディ大統領の科学諮問委員会が、農薬は食料供給の維持のために必要だと断言しつつも、見境のない使用には警鐘を鳴らした。カーソンによると、それがまさに彼女の本の要点だった。

『沈黙の春』のどこにも、病気と闘うためのＤＤＴの使用に反対する議論はない。その点に注目することが重要だ。カーソンの批判者も支持者もともに、この問題に関する意見を提示するにあたっての彼女の配慮を無視しているように思われる。『*New Yorker*』誌に本の連載2回目が載ったあと、カーソンが病気を制御するための農薬の使用に反対しているという誤った見解に基づいて、彼女を攻撃する動きがあった。とはいえ、野生生物の保護のためということで、おそらく彼女は内務長官のスチュワート・ユーダルによる法的措置を支持したことだろう。彼は１９６４年に、２２０万km^2を超える連邦政府所有地での農薬使用を制限する厳格な新しい規則を制定した。

カーソンは1964年に癌で亡くなったが、彼女の本によって掻き立てられた怒りの声は高まるばかりだった。1970年、ついにニクソン大統領によってアメリカ環境保護庁（EPA）が創設され、その最初の法的措置の一つが、DDT、アルドリン、ディルドリン、クロルデン、ヘプタクロル、エンドリンの農薬登録の取り消し――ただし輸出のための製造はその限りではない――となった。

カーソンの歴史的な重要性に疑問の余地はない。しかし、ヒトの健康への影響に関する彼女の科学的な主張の多くは実証されていない。除草剤のアミトロールをめぐるクランベリーパニックについての考察のなかでカーソンは、100ppmのアミトロールがラットに甲状腺腫瘍を引き起こしたという研究結果を引用した。EPAはあらゆる食用作物へのアミトロールの使用を1971年に禁止した。しかしながら、EPAあるいは国際癌研究機関（IARC）による最新の総説にさえ、アミトロールがヒトに癌を引き起こすことが発見されたという記述はない。

カーソンはDDTが再生不良性貧血および骨髄低形成の発症に関わっているとしている。しかしながら、ヒトを対象とした研究に関して有毒物質疾病登録局が2002年に発表した最新の総説によれば、再生不良性貧血の発症に際しての標的である骨髄は、ＤＤＴに感受性の高い標的のようには見えない。有機塩素系殺虫剤に曝された人々について無数の疫学調査が行われているが、ヒトの癌に関しては、確定的な結論は一つも出ていない。ＩＡＲＣ、ＥＰＡ、アメリカ毒性プログラムはすべて、ＤＤＴあるいはアルドリン、ディルドリン、クロルデン、ヘプタクロル、エンドリンといったその他のいかなる有機塩素系殺虫剤も、ヒトの発癌性物質に分類することを差し控えている。

そして、ＤＤＴを使うことで得られる恩恵がリスクを上回るかどうかについての議論が続いている。近年、マラリア制圧のためにこの強力な殺虫剤の使用が再開され、いくつもの成功談が報告されている。スリナムではＤＤＴの散布によって、２００３年に１万４４０３あったマラリアの登録症例数が２００９年には１３７１に減った。ハーバード大学国際開発センターのアミール・アッタラーンと南アフリカ保健省のラジェンドラ・マハラジは、ＤＤＴが何百万もの人命を救っているのに対して、健康に害があるという主張の根拠は動物実験だけだと断言している。ＩＡＲＣのモノグラフプログラムの前責任者であるロレンツォ・トマティスと同僚らによるある論説は、ＤＤＴの健康への影響に関しては懸念があったものの、貧しい国々での蚊の制御に役立つため、この殺虫剤の禁止は不可能だろうとしている。その一方で、世界野生生物基金のリチャード・リロフは、いまも続く野生生物への悪影響や、実験動物での気になる研究結果に言及している。

皮肉にも、ヒトだけでなく野生生物もマラリア制圧の恩恵を直接受けているかもしれない。多くの動物がマラリア原虫に耐性をもつようになっているため、野生生物はマラリアにかからないと考えられてきた。しかし、最近の研究がそうした推測に疑問を投げかけている。30年にわたるニシオオヨシキリの調査で、マラリアに感染した鳥は寿命が短くなり、生殖可能な期間が感染していない鳥の約半分になることがわかったのだ。

『沈黙の春』の出版から何十年も経つが、ＤＤＴやその他の農薬の使用をめぐる議論は続いており、無数の疫学調査や医学的研究が実施され、法令が制定されては改定されている。これもみなカーソンの遺産にほかならない。確かに、彼女の観察のおかげで、ＤＤＴをはじめとする多くの農薬が見境なく使用されることは二度とないだろう。

第9章

癌の研究

パラケルススは人間だけを研究の対象とした。医学的処置に関するガレノス派の考え方を退け、自ら患者を観察した結果のみに基づいて治療を実施。同じように、坑夫の病気を研究するときも、もっぱら自分が目にした症状や徴候を重視した。彼が記述した「*mala metallorum*（金属毒性）」はおそらく、採鉱時にヒ素を含む粉塵や放射能を帯びた粉塵に曝（さら）されて起こった肺癌だったのだろう。しかし彼はそのように抗夫が曝されているものについて、原因物質を特定できるほどは、よく理解していなかった。

化学物質に起因するヒトの癌についての次の発見は、思いも寄らない場所、つまり男性の陰嚢（いんのう）を侵す病気の研究からもたらされた。1775年、アメリカ独立革命が始まる前の年に、ロンドンの聖バーソロミュー病院で働くパーシヴァル・ポット医師が、ロンドンの煙突掃除人のあいだに発生している陰嚢癌を報告した。当時はヨーロッパのどこでも、子どもを煙突掃除人として雇うことがよくあった。ポットは次のように書いている。「ごく幼い子どもたちはしばしば非常に残酷な扱いを受け、寒さと飢えで餓死寸前の状態にある。狭苦しくて、時には高温の煙突をのぼらされ、あざができたり、やけどをしたり、窒息しそうになったりする。そして思春期に達したとき、奇妙なことに、非常に不快で痛みのある致命的な病気にかかりやすくなる」。さらに続けて、「しかしそれこそが、幼い煙突掃除人たちが奇妙にもかかりやすい病気なのだ。煙突掃除人は陰嚢や睾丸の癌にかかりやすい」と記している。彼は、陰嚢の皮膚のひだにこびりついた煤（すす）が陰嚢癌の原因となるという仮説を立てた。

それから1世紀以上あとに、同じくロンドンの聖バーソロミュー病院のヘンリー・バトリンが、「煙突掃除人その他の陰嚢の癌に関する3編の講演論文」を書いた。１８９２年に出版された最初の論文で、彼は陰嚢の癌がイングランド以外ではめったに見られないことを指摘した。ベルリンでは１８７８年から１８８５年の８年間に1例も報告されていない。１８６１年のパリでは1例もなく、ボストン市立病院では１８８１年から１８８７年のあいだにたった1例だ。ところが、この期間中にもロンドンでは依然として陰嚢の癌が報告されていた。バトリンの論文によると、イングランドの煙突掃除人は体を洗うといった個人の衛生対策を行っていない。それにひきかえ、ヨーロッパのほかの地域で陰嚢癌がずっと少ないのは、入浴や清潔な衣類の着用など衛生意識がより高いことによって説明できると考えられるという。バトリンは、この癌の原因は陰嚢にこびりついた煤のなかのタールだと結論づけている。ただし、タール内の化学物質がどのようにして癌を生じさせるのかが明らかになるのは、その化学物質が特定され、癌が発生する仕組みがさらに解明されてからのことだった。

・・・

パリ最古の病院とされるオテルデューの医師マリー・フランソワ・グザヴィエ・ビシャ（1771～1802）は、臓器は基本的なタイプの組織群からできていて、臓器によってそれらがさまざまな分布を示すという考えを説いた。癌は発生した臓器の名称で呼ばれることが多いが、実はその臓器内の特定の組織が癌になっているのだ。ビシャは、顕微鏡を用いてではなく、臓器に対する化学反応の効果を観察することで、組織の分布状況を研究した。たとえば、皮膚の一番外側の層である表皮は上皮と呼ばれる組織を含み、上皮には普通、外表面とその下の基底膜と呼ばれる線維層があり、基底膜の下には皮膚の結合組織である真皮がある。真皮には血管、リンパ系、コラーゲン、そして皮膚を一つの層にまとめてさらに下の筋肉および神経組織に結びつけるその他の線維がある。消化器系の胃や腸の組織構成はもっと複雑だ。消化中の食物と接している粘膜層には、上皮組織、結合組織、筋肉組織が含まれる。その下には血管を含む結合組織からなる粘膜下層があり、さらにその下にある外筋層すなわち消化器系の主要な組織である外側の筋層が、消化管内の食物を前進させる。最後に結合組織からなる漿膜層があり、これが外層となって腹膜腔と接する。

ビシャが注目したもう一つの臓器は心臓だった。彼は心臓には三つの異なるタイプの組織があること、そしてそれらが三つの異なるタイプの炎症性疾患にかかりやすいことを発見した。外側の漿膜結合組織が心膜炎、筋肉組織が心筋炎、内皮細胞を含む内側の結合組織が心内膜炎という具合だ。彼はまた臓器に化学反応――とりわけ浸漬、乾燥、分解――を行うことで、異なる組織を見分けた。ビシャは、病気に対する関心の焦点を、全体としての臓器からそのさまざまな構成組織へと動かすことに成功してみせた。それが、ある種の病気は同じタイプの組織をもつ異なった臓器を侵すことがあり得るという理解につながった。

19世紀初頭には、腫瘍はリンパ液が凝固して変性したものからできていて、全身疾患の局所的な現れにすぎず、ちょうど天然痘の膿疱のようなものだという考えが支配的だった。この考えは、ドイツ人病理学者のヨハネス・ミュラーによる1824年のアクロマティック顕微鏡の発明で変わることになる。アクロマティックレンズは、二つの波長(普通は赤と青)が同じ平面上に焦点を結ぶように調整されている。それ以前は、異なる波長の光が異なる面上に焦点を結ぶことによって、ゆがみが生じていた。ヒトの癌を研究していたミュラーは1830年までに組織学者としての経験を積んでおり、1838年に顕微鏡を用いた病変組織の初めての広範な研究結果を発表する。その著書『*On the Nature and Structural Characteristics of Cancer*(癌の性質および構造上の特徴)』は、癌の増殖に関する現代の考え方の基礎を築いた。癌に関する彼の一連の研究論文は、ヒトの良性および悪性新生物の顕微鏡的な特徴を体系的に分析したものだった。

ミュラーは癌が細胞の異常な増殖からなることを示すために、組織というビシャの考え方を利用した。癌は細胞の集まったものであり、特定の癌の細胞型はその起源となった組織の細胞型に似ていることを、実例によってはっきり示したのだ。ミュラーは悪性腫瘍と良性腫瘍を明確に区別していた。前者は除去後に再生する能力がある。彼は顕微鏡下に、癌が細胞の異常な増殖物であり、その原発部位となった細胞の特徴を保っていることを描写してみせた。顕微鏡を用いた病理学の創始者として、ミュラーはドイツの科学者のある世代全体に刺激を与えている。

・・・

やがて、化学物質がどのようにして癌を含むヒトの慢性疾患を引き起こすのかを理解するうえで、動物での研究が重要になってくる。動物でなら、明確な時間枠内で、用量を自由に調節して実験できるからだ。しかし、その実験結果の解釈は、感染病原体を分離したり毒液の致死効果を説明したりするよりずっと難しい。実験を用いて癌の原因を追究する研究を進展させるには、多様な現れ方をする癌が何からできているのかを解明する必要があった。

植物生物学者は以前、細胞分裂には二元性があること、つまり一つの植物細胞が別の細胞を生むことを発見していた。ミュラーの弟子たちは動物の細胞の性質の解明にとりかかった。まずそのなかの二人、マティアス・シュライデンとテオドール・シュワンが、新しい細胞は細胞核である「サイトブラスト」に由来し、核は細胞外の材料に由来するという説を考えた。しかし、これは誤りで、同じく弟子の一人だったロベルト・レーマクはこの説を退けた。自然発生説と何ら変わりがないように思えたのだ。レーマクは1841年から顕微鏡を用いて鶏胚の成長の観察を行っており、それをもとに、動物では細胞の二分裂が新しい細胞の源であるという説を提示した。1845年から1854年にかけての彼のさまざまな論文を、やはりミュラーの弟子であるルドルフ・ウィルヒョウは当初排斥していた。しかし最終的にウィルヒョウは1858年にレマークの考えに同調して『*Cellularpathologie*（細胞病理学）』を出版し、そこから細胞の二分裂という考え方が一般に広まった。「Omnis cellula e cellula（オムニス・セルラ・エ・セルラ）」というウィルヒョウの言葉は「すべての細胞は細胞に由来する」という意味だが、生命体において細胞が最重要であることを示すキャッチフレーズとなった。

癌細胞における染色体の変化を最初に指摘したのは、ドイツ人病理学者のダーヴィト・パウル・フォン・ハンセマンが１８９０年に手がけた研究だった。ウィルヒョウの助手だったハンセマンは、細胞核の研究を可能にした染色技法を用いてヒトの癌の生体組織を調べた。細胞核のクロマチンを染色するヘマトキシリンと細胞質を染色するエオシンが１８６０年代に開発され、１８８０年には広く使われていた。ヘマトキシリンはメキシコ南部および中央アメリカ産のログウッドという木の抽出物からつくられ、エオシンは合成染料である。ハンセマンは、退形成として知られる複製を行っている癌細胞中に異常な形態の核が多発することに気づいた。そうした細胞は未分化細胞と呼ばれる。彼は、正常な細胞が癌細胞になるのは遺伝物質の一次変化のせいであるという説を提唱した。

ハンセマンの説には七つの要素があり、そのうちの三つが時の試練に耐えて現代でも通用する。第一に、ハンセマンいわく、癌細胞は正常細胞がもつ特異的な機能を失う。次に、癌細胞は組織内で独立に生存する能力をもつ。そして三つ目が分化の喪失で、彼はそれが退形成の一部であると表現している。また、癌細胞は原発部位を越えて他臓器に転移するにつれ、細胞および核の形態がますます奇妙になっていくとも書いている。

次に重要な貢献をしたのは、ウニを研究していたドイツ人実験動物学者だった。テオドール・ボヴェリは1914年に出版された画期的な著書『*Concerning the Origin of Malignant Tumours*（悪性腫瘍の起源について）』で、悪性腫瘍の性質および起源の重要な側面を七つ挙げている。1902年に彼は重複受精したウニの卵細胞の成長に関する実験結果をさらに発展させて、悪性腫瘍はある種の異常な染色体構造がもたらしたものかもしれないと考えるようになっていた。

ハンセマンの重要な発見が自分の発見と密接な関係にあると気づいたボヴェリは、未分化細胞の変容状態を、環境に対して異なる反応をしている状態と説明した。ボヴェリによれば、悪性細胞はしばしば、原発部位とは異なる組織の細胞に似ている。この変容した性質が、非悪性細胞のもつ通常の制御なしに増殖する傾向をもたらすというのがボヴェリの主張だ。そして自分の観察結果から、悪性細胞の欠陥は核にあるのであって、細胞質にあるのではないと結論づけた。彼は著しく先見性のある仮説を立てた。腫瘍が一つの細胞の欠陥から起こり、それが伝播し、転移においてさえ維持されるというものだ。

・・・

ハンセマンおよびボヴェリの研究をもとに、癌には染色体が関与していると考えられた。１９４０年代末には、一部の化学物質には染色体の遺伝子暗号を書き換える力があるに違いないと推測された。そして、いかにして書き換えるのかが問題となった。化学物質――この場合は第一次世界大戦で使用された悪名高いマスタードガス――が変異を招くことを初めて実証したのは、エジンバラ大学のシャーロット・アワーバックとJ・M・ロブソンだった。女性遺伝学者のアワーバックらはすでにハエを使った実験から、放射線が変異と不妊を引き起こすことを知っていたが、１９４１年に試験したマスタードガスにも同様の作用があった。染色体変異のメカニズムをさらに探るため、二人は特殊な実験を考案して、書き換えられたＤＮＡを顕微鏡で見ることができるかどうかを確かめた。

染色体の変化を調べるため、二人は植物や昆虫を研究するために開発されていた技法を活用した。遺伝物質というと私たちは普通、葉巻の形をした染色体の姿を思い浮かべるが、そのように見えるのは減数分裂中に細胞分裂のために圧縮されたときで、それ以外の場合、染色体は長い糸状で、顕微鏡でも見えない。遺伝子の変化を探す際、科学者は細胞複製プロセスの一部で中期と呼ばれる期間中の染色体を観察する。このとき、重複染色体がすべて、分離して二つの娘細胞(むすめさいぼう)へと入る前に整列する。この中期にある染色体を分析するのが、細胞遺伝学と呼ばれる研究分野だ。

ヒトの細胞内の染色体の数が23対46本と正しく突き止められたのは、1956年になってからだった。体細胞の細胞分裂中には、二つの娘細胞をつくるために各染色体が複製される必要がある。各染色体は長いDNA鎖で構成され、そのそれぞれに約3000の遺伝子が含まれているわけだが、細胞複製サイクルの大半では、染色体は有糸分裂中に分離して二つの娘細胞中に入っていけるように、葉巻型に圧縮される必要がある。

遺伝と聞くと、通常私たちは遺伝的な特性のことを考える。表現型とも呼ばれる、親から子へ伝えられる特性だ。獲得された変異は世代から世代へと受け継ぐことができ、これは「生殖細胞系」変異と呼ばれる。その一例が鎌状赤血球貧血に見られる変異したヘモグロビンで、一つの世代から次の世代に伝えられる。もっと最近発見された例としては変異したＢＲＡＣ１およびＢＲＡＣ２遺伝子があり、乳癌の発症リスクを大きく高める。

　のちにオーストラリアのウイルス学者マクファーレン・バーネットが１９５９年に要約するように、癌は受け継がれた変化を「体細胞」に発生させる一方、体細胞は有性生殖による世代から世代への遺伝子の伝達には関与しない。もっとあとになって発見されるのだが、体細胞内の重要な遺伝子が変異すると、その細胞は癌細胞になる可能性がある。このプロセスはやがて、体細胞系におけるいくつかのさらなる変異を含むようになる。

　染色体およびＤＮＡの構造の発見が、細胞複製中に体細胞変異が継承される仕組みを細胞レベルで理解するための土台となった。また、癌細胞における変異とその継承の本質の理解にもつながった。フランシス・クリックとジェームズ・ワトソンは、ライナス・ポーリングがタンパク質のために考案したらせん構造を研究したあと、ロザリンド・フランクリンのX線結晶構造解析をもとに、1953年にDNAの二重らせん構造を提示した。

この構造の骨格は糖であるデオキシリボースとリン酸基が交互に並んだ2本の紐（ひも）で、それぞれの紐の内側に環状構造をもったプリン塩基やピリミジン塩基が結合しており、プリン塩基とピリミジン塩基が弱い水素結合を形成して紐同士をまとめている。当初クリックとワトソンは同じ塩基同士が引き合っていると考えたが、その考えは捨てられ、プリンがピリミジンと水素結合を形成していると考えられるようになった。したがって、グアニン（G）が常にシトシン（C）と向き合い、アデニン（A）がチミン（T）と向き合う。その結果、G-CおよびA-Tという塩基対の連なりができ、DNAの相補的な紐上に遺伝情報を形成する。紐が分離すると相補的な紐の複製が起こって、まったく同じ2本の新しい二重らせん構造が形成される。

クリックとワトソンは自分たちのモデルがDNA複製にとってどのような意味をもつかは理解していたものの、細胞内でのDNAの具体的な役割は認識していなかった。

「我々のＤＮＡモデルは最初のプロセス［複製］のための簡素なメカニズムを示唆するが、いまのところ我々には、２番目のプロセスがどう進行するのかはわからない。とはいえ、その特異性は塩基対の厳密な配列によって発現されるものと確信している」。

フランシス・クリックが１９５９年に「コドン」という用語を広めたが、これは生化学者のシドニー・ブレナーがタンパク合成に関与する基本的な単位を指す用語として考案したものだった。ただし、その単位はまだ完全には特定されていなかった。アメリカ国立衛生研究所（ＮＩＨ）のマーシャル・ニーレンバーグがドイツから来た若手ポスドク研究員のＪ・ハインリッヒ・マッテイとともに、合成ＲＮＡを用いた一連の実験を開始した。そして、ＤＮＡ内に暗号化されている「メッセージ」をＲＮＡがどのように伝達し、アミノ酸を結合させてタンパク質をつくるのかを示すことができた。これらの実験は、遺伝子コードに関するニーレンバーグの画期的な成果の基礎となっている。１９６１年にアミノ酸のフェニルアラニンに対応するＲＮＡという「コード名」を発見すると、彼らは結合してタンパク質をつくる主要なアミノ酸20種すべてに対応する特有のコード名の発見にとりかかった。ＤＮＡ複製の構造およびプロセスに関するこの情報は、癌の形成や増殖の理解に欠かせないものだった。

X線や、マスタードガスのようなある種の化学物質は、細胞遺伝学上大規模なタイプのDNA損傷、たとえば染色体の部分的な欠失につながるDNA骨格の断裂などを引き起こすことがある。その他の影響としては染色体のあいだでの遺伝物質の交換——転座——がある。こうしたタイプの化学物質は染色体異常誘発物質と呼ばれ、損傷は細胞遺伝学的分析によって顕微鏡下で観察できることが多い。アワーバックとその同僚らによる分析で初めて検出されたタイプの損傷は、マスタードガスによって生じた転座や染色体断裂で、ミバエの染色体で検出された。第一次世界大戦中に使用された(そして第二次世界大戦中にも依然として存在した)化学物質に、遺伝情報をもつ生体内物質へ影響を与える能力があると確認されたのはこれが初めてだったが、結果は1946年まで公表されなかった。戦時中は化学兵器に関わる研究についての言及に制約があったからだ。

転座の具体例として最もよく知られているのは慢性骨髄性白血病の原因となるもので、22番染色体の一部が9番染色体のより小さな部分と置き換わる。22番染色体はもともと小さな染色体だが、交換の結果、さらに小さくなる。これは１９６０年にペンシルベニア大学医学部のピーター・ナウエルによって発見され、異常に小さな新しい染色体は「フィラデルフィア染色体」と呼ばれた。この再構成によって、通常は配列中で一緒になることのない二つの遺伝子が一緒になり、その結果できた融合遺伝子は、細胞の制御不可能な複製を引き起こす異常タンパク質を生合成するための遺伝暗号となっている。その結果、骨髄中で白血球細胞が絶え間なく産生されて、白血病となる。ただし、たとえ化学物質がある種の状況では転座を招くとしても、現在まで、フィラデルフィア染色体すなわち慢性骨髄性白血病を引き起こす化学物質やその他の原因は知られていない。

第10章

発癌性物質はどのようにしてできるか?

ヒトの癌に関してこれまで述べてきたような初期の理解をふまえて、最初にパーシヴァル・ポットによって示された皮膚癌の発症をさらに研究するため、動物を用いた発癌実験が行われた。ただしこの実験では煙突の煤ではなく、石炭に由来する市販の製品が使われることになった。1845年にドイツの若手科学者アウグスト・ヴィルヘルム・フォン・ホフマンが、ヴィクトリア女王の夫君プリンス・アルバート直々の招きに応じてロンドンにやって来た。イギリスにおける応用化学の振興という目標のもと、王立化学大学を創設するためだった。ホフマンの専門は自然界に存在する化合物の抽出、分析、評価で、石炭生産や石炭ガス照明の副産物であるコールタールに特に関心があった。石炭は鉄の生産に不可欠で、石炭ガスは獣脂ろうそくや鯨油ランプの初めてとなる大規模な代替品だった。コールタールには多くの用途があり、船や屋根の防水性を高めるピッチや、鉄道の枕木を保護するクレオソートをつくるために用いられた。

　コールタール労働者に皮膚癌が発生することは、リヒャルト・フォン・フォルクマン（1830〜1889）のようなドイツ人医師の調査のおかげでよく知られるようになっていた。ヘンリー・バトリンも、コールタールピッチを製造する労働者たちの皮膚癌を報告している。コールタールピッチはガスやオイルやさまざまな化学物質の原料であり、現代ではそうしたものは石油を連想させるが、当時は石炭から製造されていた。

コールタール誘発癌に特異的な原因を明らかにするための実験対象として、動物に目が向けられた。化学的に誘発された癌が実験的につくられたことはまだなかったものの、日本の東京帝国大学医学部病理学教室の山極勝三郎と市川厚一は、適切な条件を見つけさえすれば、実験動物に癌を誘発できると確信していた。そしてウサギの耳に未精製のコールタールを繰り返し塗った結果、皮膚癌の発症における四つの段階をはっきりと確認することができた。各段階はヒトの癌について記述されているものに類似していた。第1期は上皮の非定型増殖を特徴とし、炎症を起こした耳はまもなく腫れ上がった。顕微鏡下に有糸分裂像が認められたが、これは細胞分裂が増加している証拠で、細胞数の異常な増加、すなわち「過形成」をもたらす。第2期は新生物の出現を特徴とし、二人はこれが腫瘍であることを確認した。第3期には、奇妙な形や異常に大きくて暗色の核をもつ非定型細胞の高度の増殖が顕微鏡検査で明らかになった。これは上皮性悪性腫瘍の初期の徴候だ。これがさらに深く広く増殖して癌細胞が周囲の皮下組織に侵入し、血管やリンパ管に食い込み、耳の軟骨に入り込んで、潰瘍化した新生物を形成する。第4期には局所リンパ節の腫脹があり、このリンパ節を顕微鏡で観察すると原発腫瘍からの転移性沈着が見つかった。ほかの研究者たちもこれにならって、クレオソートなど数種類のコールタール蒸留物を用いて実験を行った。

イギリスの研究者たち、主としてロンドンのキャンサー・ホスピタル・リサーチ・インスティテュート（CHRI）のアーネスト・L・ケナウェイ（1881～1958）と彼のグループが、タールのさまざまな発癌成分を調べる極めて意欲的な試みを行った。そして、CHRIで開発されて確立されたばかりの分光法を利用して、ジェームズ・W・クックとケナウェイのチームが1933年にベンゾ[*a*]ピレンを発見する。これは不完全燃焼で生じる複雑な有機化合物の大きなグループ、多環芳香族炭化水素（PAH）の一種だが、このベンゾ[*a*]ピレンがコールタールの主要な発癌成分であることが確認された。その他のPAHも煤やコールタールから単離され、その相対的な発癌性がマウスでの皮膚試験で系統立てて比較された。

1940年代にオックスフォード大学で実施された一連の動物実験で、アイザック・

ベレンブラムとフィリップ・シュービックはベンゾ[a]ピレンおよびその他のPAHを実験動物に使用して、化学物質が癌を引き起こす生物学的なメカニズムを研究した。そして、PAHの単回投与で、正常細胞の潜在的癌細胞への不可逆的な変化を開始できる、ことを明らかにした。その他の化学物質はそうした潜在的癌細胞の腫瘍への成長を促進できるが、数カ月にわたって繰り返し投与する必要があった。具体的には、ベンゾ[a]ピレンの単回塗布に続いてクロトン油を反復塗布すれば、腫瘍の生成をもたらすに十分だった。クロトン油はある木の種子から製造され、非常に強い皮膚刺激性をもつ。

これらの実験から、化学物質による発癌の仕組みを理解するための大きな突破口がもたらされ、さまざまな化学物質がさまざまなメカニズムで癌を引き起こせるだろうと予想された。やがて、癌化を開始させるイニシエーター化学物質は、DNAと反応して変異を発生させることによって、細胞に遺伝子変化を起こさせることが発見された。この遺伝子変化は娘細胞（むすめさいぼう）に渡される。さらに、発癌を促進するプロモーター化学物質が遺伝子の調節に変化を引き起こし、それによって、遺伝子の発現、すなわちタンパク質をつくる能力を変容させることが同様に発見された。

・・・

20世紀前半には、化学物質が変異を誘発することで癌を引き起こすのかどうか、明確にはなっていなかった。一部の化学物質は変異原性があっても発癌性がなく、発癌性物質のなかには変異原性が見つからないものがあったからだ。変異を招くことが最初に明らかになった化学物質のマスタードガスについても、実験動物に腫瘍を引き起こせるという確たる証拠はなかった。1962年の段階でさえ、デヴィッド・クレイソンが、さしあたってわかっていることとして、癌の原因となる化学物質の多くは変異原性がなく、マスタードガスのような変異原性化学物質には発癌性がないと報告していた。

1950年代初頭には、第6章でふれたジョン・ワイズバーガー、エリザベス・ワイズバーガー夫妻がアメリカ国立癌研究所で、発癌性が知られているある種の化学物質——一部の医薬品も含む——はそれ自体には反応性がないが、癌を引き起こす物質に体内で変化するという考えを追究していた。癌を生じさせる化学物質の大半はもともと化学的な反応性は高くない。さもなければ、環境中にあるほかの化学物質と反応して不活性になってしまうだろう。この法則にはいくつか例外がある。その一つがホルムアルデヒドで、反応性が高く、気管内の分子成分と直接反応する。しかしホルムアルデヒドは例外で、研究はおおむね、芳香族アミンや、たとえばベンゾ[a]ピレンのような多環芳香族炭化水素といった一見不活性な有機化合物がどのようにして癌を生み出すことができるのかを解き明かす作業が中心となった。

芳香族アミンの2-アセチルアミノフルオレン（AAF）はもともと殺虫剤として開発されたにもかかわらず、市場には一度も出なかった。1941年に、マウス、ラット、ハムスター、ウサギといった各種の家禽を含む多くの種を対象とした実験で発癌性が見つかったからだ。しかも、肝臓、乳腺、膀胱、肺、瞼（まぶた）、皮膚、脳、甲状腺、副甲状腺、唾液腺、膵臓、消化管、腎臓、子宮、腎盂（じんう）、尿管、筋肉、胸腺、脾臓、卵巣、副腎、下垂体と、多くの部位に癌を引き起こした。この多彩な犯行記録のため、AAFは腫瘍形成研究における有力モデルとなる運命にあった。

ワイズバーガー夫妻の仕事の重要性はAAFに関する研究にとどまらない。発癌性物質を試験する標準プロトコルの開発にも携わっている。AAFは芳香族アミンの一種で、染料工業において膀胱癌をつくり出すことがわかった化学物質と同じものだが、ワイズバーガー夫妻はこのグループの化学物質がヒトに膀胱癌を引き起こす相対的な効力を予測する動物モデルを考案した。幸運にも私はジョン・ワイズバーガーと同時期にアメリカ保健財団に在籍し、この愉快な人物からアメリカ国立癌研究所での癌研究についていろいろと聞くことができた。ジョンはふさふさした見事な白髪と優しい声の持ち主で、私の幼い娘ジョアンナは、いくつかお話をしてもらって楽しいひと時を過ごしたあと、彼を「かわいいうさぎさん」と呼んだものだった。

化学物質を活性化させて発癌性をもたせるメカニズムを追究したのは、ワイズバーガー夫妻が初めてではない。ウィスコンシン大学マッカードル癌研究室の創設メンバーであるジェームズ・ミラー、エリザベス・ミラー夫妻が、発癌性染料のバターイエロー（パラ-ジメチルアミノアゾベンゼン）を研究している。これは芳香族アミンといくらか近縁の化合物で、ラットに肝臓癌を引き起こすことが明らかになっていた。１９４８年にミラー夫妻は、ラットにバターイエローを投与すると18種の既知または考え得る代謝物ができて、その一つである４-モノメチルアミノアゾベンゼンが肝臓癌をもたらすことを発見した。そしてその効力は親化合物であるバターイエローと同等で、発癌性代謝産物であることが確認された。

北イングランドにあるリーズ大学のデヴィッド・クレイソンはジョージアナ・ボンサーとともに、ＡＡＦのさまざまな代謝産物の活性を調べていた。１９５３年に彼らは、芳香族アミンが代謝中にオルソ‐ヒドロキシルアミン類に転換され、これが発癌の原因であるという仮説を提示した。最終的にミラー夫妻は、癌を生じさせるＡＡＦ代謝産物すべての構造を解明した。彼らが調べたもう一つの化学物質は芳香族アミンの４‐アミノビフェニルだった。これは煙草の煙に見つかる物質で、やがて膀胱癌の発生と結びつけられる。１９６６年までにミラー夫妻はいくつかのグループの化学物質の発癌性を解析し終わっていたが、そのなかには１８９５年にレーンによってドイツの労働者に膀胱癌を引き起こすことが報告された染料も含まれていた。マサチューセッツ工科大学のジェリー・ウォーガンはアフラトキシンも代謝による活性化を必要とすることを発見した。これは天然のカビに見つかっている物質で、ヒトの癌の大きな原因となっている。その他の科学者も、煙草の煙やコールタール中に見つかったＰＡＨを調べた。そのすべてが、発癌性を発揮するには代謝を必要とした。というわけで、1969年代中ごろには多くのタイプの発癌性物質について、代謝による活性化とDNAとの反応が解明されていた。ミラー夫妻はこうした活性化された化学物質に対して「究極発癌性物質」という表現を考案した。

ヒトの既知の発癌性物質のほとんどは代謝変換を必要とするものの、必要としないものもいくつかある。核内受容体と相互作用する化学物質は転写因子と呼ばれ、一般に発癌効果の発揮に代謝を必要としない。ポリ塩化ビフェニル（PCB）類や塩素化ダイオキシンはフェノバルビタールのような医薬品同様にこのグループに属し、すべてラットに肝腫瘍を引き起こす。エストロゲン類もこのグループで、あとで述べるように乳癌をはじめとする女性特有の癌を誘発する。

・・・

このような発癌性物質の多くをDNA反応性の直接発癌性物質に代謝変換する主な代

謝系は、滑面小胞体と呼ばれる肝臓の細胞小器官だ。細胞の内部には多くの膜構造があり、核を細胞質から隔てる核膜のほか、滑面小胞体や粗面小胞体などが挙げられる。粗面小胞体は細胞内でタンパク質を合成するはたらきをもち、滑面小胞体には一般にP450類と呼ばれる異物代謝酵素の広範なグループが存在する。鉄を含むこの酵素は可視光の特定の波長を吸収し、分光器で検出できる。シトクロムP450酵素は、致死性の一酸化炭素ガスに結合した際に450ナノメートルの波長を強く吸収するため、そのように命名された。

さらなる研究によって、こうした化学物質はこのシトクロムP450の助けで、発癌プロセスを開始できる変異原性物質に転換されることが明らかになる。肝臓は体の代謝器官であり、化学物質を体から排除する主な役割を負っている。肝臓のP450の主な目的は、化学物質の水溶性を高めて、尿中に排泄できるようにすることだ。とはいえ、P450による化学的な修飾によって、反応性が高く癌を招く発癌性物質ができてしまう可能性もある。

シトクロムP450酵素には、酸素を化学物質に付着させる鉄-ポルフィリン複合体が含まれる。ただし体のほかの部位では、同じようなP450類が酸素を化学物質に付着させてホルモンを生合成する。このタイプの酵素は両側の腎臓の上に位置する副腎の皮質で最初に研究され、これは炎症ならびに腎臓によるナトリウムとカリウムの排泄のバランスに関わるステロイドホルモンの生合成に関与する。ステロイドホルモン合成の原材料はコレステロールで、食物の一部として取り込まれるだけでなく、体内でもつくられる。コレステロールは体を構成する化学物質の多くにとって基本的な構成要素であり、たとえば細胞膜の重要な成分であるとともに、テストステロンやエストラジオールのようなホルモンの前駆物質となる。ニューヨーク州のタッカホーという村にあるバローズ・ウェルカム社の研究者らが、肝臓には二つの異なるタイプのP450があることを発見した。一つは動物にフェノバルビタールを投与すると増加し、もう一つはPAHの一種の3-メチルコラントレンを投与すると増加した。後者はやがて、PCB類や塩素化ダイオキシンなどいくつかの化学物質の癌誘発メカニズムに関与するとして言及されることになる。

体内のそのほかの重要なタンパク質も、鉄-ポルフィリン複合体のようなものを含んでいる。その一つであるシトクロムオキシダーゼは酸素と反応して、二酸化炭素、水、体の主なエネルギー源であるATPを生成する反応に関与する。酸素結合タンパク質であるヘモグロビンもその一つで、ヘモグロビンの鉄が酸素を引き寄せ、血液を介して肺から体の各部分へ酸素を運ぶ。その酸素がシトクロムオキシダーゼと反応してエネルギーを生成する。一酸化炭素もヘモグロビンと結合でき、酸素の運搬を妨害して窒息状態をもたらす。

酵素とは触媒であり、酵素なしでは体温程度の温度では起こらないような化学反応を可能にする。反応によっては、一定のエネルギー障壁を克服しなければならないが、基質が酵素に結合することによって分子の電気的な状態が変わり、反応が可能になるのだ。酵素は体のいたるところではたらいている。たとえば、私たちが飲酒したときに代表的なアルコールのエタノールを体内で代謝する主要な酵素はアルコールデヒドロゲナーゼであり、アセトアルデヒドを生成する。するとそれが別の酵素、アルデヒドデヒドロゲナーゼによって速やかに代謝されて酢酸になる。これは尿中に容易に排泄される。

似たようなメカニズムを用いるさまざまなシトクロムＰ４５０類が、体が遭遇する医薬品や化学物質の代謝にとって主要な経路で機能することが、現在では知られている。これらの酵素は現在、光の吸収に関連して命名されたＰ４５０という古い名称ではなく、シトクロムＰ４５０（*cytochrome P450*）に由来するＣＹＰと呼ばれるようになっている。ＰＣＢやダイオキシンのような化学物質に関する重要な点として、それらによってＣＹＰ１Ａ１およびＣＹＰ１Ａ２といったＣＹＰの種類が誘導され、齧歯類（げっしるい）の肝腫瘍やヒトの悪性黒色腫を引き起こす作用に一定の役割を果たすと考えられるケースがある。そうした化学物質とアリール炭化水素受容体、すなわちＡｈ受容体と呼ばれる核受容体との相互作用は、細胞の制御経路の多くにも変化をもたらす。いまでは、さまざまな機能への関与が発見されている55種のＣＹＰ酵素が特定され、遺伝子配列が確定している。それらの機能には、化学物質や医薬品の解毒、脂肪酸代謝、ステロイドホルモン生合成、胆汁酸代謝、ビタミンＤ変換などがある。癌の発生にとって重要なタイプは少数にすぎない。

第11章

一部の発癌性物質は遺伝子に直接影響を及ぼす

1950年代後半、王立癌病院チェスター・ビーティー研究所のP・D・ローリーとP・ブルックスは、マスタードガスがDNAに結合し、いわゆるDNA付加体を形成するかどうかを調べた。そして、マスタードガスがDNAに結合すること、具体的にはグアニンの特定部位に結合することを発見した。さらに1960年代初頭には、マスタードガスとグアニンのN7位との反応がそのイオン化状態を変容させ、それによって、グアニンとシトシンとのあいだの正常な塩基対形成に影響を及ぼすという説を提示した。二人は同じ理屈をアデニンまたはシトシンのN1位におけるDNAアルキル化にも拡大して、それがDNA中のそうした塩基の正しい水素結合を妨害するだろうと述べている。

こうした変化によって誤対合(ごたいごう)が起こると、DNAの忠実な複製が妨げられ、それが遺伝暗号に変化を生む「点変異」につながる。点変異の発生は遺伝暗号中の一組の塩基対の複製に変化が起こったことを意味する。1964年にブルックスとローリーは、化学物質とマウスの皮膚のDNAとの結合活性が、それらの化学物質の発癌性に一致するという研究結果を発表した。その後、ニトロソアミン、アセチルアミノフルオレン(AA

Ｆ）、アゾ染料など別のいくつかのタイプの発癌性化学物質について、同様の結果がほかの研究者から報告された。

代謝酵素のはたらきによって活性化された化学物質に対して、ジェームズ・ミラー、エリザベス・ミラー夫妻は「究極発癌性物質」という名称を考案していた。活性化の化学的な性質については、いわゆる反応性の高い親電子化合物、すなわち電子を求める化学種が発生して、それがＤＮＡの求核性の高い部位、たとえばプリン環やピリミジン環の窒素原子と反応するという説が提唱されていた。親電子化合物の例としてはカルボニウムイオンが挙げられる。これは正電荷を帯びた反応性の高い不安定なタイプの炭素イオンで、煤煙（ばいえん）の中に見られる多環芳香族炭化水素（ＰＡＨ）のような分子に存在する。正電荷のために、その炭素原子はＤＮＡ中の電子が豊富な窒素原子と結合できる。

ウィスコンシン大学でミラー夫妻と一緒に働いていたフレッド・カドルバーは、いくつかの発癌性芳香族アミンやＰＡＨがＤＮＡのグアニン塩基と反応して共有結合するという観察結果を継続して研究した。これらはアルキル化付加物のメチル基やエチル基よりもかさばった付加体を形成した。カドルバーはＤＮＡ複製中に実際に起こる出来事を明らかにするため、発癌性物質のＡＡＦとベンゾ[*a*]ピレンについて、そうした付加物を含むＤＮＡ分子の空間充填模型を調べた。すると、グアニンの塩基対領域にそうした付加体ができた場合、付加されたグアニンがシトシンではなく別のグアニンとミスペアリングする可能性のあることがわかった。ＤＮＡがマスタードガスの影響を受けたときに起こるミスペアリングに似ている。こうして、ＰＡＨや芳香族アミンによって誘発される点変異が分子レベルで解明された。

毒性学にとって次の重要な突破口をもたらしたのは、カリフォルニア大学バークレー校の微生物学者だ。ブルース・エームスは腸チフスを引き起こすネズミチフス菌の変異株をつくり出していたが、その変異株はもはや必須アミノ酸のヒスチジンを生合成する能力がなく、したがってタンパク質を合成して生き延びるにはヒスチジンを培地に加える必要があった。しかし、もし化学物質の曝露(ばくろ)によってこの菌に別の変異、要するに最初の変異を元に戻すような変異が起これば、タンパク質合成に必要なヒスチジンを再びつくれるようになる。つまりこの菌を化学物質の変異原性の検出に使えることになるのだ。１９７２年にエームスはジェームズ・ミラーと共同でＡＡＦを調べた。そして、Ａ

AFの代謝産物は親化合物よりも変異原性が強いことを発見し、それによって究極発癌性物質をつくるには代謝が必要なことを立証した。エームスはその年、PAHについても同様の論文を発表した。翌年の1973年、エームスは試験プロトコルを修正し、肝ホモジネートのミクロソーム画分を反応物に加えて、化学物質が代謝を受けて究極発癌性物質に変わるようにした。その結果、アフラトキシン、ベンゾ[a]ピレン、アセチルアミノフルオレン、ベンジジン、ジメチルアミノトランススチルベンを含む18種の発癌性物質に変異原性があることがわかった。これらの化学物質が肝ホモジネートの添加によって代謝活性化され、肝酵素による代謝産物が強力な変異原性物質であることが明らかになったのだ。

年月を重ねるにつれ、変異原性を見るための「エームス試験」は遺伝毒性発癌物質をスクリーニングするための究極の判断基準となった。しかも、肝代謝酵素活性化系の添加によって、代謝による活性化を必要とする変異原性物質と、そうでない変異原性物質、つまり直接発癌性物質とを区別することができた。エームス試験は比較的容易に得られるメカニズム情報を与えてくれるため、毒性学において計り知れない重要性をもつようになる。動物での発癌バイオアッセイ（生物検定）と比べてずっと少ないコストで、遺伝毒性発癌物質かどうかをスクリーニングできるのだ。

ブルース・エームスは、自身の細菌試験システムにおいて発癌性物質によって起こる変異が細菌の遺伝暗号を書き換えていると結論づけていた。エームスの研究の中心は「フレームシフト」変異だった。この変異では、化学物質とＤＮＡ塩基対形成との相互作用が、複製中のＤＮＡ配列における塩基対の追加または削除をもたらす。これは「点変異」の一つのタイプで、たった一つの塩基の変異によって、遺伝暗号に遺伝性の変化を引き起こし得る。単純なアルキル化剤のような多くの発癌性物質が招く別のタイプの点変異は、ミスペアリングに由来する単純な塩基対置換だ。これらも、Ｐ４５０を含む肝ホモジネートの小胞体を主成分とするミクロソーム画分によって増進されることが発見された。

細胞は、化学物質によって変化したＤＮＡを突然変異が起こり得る前に修復できる酵素を数多くもっている。最初のＤＮＡ修復酵素は１９７４年にロンドンにあるフランシス・クリック研究所のトーマス・リンダールによって発見された。リンダールはその功績によって２０１５年にノーベル化学賞を受賞している。彼の仕事のあと、さまざまなタイプのＤＮＡ修復が確認されるが、リンダールの貢献は「塩基除去修復」、つまり損傷を受けた単一の塩基を除去する方法で、どのように変異を修復できるかを記述したことだった。ヌクレオチド除去修復と呼ばれるまた別のタイプのＤＮＡ修復が、ノースカロライナ大学のアジズ・サンジャルによって発見され、彼はトルコ人科学者として初めてノーベル賞を受賞している。２０１５年のノーベル化学賞の３人目の受賞者はデューク大学のポール・モドリッチで、彼はＤＮＡの忠実な複製がうまくいかないときに活性化される修復酵素を発見した。この場合の変異の原因は何らかの化学物質によって引き起こされたものではなく、不運な変異と呼ばれる、通常のＤＮＡ複製中にさまざまな組織の幹細胞中でよく起こっているものである。全体のプロセスはミスマッチ修復と呼ばれる。不適切な塩基対が検出され、DNAの不適切な断片が切り離され捨てられてから、失われたヌクレオチドがDNAポリメラーゼによって補充される。この三つの修復メカニズムが、その後発見される多くのメカニズムの先駆けとなった。

点突然変異が、癌につながる染色体の変化の唯一のタイプというわけではない。一部の化学物質には染色体異常誘発作用があって、染色体に大規模な損傷を生じさせることが細胞遺伝学的解析で確認されている。

これは別のタイプの変異をもたらす可能性があり、この変異は点突然変異と違って通常は修復できない。そうしたケースの一つに、ベンゼンが急性骨髄性白血病を引き起こすメカニズムがある。ベンゼンは肝臓で代謝されてフェノールやヒドロキノンをはじめとする水酸化物となるが、これらの多くは試験しても変異原性が見つからない。ベンゼンによるDNA付加体およびその代謝産物を探すには、二つのやり方が用いられていた。一つは放射性標識ベンゼンを用いて、生化学的に分離されたDNA画分の放射能を調べる方法であり、もう一つは、質量分析計と呼ばれる最新の装置を用いてDNA付加体を特定するものだ。しかしながら、いずれのやり方でもDNA付加体の確定的な証拠は見つからなかった。

ベンゼンやその代謝産物は、点突然変異ではなく染色体の破断や欠失を招く。そしてこれはDNAの両方の鎖が破損したことを示す。ベンゼンはほかの非常に多くの発癌性物質と同様に、肝臓でのP450による代謝を必要とする。水酸化された代謝産物が、ベンゼンが染色体異常誘発試験で陽性となる原因物質なのだ。染色体異常とは染色体全体を調べたときに見える損傷形態を指す。さらに、ベンゼンの試験結果をほかの染色体異常誘発物質と比べた場合、陽性結果のパターンのタイプが、トポイソメラーゼⅡと呼ばれる酵素の阻害剤に非常によく似ていた。ベンゼンの代謝産物もトポイソメラーゼⅡを阻害することが明らかになっており、この酵素はDNA複製プロセスの正常な進行に欠かせない。

細胞がDNAの複製中でないとき、各染色体は二重らせんを描いて結びついている2本の長いDNAの鎖をもっている。細胞分裂初期のG1期には、新しい染色体を形成する準備として、細胞がヌクレオチドを合成する。分裂プロセスのこの時点で、細胞はD

NAに何らかの損傷が起こっていれば修復を試みる。S期にはDNAの2本の鎖が分離し、相補的塩基が結合して、23対の染色体の新しいセットが二つできる。次に、DNAの長い鎖が染色体の中に梱包され、M期でそれが別れて二つの娘細胞（むすめさいぼう）に入っていく。最後に、娘細胞中で染色体の梱包が解かれてDNAにアクセス可能となり、機能を果たせるようになる。

休止期細胞の長い紐（ひも）状の染色体は絡まり合って結び目をつくりやすいが、もし結び目があると染色体の複製を開始できない。結び目をほどくことはほぼ不可能だ。そのため、代わりにトポイソメラーゼⅡと呼ばれる特殊な酵素がDNAの両方の鎖を切断して絡まり合った部分をゆるめ、再び一緒にすることによって、結び目を解消する。とはいえ、このプロセスのどこかがうまくいかなければ、二重鎖が断裂して、染色体の一部が失われることもあり得る。トポイソメラーゼⅡはエトポシドやドキソルビシン（およびその誘導体）を含め、乳癌や肺癌など多種多様な癌の最先端の治療法である癌化学療法の標的となっている。トポイソメラーゼⅡに対する毒物は二重鎖の断裂をもたらし、その結果で起こった損傷が、変異、染色体転座、あるいはその他の異常の引き金となり得る。

・・・

もし修復プロセスで変異を防いだり修正したりできなければ、そしてもし、そうした変異またはその他のＤＮＡ損傷が細胞の複製プロセスを制御している重要な遺伝子に起これば、無制限の細胞分裂が生じて、癌の発生につながる可能性がある。そのような重要な遺伝子には癌遺伝子（オンコジーン）および癌抑制遺伝子の二つのタイプがあり、これらは１９７０年代に発見された。癌遺伝子はウイルスによって引き起こされた動物の癌、具体的にはラウス肉腫およびマウスのある種の乳癌や白血病で、１９５０年代に最初に発見された。これらの発見から、当初はヒトの癌がウイルスによって発生するという仮説が立てられた。いまでは化学物質や放射線、その他の感染病原体も癌の原因になり得ることがわかっているものの、一部のウイルスの遺伝子はヒトの癌にとって重要であることが実際に発見されている。とはいえ、問題はどちらが先か、ニワトリが先か卵が先かということだった。ウイルスが哺乳類の遺伝子を盗んでいて、その変異版を通して動物に癌を発生させることが判明している。癌を起こすかもしれない遺伝子のオリジナル版は癌原遺伝子（プロトオンコジーン）と呼ばれ、哺乳類細胞の複製機構の正常な一部であることが発見された。そうした癌原遺伝子の名称としては、*src*、*myc*、*ras*、*jun*などがある。変異版である癌遺伝子は細胞分裂を活発化させ、細胞を癌化する可能性がある。変異した*ras*は、ヒトの癌で最初に発見されたものだ。マサチューセッツ工科大学のロバート・ワインバーグは愛煙家としても有名な疫学者エルンスト・ウィンダーのいとこだが、この遺伝子を分離した研究者の一人だった。

別の一連の実験が、癌抑制遺伝子と呼ばれるもう一つの細胞周期制御遺伝子群の発見につながっている。オックスフォード大学のヘンリー・ハリスは培養皿に一群の細胞を入れて、それらを融合させようとしていた。癌細胞を正常細胞と融合させると、予想外の事態が起こった。癌細胞が融合細胞を支配して癌細胞のような挙動をさせるのではなく、反対の現象が起こったのだ。融合した細胞は正常な細胞のように振る舞い始め、新しい腫瘍をつくる能力をもっていなかった。正常な細胞が腫瘍細胞の遺伝子にブレーキをかけたに違いないというのが、唯一可能な説明だった。

これらの結果が最終的に、普通はヒトの細胞分裂に責任をもっているある種の遺伝子、すなわち癌抑制遺伝子の発見をもたらした。この重要な遺伝子が変異を起こすと、その能力を失う。こうした特殊な遺伝子のうち、最初に見つかったのは網膜芽細胞腫に関連した遺伝子で、まず小児科医のアルフレッド・クヌードソン、次いでマサチューセッツ工科大学のロバート・ワインバーグとハーバード大学のタデウス・ドライジャによって発見された。プリンストン大学のアーノルド・レビンによって発見された別の癌抑制遺伝子*p53*は、あらゆる癌のうち60％もの癌で変異していた。

*p53*遺伝子がつくるタンパク質は、細胞複製の前段階である遺伝子複製プロセスを停止させることができる。複製プロセスによって恒久的な変異をもたらす前に、化学的なDNA損傷を細胞に修復させるのだ。広範なDNA損傷を受けた細胞がとり得るもう一つの道は、プログラム細胞死と呼ばれるプロセス、つまり「アポトーシス」として死ぬこととなる。*p53*癌抑制遺伝子はこのアポトーシスを開始させ、生体防御反応による巻き添え被害を最小限にとどめるために、細胞を自死させることを可能にする。ところが

*p53*遺伝子が変異すると、細胞はＤＮＡ修復のために停止したり、自死を引き起こしたりすることなく複製する。複製を続けてますます多くの変異が蓄積し、やがて癌に至る。

癌原遺伝子および癌抑制遺伝子のこうした変異はやがて、癌の発生という観点から統合的に考えられるようになる。ジョンズ・ホプキンス大学医学部のバート・フォーゲルシュタインが、ヒトの結腸および直腸癌に見つかった四つの変異の研究結果を１９８８年に報告した。彼は自分の研究結果が大腸癌の発癌モデルに一致すると断定している。癌の発生に必要なステップがしばしば、いくつかの癌抑制遺伝子の喪失に加えて、変異による癌遺伝子活性化を含むというモデルだ。この段階的なプロセスが正常な結腸上皮を過形成にさせ、良性腫瘍に、そして最終的には癌に至らせ、その癌は体のほかの部分に転移する。結腸癌は男女ともによく見られる癌の一つだが、ヒトでは既知の原因化学物質は見つかっていない。食生活、特に加工肉の摂取がリスク因子のように思われる。メカニズムからすると、少なくともいまのところ、このプロセスのさまざまなステップは既知の化学物質とＤＮＡとの相互作用なしに起こるとされている。

第12章

刺激によって起こる癌

化学物質がヒトに癌を引き起こすメカニズムは、遺伝子に対する直接の影響以外にも存在する。癌の発生に関する最も古い理論の一つは刺激による慢性炎症説で、これを支持したのがプロイセンで医師を務めたルドルフ・ウィルヒョウだった。彼は新しい細胞が既存の細胞から形成されるという細胞説の提案者でもあった。1863年、ウィルヒョウは3巻からなる『*Die krankhaften Geschwuelste*（病的腫瘍）』という腫瘍についての野心的な大作の出版に着手した。1862年およびその翌年の冬に行った講義をもとにした著作だが、そのなかで、癌の起源は慢性炎症部位にあるという仮説を提示した。ウィルヒョウが腫瘍とみなしたものの一部は、実際には真正の癌ではなかった。とはいえ、彼は癌性腫瘍と非癌性腫瘍、たとえば結核や梅毒、ハンセン病などによる腫瘍を識別することの難しさを認めている。現在、ある病変が腫瘍であるといえば、それはとりも直さず、癌、あるいは少なくとも良性の新生物を意味する。しかし昔は、「腫瘍」といえばあらゆるタイプの腫れ物を意味した。

ウィルヒョウの時代の教えでは、三つの要因が腫瘍の形成をもたらすと考えられていた。局所的な原因、素因、悪液質の三つだ。悪液質とは古代のガレノス派の概念では、人間の体は元素、体質、体液、器官、気質から構成されており、体液である粘液、血液、黄胆汁、黒胆汁のアンバランスのことを指す。ウィルヒョウにとっては局所的な原因がすべてに勝り、彼は腫瘍形成に関しては局所的刺激に絶えず言及している。その仮説によれば、刺激を与え得る物質が組織の損傷とそれに伴う炎症を招き、その結果、細胞の増殖が促進される。彼は新生物組織中の白血球にも気づき、そこから炎症とほかの癌を関連づけた。「リンパ網内系浸潤」は、慢性炎症部位が癌の原発部位であることを示していると指摘している。

腫瘍の発生に関するウィルヒョウの著書の出版後、刺激という考え方は後退して、癌細胞の染色体が関心を集めるようになる。ウィルヒョウの弟子であるダーヴィト・パウル・フォン・ハンセマンは癌の原因としての刺激あるいは炎症という論点を退け、癌細胞の核の研究にとりかかった。ただし、腫瘍が寄生虫感染に関連して起こり得るという点については、ハンセマンもウィルヒョウをはじめとする多くの人々のように同意している。

刺激による発症が発見された最初の癌はおそらく、寄生虫感染後の膀胱癌だろう。ビルハルツ住血吸虫（*Schistosoma haematobium*）の感染と膀胱の扁平上皮癌との因果関係は、いまから100年以上前の1905年にカール・ゲーベルによって初めて提唱された。住血吸虫は扁形動物門に属する吸虫で、淡水中の巻貝を中間宿主とし、一定の条件下で幼生形の「セルカリア」を放出する。このセルカリアはヒトの皮膚に付着して貫通する力をもち、血流に乗って膀胱の静脈叢（じょうみゃくそう）に入り、そこで卵を放出する。住血吸虫症の重篤な症状の多くは、卵に対する宿主側の物理的および免疫学的反応によって引き起こされる。癌の部位にはその発生に先立って住血吸虫関連の慢性膀胱潰瘍があり、通常これは重い先行感染があった患者に起こる。

現在の世界全体の癌の約15％は、感染性病原体に原因がある。炎症はそうした慢性感染症の重要な要素だ。さらに、悪性腫瘍のリスクの増大は化学的および物理的作用因子によって生じた炎症と関連がある。たとえば、ヒトパピローマウイルスあるいはB型やC型肝炎ウイルスによって引き起こされた慢性炎症はそれぞれ、子宮頸癌あるいは肝細胞癌をもたらす。胃におけるヘリコバクターピロリ菌のコロニー形成は胃癌につながる。長年にわたる炎症性大腸炎も、結腸癌と関係があるとされている。

その他の癌の一部は、別のタイプの刺激、すなわちアルコールの過剰な摂取によって起こることが判明した。１９１０年には早くも、フランスのパリで食道および胃上部の癌の患者の約80%が、主にハーブ酒のアブサンを好んで飲むアルコール依存症患者であることが注目されている。蒸留酒であるアブサンの伝統的なつくり方では、まずニガヨモギ、アニス、フェンネルなどの乾燥ハーブをエタノールに漬け込む。この過程でニガヨモギの主な活性成分であるツヨンやその他の芳香族化合物が溶け出す。次にこの混合物を蒸留して、さまざまなアルコール度数——普通は45%から72%——の飲料とする。20世紀の初めにはアブサンの消費が過度に高まって憂慮すべき規模に達したため、ヨーロッパの多くの政府もアメリカ連邦政府も、いくつかの禁止令を通じてこの放浪生活の象徴を禁止した。最も懸念されたのは多様な神経症状と精神病の発症だった。

ところが、アブサンの風変わりな成分は問題の一つでしかないことが判明する。疫学調査によって、アルコール飲料の過度の摂取が食道癌の原因であることが明確になり、しかも影響がアルコール飲料のタイプに左右されるという徴候はいっさい見られなかったのだ。アルコール依存症によく見られる食道合併症には、食道炎や、前癌性の変化で一般にはバレット食道と呼ばれる上皮の異形成がある。エタノールは用量によっては、実験動物の口腔や食道、胃粘膜を刺激する。ラットにエタノールを摂取させると、食道上皮に細胞増殖の亢進が起こることが確認された。直接の遺伝毒性メカニズムの証拠、すなわちエタノール代謝産物とＤＮＡとの反応を示す証拠はほとんどなく、したがって、単純な機械的な原因で物理的炎症が起こったのだろう。

アルコールを過度に摂取する人間にはその他のタイプの癌も見つかる。たとえば、エタノールは肝障害を引き起こし、それが肝硬変につながることがある。肝硬変では正常な細胞構造が線維組織にとって代わられるが、これは肝細胞癌の発症リスクの増加と強い関連がある。硬変と呼ばれるのは、肝臓が岩のように硬くなって診察中に触診できるからだ。アルコール性肝硬変は前癌状態とみなされる。肝硬変という前段階なしのエタノール関連肝細胞癌はめったにない。

感染症やアルコール摂取がヒトの癌の原因になり得るのは、広範囲の慢性的な刺激や圧倒的な量の曝露（ばくろ）のせいであることは明らかだ。その他の有害な化学物質も同様に、DNAと反応したり、DNAに何らかの直接の損傷を引き起こしたりすることなく、動物に腫瘍を発生させる可能性がある。そうした化学物質は「非遺伝毒性」メカニズムを介して作用するとみなされ、これまでにいくつかのタイプが記述されている。その一つに、第10章でふれたアイザック・ベレンブラムとフィリップ・シュービックによって「腫瘍促進」と呼ばれるメカニズムを介して発生させた腫瘍がある。二人は皮膚を強く刺激するクロトン油を用いて、彼らが「エピ発癌作用」と呼ぶ状態を引き起こした。ベンゾ[a]ピレンの単回塗布に続いてクロトン油を反復塗布すれば、刺激による腫瘍発生をもたらすのに十分だったのだ。

こうした実験をもとに、実験動物での化学物質誘発癌に関する枠組みには「開始（イニシエーション）」と「促進（プロモーション）」が関わると考えられた。イニシエーターは通常、エームス試験で陽性となるような、ＤＮＡと直接反応する化学物質だ。一方、プロモーターはその他の方法で癌の発生を促進し得る。乳腺におけるエストロゲンや肝臓におけるアンドロゲンのように、ホルモン効果を通じて細胞増殖を高める作用をするのかもしれない。別の腫瘍促進メカニズムとしては細胞死であるアポトーシスの阻害がある。ＤＮＡの損傷からして死ぬはずの細胞を生存させてしまうのだ。正常細胞が良性腫瘍になり、次いで癌になるにはいくつかの段階が考えられる。とはいえ、これ以前の章でバート・フォーゲルシュタインの記述として紹介したヒトの癌の進行とは対照的に、実験動物での化学物質誘発腫瘍はめったに転移しない。

・・・

アポトーシスすなわちプログラム細胞死は、周囲の組織への被害を最小限にとどめつつ、体が損傷を受けた細胞を廃棄する手段だ。損傷があまりにも広範囲に及んでいて、アポトーシスを実行するのに必要なエネルギーを用意できないときは、自らを消化する酵素を放出することで細胞は死ぬ。これは「ネクローシス（壊死）」と呼ばれる。付随する炎症反応は白血球細胞やその他の細胞の浸潤を伴い、瘢痕（はんこん）組織の形成をもたらす。ネクローシスを引き起こすような細胞レベルでの毒性は、活性化された化学物質と、DNAではなく、タンパク質または膜との反応が原因となる。この結果は何らかの代謝プロセス、たとえば細胞がアデノシン三リン酸（ATP）を産生する能力や、エネルギー生成に必要なその他の重要な酵素が阻害された場合であることが多い。ネクローシスに至る細胞毒性を化学物質が引き起こす場合、リソソームと呼ばれる細胞内小器官が、DNAやタンパク質、脂質を破壊する酵素を放出する。アポトーシスでもネクローシスでも細胞は死ぬので、癌を生じさせることはできない。ただし、組織が死んだ細胞を補充しようとして、癌を招くことがある。

この非遺伝毒性の癌発生メカニズムは、主な毒性効果が細胞増殖の増加による組織修復を通じて発揮されているという考えに基づく。このタイプの癌形成はしばしば、実験動物でのバイオアッセイ（生物検定）中に投与された有毒化学物質による非常に大きな曝露によって生じる。たとえば、大きな毒性をもたらすほど高用量の化学物質を動物に毎日摂取させれば、その化学物質は解毒メカニズムに従ってただちに肝臓に入り、肝臓癌を引き起こす。そうした有害な摂取が、動物に「最大耐量」を生涯にわたって投与する癌バイオアッセイのいくつかにおいて、腫瘍発症率が化学物質に誘発されて上昇する主な原因と考えられている。ラットやマウスのような実験動物では、そうした非遺伝毒性メカニズムによる癌の発生率が非常に高くなることがある。実験に用いた動物の半数、さらにはほぼすべての動物を巻き込む場合さえある。

化学物質による毒性はしばしば、実験動物における腫瘍の自然発生率を増加させるが、それはすでに高率で起こっている場合が多い。ラットおよびある系統のマウスの肝腫瘍については、明らかにそうである。その毒性はＤＮＡには変化を生み出さず、代わりに、自然に生じた前癌病変からの腫瘍形成を高める。そうした病変は癌を形成しやすい背景下において高頻度で見られる。毒性によって誘発された細胞増殖が、内因性のＤＮＡ損傷を修復する必要性を細胞に無視させ、それが変異につながる。細胞がＤＮＡ損傷を検知した際に細胞増殖を休止させる役割を担う*p53*癌抑制遺伝子が、毒性効果に圧倒されてしまうのかもしれない。細胞は損傷を受けた細胞を交換する必要に迫られて増殖を呼びかけ、増殖を休止させる*p53*の力量よりその呼びかけのほうが優勢になると、変異が生み出され、癌の罹患（りかん）を増加させる可能性がある。

化学物質の非遺伝毒性効果は、化学物質が継続的に存在するかどうかに左右され、最初は一時的で可逆的だ。しかしながら、そうした効果がかなり強くて十分な時間続けば、最終的には癌につながるようなタイプの遺伝子変化をもたらす。細胞の増殖だけでは癌が起こらないことが現在では明らかになっているものの、炎症細胞や成長因子、活性化基質、ＤＮＡ損傷促進作用物質などに富む環境での持続的な細胞増殖は、癌発生のリスクを高める。時には、刺激やそれによる炎症反応に対処する体の能力が損傷に圧倒されてしまうことがあるのだ。シリカやアスベストに起因するヒトの病気は主に、これらの作用物質がもたらす刺激によって起こる。煙草の煙でさえ刺激を引き起こし、その刺激は煙草によって肺癌が起こる一因と考えられる。これらによる病気はそれぞれ、珪（けい）肺（はい）、アスベスト症、気管支炎で、いずれも肺癌につながり、さらにアスベストの場合は中皮腫も起こる。

・・・

炎症がなぜ変異の原因になるのかを理解するための重要な一歩が、体が炎症部位に動員する白血球の効果の研究からもたらされた。1981年、マサチューセッツ総合病院の血液学・腫瘍学科のシグムンド・A・ワイツマンとハーバード大学医学部内科学教室のトーマス・P・ストッセルが重要な発見をした。エームス試験によるテストで、ヒトの白血球が変異を起こすことを明らかにしたのだ。炎症には白血球が関わるが、白血球は活性酸素種を産生することが知られており、彼らは炎症がそうした酸素ラジカルを発生させることによって変異を引き起こしているという仮説を立てた。そして仮説の検証のため、白血球の一つである好中球に注目し、慢性肉芽腫性疾患（CGD）患者から採取した好中球と健常者の好中球の変異原性を比較した。CGD患者の好中球は活性酸素産生系に欠陥があり、スーパーオキシドアニオンや過酸化水素を発生させることができない。そのほかの点では、正常な食細胞として振る舞う。二人は、CGD患者の細胞（好中球）の変異原性が、正常な細胞に比べて顕著に低下していることを発見した。

ヒトが生きるために必要とするまさにその物質――大気中の酸素――が有毒な化学物質の役割も演じるのは、意外なことかもしれない。しかし地球上の生命は酸素のない環境で誕生し、嫌気性の環境に多くの嫌気生物が棲んでいた。酸素はそうした生物の一つである藍藻（らんそう）の光合成によって初めてつくられた。大気中の酸素濃度の高まりは生育に酸素を必要としない嫌気性生物にとっては有毒だったため、この反応性に富む分子が到達できない場所、たとえば深海の熱水噴出孔などに退くか、あるいは適応するかによって、生息環境への酸素の出現に対処しなければならなかった。一部の生物は抗酸化防御メカニズムを進化させることで適応し、体内のタンパク質や脂質、DNAなどが酸素で破壊されないようにした。そして酸素の反応性をうまく利用してエネルギーをつくってATPとして蓄え、それによって地球上に動物界を出現させた。

物が燃える温度では酸素が炭素と反応して二酸化炭素ができることは周知のとおりだ。酸素自体は、たとえ厳密にはフリーラジカルとみなされていても、体温ではそれほど反応性が高くない。しかしさまざまなメカニズムを通じて酸素は多くの活性酸素種（ROS）に転換され、それらははるかに反応性が高いフリーラジカルとなる。その反応性の高さゆえに、それらのＲＯＳはほかの原子や分子と速やかに反応し、あまり長い時間は存在しない。たいていは害を与えることなく消散するか、体内の防御的に機能する抗酸化物質と反応して取り除かれる。体内の主な抗酸化物質のグルタチオンは三つのアミノ酸からなるポリペプチドだ。その他の抗酸化物質としては、ＲＯＳと反応したり、グルタチオン濃度を高めたりする作用をもつビタミンＡ、Ｃ、Ｅのほか、酵素やビリルビンのようなある種の代謝分解産物がある。

　もしＲＯＳが除去されないと、ＤＮＡやその他の重要な細胞成分と反応することがある。ヒトの体内の細胞の一つひとつが、ＤＮＡを損傷させる酸化反応に通常は一日に1万回も曝（さら）されると推定されている。そのほとんどは修復されるが、ごく少数の酸化されたＤＮＡ塩基が複製中にミスペアリングして変異を起こす。そうしたフリーラジカル反応が、癌を含めヒトの多くの病気のもとと考えられている。このフリーラジカル反応による絶え間ない損傷は加齢プロセスにも関わっていると考えられている。幸い、このタイプのＤＮＡ損傷を修復する酵素がある。さもなければ私たちの細胞は遺伝子エラーだらけになってしまうだろう。

第13章

喫煙：タールまみれの黒い肺

時は１９４８年。エルンスト・ウィンダーという名の医学生が、肺癌で死んだ42歳男性の検死解剖に参加していた。遺体の胸部を開いたウィンダーは肺の状態に愕然とした。真っ黒いタールまみれの腫瘍のかたまりになっていたのだ。この患者がヘビースモーカーであり、一日に2箱吸っていたらしいと知っていたウィンダーは、すぐにこの肺癌の原因は煙草ではないだろうかと思った。

いまとなってみれば、ウィンダーが煙草とタールまみれの黒い肺を結びつけたのには何の不思議もないように思われる。しかし１９４８年には、これは科学における偉大な発見につながる種類の直感的なひらめきだった。当時、喫煙は少なくとも男性のあいだでは極めてありふれた習慣で、戦後のアメリカ文化にあまりにも深く根づいていたため、医師には事実上肺癌の原因とは思えないものとなっていた。１９５０年、42歳男性の喫煙率は67％だった。したがって、患者が肺癌を発症していようといなかろうと、ウィンダーは遺体のタールまみれの黒い肺を目にすることになっていたはずだ。

当時、数人の研究者が、煙草が肺癌の発生にとって重要かもしれないと指摘する論文を発表していたが、大規模な臨床研究は皆無だった。大半の医師はそうした初期の研究を無視した。ウィンダーは青年期に両親とともにドイツから逃れてきていた。ドイツ語ができることから、F・H・ミュラーによるドイツ語の出版論文に出合い、その綿密ではあるが限定的な研究が、多量の喫煙が肺癌の重要な原因である確かな証拠を提供していることを知ったのだった。

その論文の存在が頭から離れなくなったウィンダーは、煙草が肺癌を引き起こすという仮説を検証しようと決心した。セントルイス・ワシントン大学で外科の診療ローテーション中だった彼は、自分の観察に基づく研究を行うことについて、外科主任のエヴァーツ・グラハム博士に相談してみた。グラハムは有名な胸部外科医で、肺癌の外科的な治療の開拓に尽力していた。喫煙者でもあったグラハムは、煙草が肺癌の原因だという考えには賛成していなかったにもかかわらず、ウィンダーの研究への支援に同意した。この威勢のよい医学生に教訓を与えたいと思ったらしい。

喫煙のような要因と肺癌のような健康上の影響とに相関関係を見いだすことと、因果関係を立証する作業とはまったくの別ものだ。ウィンダーには問題を新鮮な目で検討する利点があったかもしれないが、問題の探究に必要となるツールはまだ開発されていなかった。グラハムのような外科医は癌の外科的治療に重要な進歩をもたらしたとはいえ、彼らの努力も癌の原因解明に関しては何の役にも立っていなかった。ウィンダーに必要なのは、集団における疾病のパターンを探る科学、つまり疫学の進歩だった。

ウィンダーとグラハムは研究の計画段階でいくつかの科学的な難題に直面した。一つは、最もふさわしい研究デザインの選択だった。最も直接的な手法は「前向き研究」と呼ばれるもので、喫煙者のグループを非喫煙者のグループと一定期間比較して、喫煙者のほうが肺癌の発症率が高くなるかどうかを調べることである。確かなデータは得られるものの、時間がかかるアプローチだ。グループ間の差が検出できるほどの肺癌の症例数が発生するには、何年も追跡調査する必要があるからだ。

それほど多くの時間をかけたくはなかったウィンダーは、いわゆる症例対照研究を進めることにした。二つの患者群――肺癌で入院している人々(症例群)とその他の理由で入院している人々(対照群)――を用意し、喫煙習慣の違いを見るという手法だ。もし肺癌患者群のほうが対照群より喫煙率が高ければ、あるいは対照患者よりヘビースモーカーであるとか喫煙歴が長いとかいう傾向があれば、喫煙習慣と肺癌との因果関係が立証される。このタイプの研究の利点は後ろ向きであること、つまり症例群や対照群の患者の調査がたった一度で済むことだ。

1948年には症例対照研究はまだ疫学において十分に確立されてはいなかった。その手法を選ぶことで、ウィンダーとグラハムは研究結果がそれほど信頼に足るものとはみなされないというリスクを冒していたことになる。そのような後ろ向き研究では、患者の過去の関連情報を入手するには患者本人に尋ねるしかないという点がたいてい問題になる。自分が癌だと知っている患者がその責めを何かに負わせようとするのは自然なことで、そのせいで過去の曝露(ばくろ)原因を大げさに報告するかもしれない。あるいは、疑わしい要因が喫煙のような行動に関わるものなら、病気の責めを自分ではコントロールできないものに負わせようとして、過少に報告するかもしれない。これらは「想起バイアス」と呼ばれ、面接調査をする側でさえ、その影響を受ける。調査者はどうしても自分の仮説を裏づけてくれそうな情報を探す傾向があり、そのせいで患者の答えを微妙にねじ曲げてしまうのだ。ウィンダーはデータに対する想起バイアスの影響を最小限に抑えようと、調査者が用いるべき標準化された詳細な質問票を作成した。

どのような疫学研究であれ、調べようとする要因以外のあらゆる要因に関して、症例群と対照群を可能な限り一致させることは重要だ。年齢、性別、居住地などをできるだけ近づけなければならない。研究する疾病の正確な定義があることも無視できない。ウィンダーとグラハムの研究では、肺癌症例は顕微鏡による診断によって特定し、対照群には参加病院の入院患者から年齢および性別が一致した人々を無作為に選んだ。癌以外の肺疾患をもつ対照群について別個の分析も行った。

ウィンダーとグラハムは実際に、因果関係があるとみなせるほど強いと思われる相関を喫煙と肺癌の発症率のあいだに見いだした。喫煙と関係があるだけでなく、喫煙の量とも関係があったのだ。彼らは暫定的な結果を1949年2月にメンフィスで開催されたアメリカ癌学会で発表した。1950年に『*Journal of the American Medical Association*』誌に掲載された「気管支原性癌において考えられる病因因子としての煙草喫煙：実証済み684症例の研究」と題した研究は、いまでは疫学と毒性学の両方において記念碑的な論文と考えられている。疫学においては症例-対照研究を用いた最初の例の一つであり、毒性学においては、煙草の煙をヒトの癌の最も重要な――そして予防可能な原因として特定したのだ。

グラハム博士は自分たちの研究結果に強い感銘を受けて1951年に喫煙をやめたが、ほかの人々がこのメッセージを受け入れてくれるという幻想は抱いていなかった。ウィンダーは、自分たちの論文の最終稿の見直しの際にグラハムに言われたことを次のように語っている。

彼が言うには、「君は多くの困難に直面しようとしている。喫煙者は君のメッセージを好かないだろうし、煙草業界は激しく反発するだろう。メディアや政府はこれらの研究結果を支持したがらないだろう」とのことだった。「しかし」と彼はつけ加えた。「君に有利な要素が一つある」。次の言葉を聞こうと、僕は期待して椅子から立ち上がった。「君の強みは、君が正しいということだ」と彼は語気を強めてくれた。

その言葉が示すように、グラハムは1957年に肺癌で亡くなっている。

なお、ウィンダーとグラハムの論文が世に出て数カ月後、リチャード・ドールとオースティン・ブラッドフォード・ヒルが、似たような結果を示す別の肺癌症例対照研究をイングランドで発表した。彼らはロンドンにある20カ所の病院から協力を得て、肺、胃、結腸、大腸の癌で入院している患者全員の情報を提供してもらった。そして医療ケースワーカー（病院のソーシャルワーカー）を派遣して、各患者との面談で喫煙歴を聞き出させた。癌患者は1732人で、743人の一般的な病気の患者や手術患者を対照群とした。癌のあるなしにかかわらず、患者全員について非常に高い喫煙率が見られ、研究をいくらか難しくした。しかしドールとヒルは最先端の統計手法を用いて、肺癌男性ではわずか0・3％が非喫煙者だったのに対して、対照群では4・2％が非喫煙者であることを発見した。また、診断時にヘビースモーカーだった人数が、肺癌患者では対照患者の2倍であることもわかった。症例群と対照群双方の喫煙率が高かったため、彼らの症例対照研究の結果はウィンダーとグラハムの研究結果ほど確固としたものではなかったが、因果関係を証明するためのさらなるデータを提供した。

ドールとヒルは次にイギリスの医師に関する前向き研究を発表した。1951年の年末時点でイギリス医師名簿に登録されている4万人あまりの男女が、喫煙習慣についての質問票に回答した。これをもとに、非喫煙者グループと、当時の喫煙量に基づいて三つの喫煙者グループ（元喫煙者を含む）に分けた。この研究の速報は、喫煙者のあいだで肺癌死の増加があったことを示していた。さらに5年研究を続けた結果を1956年に発表した際には、ヘビースモーカーが肺癌で死亡する率は非喫煙者の20倍だった。この研究は症例対照研究ではなく前向き研究だったため、特に説得力があった。どのような結果になるかわからないまま、二つのグループを一定期間追跡したため、想起バイアスには陥りにくかったのだ。この研究では被験者全員が医師だったため、産業曝露などの職業因子が煙草に関する研究結果を混乱させた可能性があるという議論も避けることができた。

・・・

喫煙が肺癌につながるという主張には煙草業界からの激しい反発があり、こうした初期の研究成果は、本来あるべき影響力を及ぼすことはなかった。ウィンダーの論文が出たころには、彼はセントルイスからニューヨーク市にあるスローン・ケタリング研究所（現メモリアル・スローン・ケタリング癌センター）に移っていた。フィリップモリス社はウィンダーをとり込んでその仕事をやめさせようと試み、スローン・ケタリング研究所に寄付をしたうえで、その影響力を使ってこの件に関するウィンダーの発言を封じようとした。ニコール・フィールズおよびサイモン・チャップマンの記したところによれば、１９６２年の秋には、ホースフォール博士をはじめとするスローン・ケタリングの職員たちがウィンダーにいっそう厳しい審査手続きを課し始めた。それに通らなければ研究所の名前での発言を許可しないというわけだ。同時に、ウィンダーに煙草の研究をさせようという動きもあった。煙草業界の資金で、肺癌のリスクを最小限にする、より安全な煙草を見つけるための研究をさせようとしたのだ。スローン・ケタリング研究所を去ったあとも、ウィンダーはこの研究を何年も続けた。現実には人々に喫煙をやめさせるのが難しいとわかっていたからだ。

こうした出来事はどれも、喫煙が肺癌の原因であるというウィンダーの信念を揺るがすことはなく、彼は納得のいくメカニズムの探索を始めた。肺癌を引き起こすのは煙草の煙に含まれるヒ素だとドールとヒルは主張していたが、煙草の化学的な添加物は厳重に守られた企業秘密だった。1953年、ウィンダーはアデル・クロニンガーとともに、喫煙マシンを使って濃縮タールをつくった。そしてマウスの背中の毛を定期的に剃ってはタールを塗りつけ、実験を始めたとたんにマウスが死んでしまわないように、タールの量を少しずつ増やしていった。マウスはタールの毒性効果にすぐに耐えられるようになり、いっそう濃い溶液を使えるようになった。溶かしたタールをマウスの背中に週3回塗ることをおよそ1年続けると、約半数に皮膚癌ができた。煙草のタールがどのようにして癌を発生させるのか、ウィンダーはまだ正確には知らなかったが、彼と共同研究者たちは、煙草がヒトに癌を引き起こすという主張を裏づける最初の実証研究の一つを行ったのだった。

1953年に『*Cancer Research*』誌に掲載されたウィンダーの論文は「煙草のタールによる癌の実験的発生」と題されたもので、喫煙マシンで得られた煙草のタールの濃縮物を用いた実験結果を報告した5編の論文の一つだった。別の研究では異なる系統のマウスが使われた。さらに別の研究では、煙草のタールの塗布でウサギの耳に癌ができた。パイプ煙草も紙巻煙草も、生成されたタールは同じように、長期の塗布後に皮膚癌を発生させる効果を示した。

しかしこの実験的証拠さえ、クラレンス・クック・リトルの攻撃の的となった。リトルはまだ医学生だったウィンダーをバー・ハーバー研究室での発癌実験に参加させたこともあったのだが、引退を間近に控えており、ウィンダーのマウスの実験に応えて設立された煙草産業研究協議会の科学理事の地位を1954年に得ていた。癌のウイルス説に肩入れしていたリトルはウィンダーの研究を攻撃し、なぜ実験動物が煙草の煙による肺癌で死ぬことはめったにないのかと問いかけた。リトルによれば、喫煙者に肺癌の割合が高いのは相関関係であって、因果関係を証明するものではなかった。

結局、1956年にアメリカ国立癌研究所、アメリカ国立心臓研究所、アメリカ癌協会、アメリカ心臓協会がその時点で入手可能な研究を共同で再検討し、喫煙が肺癌を招くと結論づけた。この結果をふまえて、ドワイト・D・アイゼンハワー大統領に任命された公衆衛生局長官のリロイ・E・バーニーが、煙草が肺癌の原因であるとする声明を1957年および1959年に出した。

この件に関するはるかに強力な声明が出されるのは、ジョン・F・ケネディ大統領に任命された公衆衛生局長官のルーサー・L・テリーがデータを再検討するための諮問委員会を1964年に設けたときだった。委員会の報告「喫煙と健康」は、喫煙は男性の死亡率の70％の増加と、それを下回る女性での増加と関連があると結論づけた。肺癌については、ヘビースモーカーはリスクが20倍になると推測され、喫煙が慢性気管支炎の最も重要な原因であることがわかったとしている。また、喫煙は慢性肺疾患の原因として、大気汚染や職業被曝よりも重要であるとも述べている。心血管疾患による死亡率の高さも喫煙と関連があることがわかったという。

イギリスで研究を続けていたヒルとドールはそれぞれ1961年と1971年に、公衆衛生に貢献したとしてナイトの爵位を与えられた。しかしアメリカでは、ウィンダーがスローン・ケタリング研究所で煙草業界の資金による逆風と闘い続けていた。結局、彼はそこを去って1969年にアメリカ保健財団を設立し、自身の疾病予防研究所はアメリカ国立癌研究所から豊富な資金援助を受けた。アメリカ保健財団の活動の中心は、煙草、食事、化学物質などを含め、病気の外的な原因を突き止めることだった。皮肉なことに、ウィンダーは長年の大敵である煙草業界からも助成金を受け続けていた。このころには業界は自分たちの煙草に含まれる発癌成分の量を減らそうとしていたため、実際に癌の原因となる煙草の煙の成分を突き止めようというウィンダーの努力を続けさせることにしたのだ。

ウィンダーは予防医療の世界において率直に物を言うリーダーだった。喫煙と健康にまつわる判定が1964年に明確に出されたにもかかわらず、喫煙に関して幅広い予防措置を施行しようという動きはほとんどなかった。この問題を話し合うため、彼は「不死という幻想」と題するシンポジウムを1975年にロックフェラー大学で開催した。シンポジウムには当時の一流の知識人が出席していた。『*The Natural Superiority of Women*（女性の生まれながらの優位性）』の著者のアシュレー・モンタギュー、実存心理学者のロロ・メイ、神学者のウィリアム・スローン・コフィンといった面々だ。有名な心臓外科医のマイケル・ドベイキーの姿もあったが、彼は心臓切開手術の先駆者で、回復しつつある彼の患者が手術後に喫煙を再開することがどれほど多いかを述べた。ウィンダーは会議を次のように総括した。「人間は、明日は明日の風が吹くとばかりに、その場限りの生き方をする傾向がある。深刻な病気や死の可能性を考えるのは好まない……自分の車が快調に走るのを当たり前と思う人間はいないから定期点検に出す。ところが自分の体は、調子よく動いて当たり前だと思っている」。

・・・

ウィンダーには、喫煙に関する研究中に編み出した手法があり、そのやり方をモデルに、アメリカ保健財団のさまざまな部署をつくった。彼は何よりもまず疫学であり、ヒトの病気の原因に関する重要な手がかりは、多様な人間集団における病気のパターンを調べることで見つかると信じていた。そこで自分の財団に疫学部を設け、主任疫学者にスティーブン・ステルマンを据えた。彼の方法によれば、まず疫学研究の結果をもとに疾病の推定原因因子を特定する。次に、疫学が見つけ出したつながりに、いまでいう生物学的妥当性を与えるには実験室での研究が必要なため、財団には動物実験を行う施設が配備された。ステルマンによれば、実験科学者が疫学に親しめば、疫学の新しい考え方を発展させる相乗効果が生まれる。

次いで、実験室での研究をさらに疫学研究で追跡して、原因物質の性質を変えることが可能かどうかを確認する。煙草を例にとれば、煙草の成分の変化すなわちフィルターによる煙の成分の変化の効果を喫煙者で研究して、肺癌の罹患率が下がるかどうかを見る。実際には、ウィンダーは電子煙草の登場を期待していた。肺癌の原因となるタールのない状態で、喫煙者にニコチンを供給できるからだ。

アメリカ保健財団の行った研究で、いくつか驚くべき結果が出た。1989年に発表された研究では、ウィンダーはフィルターつきの煙草が肺癌のリスクを減らすかどうかを調べた。このときも彼は症例対照研究を用い、病院を拠点に実施中の喫煙関連癌の研究の一環として、アメリカの九つの都市の20カ所の病院で1969年から1984年のあいだに、症例群と対照群に面接調査を行った。すると、フィルターつき煙草に切り替えると毎日の喫煙本数が増え、それに伴ってそうした患者の肺癌発症率が上昇することがわかった。つまり、フィルターは事態を悪化させていたのだ。

扁平上皮癌はウィンダーがもともと研究していたタイプの肺癌であり、ウィンダーの報告によれば、そのリスクが、一生を通じてフィルターつき煙草しか吸わなかった比較的少数の喫煙者では低下した。しかし、低タールのフィルターつき喫煙者のほうが強く吸うこと、そして吸い込む容量が大きいことがわかった。これは、ひと吸いごとに、肺のもっと深い部分が煙に曝(さら)されることを意味する。そこには終末細気管支および肺胞の細胞があって、空気と血液のあいだで酸素と二酸化炭素の交換を行っている。肺の浅い部分は気管支で、喫煙者の場合、そこの内膜の正常細胞が最初に扁平上皮細胞に変わる。これは皮膚細胞に似ていて、やがて扁平上皮癌細胞になる。肺の深部では、細胞は扁平上皮細胞に変わることなく、腺腫タイプの癌に直接転換された。したがって、フィルターつき煙草は肺の腺癌の増加をもたらした。

疫学者はこの情報を使って自分たちの研究を見直し、研究結果の重要性を理解することができた。これがウィンダーの発癌研究のあり方だった。まず、疫学研究、特に比較研究から手がかりをつかむ。次にそうした化学物質や生活習慣上の因子を実験室で研究し、それらが癌を引き起こすメカニズムの特定に努める。その後、結果の妥当性を理解することによって、動物実験に基づく疫学研究の重要性を評価する。最後に、因果関係とメカニズムをさらに追究するための疫学および実験室研究を新たに考案する。

ウィンダーとその仲間たちによるこの刺激的な研究のすべてが、何が癌を招き、防ぐにはどうすればよいかを突き止めるには、疫学と毒性学の協力が重要であることを実証している。毒性学にとってはまさにめくるめくような時代で、癌の検査のために1970年代および1980年代に開発されていた方法を用いることができた。ヒトや実験動物での研究を通じて、さまざまな化学薬品によってもたらされたヒトの病気について、毒性学者は膨大な量の知識を得た。

第14章

何が癌を引き起こすのか？

１９７０年代に、癌全体のうち環境因子によって起こる予防可能な癌がどれくらいあるのかを数人の科学者が推測しようとした。それらの推定値の一部をアメリカ保健財団のエルンスト・ウィンダーとアメリカ国立癌研究所のジオ・ゴーリが１９７７年に再検討したところ、癌の90％が、化学物質や煙草の煙、食物などの環境因子によって起こっている可能性があるという結果になった。ここには職業曝露（ばくろ）も含まれ、関連する癌の推定1％から10％は職業曝露が原因となっていた。「環境因子」という用語は私たちの周囲にある化学物質と同義語となっているが、この研究者らは、遺伝的なものや未知のもの以外の因子を意味していた。別の見方をすれば、癌には、体の正常なプロセスによる遺伝子エラーや、癌につながるその他の効果に原因がある癌とは対照的に、体外の何かへの曝露を避けることによって防げる癌もあるということだ。ここから、「生体異物」という用語が生まれた。

１９７８年にはアメリカ国立環境科学研究所（ＮＩＥＨＳ）と労働安全衛生局が、国内での癌による死亡全体の少なくとも20％が職業曝露によるとする報告書を提出した。最大のリスクはアスベスト曝露だという。同じ時期に議会が疫学者のリチャード・ドールおよびリチャード・ピートに包括的な報告を依頼した。この二人はイギリスの研究者であり、1950年に喫煙と肺癌に関する決定的な報告を公表した。二人への依頼目的はアメリカ国民に対して癌の予防可能な原因についての情報を与えることだったが、報告書の指摘は毒性学における重要な分岐点となった。衝撃的な事実が書かれていたからだ。すなわち、職場や環境中の工業化学物質は予防可能な癌の主要原因ではなく、癌全体の発症率に占める割合もごく小さいという。この報告書には十分な裏づけ資料が添えられていた。ドールとピートは、労働安全衛生局は科学的見地からではなく政治的な配慮から、より高い割合の推定値を報告したのだと結論づけた。

それでは、この科学者たちは避けられる癌についてどのような推定値を見いだし、それをどのようにして算出したのだろうか？　癌には潜伏期、すなわち曝露と病気の発生とのあいだには遅速がある。そのため、原因を調べるのが難しい病気だ。幸い、この疫学者たちは人口集団を調べるための巧妙な方法を考案し、さまざまな国における多様なタイプの癌について有効な推定値を得ることができた。次いでその推定値を比較した。発症率が最低の国と最高の国を比べて、その差が、避けられる癌の総計を表すと考えた。人口集団が移住した場合や、安定した社会で時が経過した場合の発症率の変化も調査した。

次に、この発症率の増加分を説明する原因物質を検討した。別の疫学研究、たとえば喫煙者と非喫煙者の肺癌発症率の研究を用いて、喫煙による肺癌の総計を算出した。職業曝露についてもさまざまな化学的曝露に関する研究を用いて同じように算出してから、それらを合計した。これらの推定値は1970年代末に利用可能な統計手法によって算出されたにもかかわらず現代でも通用し、アンリ・ピトーおよびイヴォンヌ・ドラガンによる2001年の論文で追認された。ウィリアム・ブロットおよびロバート・タローンによる2015年の分析でも、大体において支持されている。

毒性学者にとって最も重要なのは、ドールとピートが、癌のわずか1%から2%程度が環境汚染によるもの、そして2%から4%が職業曝露によるものとしていることだろう。毒性学に関係のあるもう一つの発癌因子は医薬品だ。時とともに変化したことの一つに、医薬品および医療的処置の寄与がある。ドールとピートはそれらが当時の癌の約1%の原因となったと推定したが、そのほとんどは治療用電離放射線、エストロゲン、経口避妊薬によるものだった。いまではそのリストに癌の化学療法剤を加えることができる。これが二次癌、特に白血病の原因となり得るからだ。

発癌の主要な外的因子の一つとして、ドールとピートは煙草を特定した。前世紀には、予防可能なあらゆる癌の30％が喫煙によって生じると推定されていた。禁煙プログラムや煙草製造会社に対する訴訟、公共の場での禁煙などによってこの煙草という原因を排除すれば、癌の3分の1を減らせるのではないかと期待された。癌の予防に最も重要な貢献をしたのが、喫煙問題に向き合った科学者の勇気や優れた研究であることは間違いない。そして肺癌の発症率は真摯な科学者たちの努力のおかげでいまや下がりつつある。肺癌リスクのこの減少の一部は、アスベストによる大気汚染や職業曝露を規制したおかげでもある。さらに、貢献度は小さいながら、精錬所や発電所、ディーゼルエンジンからのその他の汚染物質の規制も、肺癌の減少にひと役買っているかもしれない。

ウィンダーやドールの研究では、比較研究によって、食事が最も重要な癌の原因である可能性が指摘されている。比較研究をもとに、予防可能な癌による死亡の35％は食事に原因があるとしたものの、この数値は推測に大きく頼っていた。ヒトの食事のどの成分が癌の原因になり得るかを正確に知ることはまだ難しい。異なる人口集団、たとえば日本人とアメリカ人、フィンランド人とその他のヨーロッパ人、あるいはセブンスデー・アドベンチスト教会の信者とその他のアメリカ人などを比較することで、ウィンダーは食事中の脂肪、低繊維、肉を癌の主要な原因として特定した。比較研究によれば、食物繊維を増やして脂肪を減らし、カルシウムやビタミンE、C、ベータカロテンを含む果物や野菜の摂取を増やすことで、癌を予防できるかもしれないという。

癌と食生活の違いを関連づけようとするこうした初期の試み以来、栄養疫学分野では多くの研究が行われてきた。ブロットおよびタローンによる2015年の総説では、「疫学者にとっての慢性的な欲求不満と興奮の源」というドールとピートの表現を繰り返して、知識の現状を端的に示している。たとえば、脂肪摂取量が乳癌のリスク因子としていまだに証明されてはおらず、これはウィンダーお気に入りの話題の一つだった。癌の食物関連のリスク因子として確立されているのは加工肉摂取と結腸癌の関係だけだ。

食物中の汚染物質、脂肪のような食事成分、食物繊維不足がリスク因子とされたほかに、栄養過多も大きな因子として挙げられた。肥満については多くの実証研究が行われ、腫瘍の発生率を増加させることがわかっていた。ウィスコンシン大学マッカードル研究所のピトーとドラガンが指摘したように、齧歯類に好きなだけ餌を食べさせると、カロリー制限をした場合に比べて癌の発生率が4倍から6倍になる。

ヒトでは、肥満によって起こる癌がアメリカでは癌全体の20％と推定されている。肥満との極めて強い関連が実証されているのは、食道、胃、結腸および直腸、肝臓、膀胱、膵臓、閉経後の乳房、子宮、卵巣、腎臓、甲状腺の癌と、多発性骨髄腫、脳腫瘍の一種の髄膜腫だ。肥満女性は子宮内膜癌を発症するリスクが正常体重女性の4倍で、アメリカでは子宮内膜癌の50％が体重過多に起因する。食道腺癌の35％、大腸癌の15％、閉経後乳癌の17％、腎臓癌の24％も、肥満が主な原因とされる。

肥満は代謝および内分泌の異常を伴い、性ホルモン代謝、インスリンおよびインスリン様成長因子（ＩＧＦ）シグナル伝達、脂質関連ホルモンや炎症反応の経路などにおける変化と関連がある。国際癌研究機関（ＩＡＲＣ）によれば、肥満に誘発された性ホルモン代謝および慢性炎症が癌のリスクを高めるという強力な証拠がある。肥満によるこうした影響が、多くの組織で細胞増殖亢進をもたらすと考えられる。

癌においてもう一つの回避できるリスクは感染、特にウイルス感染で、これは癌の主要な原因の一つであることが明らかになっている。パピローマウイルスは子宮頸部、外陰部、膣、ペニス、肛門、口腔、中咽頭、扁桃腺の上皮性悪性腫瘍を招く。肝炎ウイルスは肝癌および非ホジキンリンパ腫を引き起こす。ヒト免疫不全ウイルス(HIV-1)はカポジ肉腫、非ホジキンリンパ腫、ホジキンリンパ腫、それに子宮頸部や肛門、結膜に発生する癌と強い関連があるとされている。ヘリコバクターピロリによる細菌感染は胃癌の原因となり、ビルハルツ住血吸虫は膀胱癌の要因となる。

非ホジキンリンパ腫の別のリスク因子として知られているのが、臓器移植の拒否反応を抑えるために使われる免疫抑制剤だ。免疫抑制剤投与に伴う癌発生率の増加に関する興味深い研究が2006年にオーストラリアで発表された。腎移植後に免疫抑制剤投与を受けた患者において、既知のウイルス性発癌に加え、唾液腺、食道、結腸、膀胱、肺、子宮、甲状腺などの癌のほか白血病の発生率が増加を示すことがわかった。一方、こうした患者では、主にホルモン誘発性と考えられるその他のよくある癌の発生率は増加しなかった。オーストラリアの研究は、さらなる癌の原因が感染か、あるいは免疫防御の欠如であることを暗に示しているように思われる。

ドールとピートは、地理的な要因の影響はあらゆる癌による死亡のわずか3％程度であり、日常的に避けることのできない電離放射線と紫外線の曝露がそれぞれその半分を占めることを見いだした。紫外線は致命的な病態を示す皮膚癌である悪性黒色腫の原因となる。電離放射線は多くのタイプの癌の原因となることがわかっているが、これはどのような組織や器官にも染色体損傷を招くからだ。とはいえ、非黒色腫皮膚癌（扁平上皮癌および基底細胞癌）のほうが皮膚癌としてははるかにありふれた病態であり、これらの皮膚癌が致死性であることはめったにない。そのため、死亡率の統計だけに頼るのは気をつけなければならない。ドールとピートは、こうしたタイプの皮膚癌の80％以上は紫外線曝露が一因となっていると推測した。

・・・

癌の原因となる因子に注目する以外にも、さまざまなタイプの癌を調べて、リスク因子が確認されているかどうかを見るという研究法がある。よくある癌のなかには、乳癌や膀胱癌、白血病、非ホジキンリンパ腫のように、産業に伴う公害が減っているにもかかわらず、この20年間、発症率に有意の変化が起こっていないものがある。これはもっと頻度の低い癌の一部、たとえば脳、子宮内膜、口腔、精巣などの癌にも当てはまる。黒色腫、甲状腺癌、肝癌はかえって増えている。したがって、環境中の汚染物質の減少に続いてそうした癌の発症率の変化が観察されないことは、おそらく、化学物質による汚染を含む環境因子よりも重要な原因があることを表しているのだろう。結腸、前立腺、胃、卵巣、子宮頸部の癌の症例数は減少しているが、その減少の多くは、結腸内視鏡検査や子宮頸部細胞診による前癌病変の早期発見、あるいは子宮頸癌についてはパピローマウイルスワクチンのおかげだと考えられる。

前立腺癌は男性では皮膚癌に続いて2番目に多い癌だが、化学的な原因が何も見つかっていない癌としては男性では最もありふれた癌だ。わかっているリスク因子には年齢、民族性、家族歴がある。肥満ともいくらか関連がある。結腸癌は男女ともに3番目に多い癌で、主なリスク因子は年齢、肥満、家族歴、炎症性腸疾患の既往、加工肉の摂取である。

乳癌の職業関連原因はまだ一つも特定されていない。本書の前のほうで、18世紀の医師で産業医学の父と称されるベルナルディーノ・ラマッツィーニの著作にふれたが、彼は坑夫やその他の職業の病気を記述した。ラマッツィーニの最も有名な観察結果はおそらく、「乳母の病気」という章にある記述だろう。論文のこの詳細な章では、授乳という観点から子宮と乳房の関係を考察し、次のように述べている。「我々は乳房と子宮とのあいだのこの共鳴を認めなければならない。経験上、子宮での障害の結果として、女性の乳房に癌性腫瘍が非常によく発生することが判明しているからだ。この種の腫瘍はほかのどんな女性にも増して、修道女によく見られる」。彼は、イタリアのどの都市にも修道女の宗教団体がいくつかあるが、この憎むべき疫病である癌をその壁の内に抱えていない女子修道院はめったに見つからないと指摘している。

乳癌は女性が内因性あるいは外因性のエストロゲンに曝されることと関連がある。医師の投与するエストロゲンのほか、乳癌の確立された内因性リスク因子のほとんどはホルモン経路を通じて作用するように思われる。これは、早い年齢での初潮や遅い年齢での最初の全期間妊娠、遅い年齢での閉経と、乳癌リスクの増大とのつながりが十分に立証されていることから明らかだ。これらの条件はすべて、女性の一生におけるエストロゲン曝露の総量を増加させる。ハーバード大学公衆衛生学部疫学科のブライアン・マクマホンとフィリップ・コール、それに4人の国際機関研究者が、世界の七つの地域における乳癌と生殖経験に関する共同研究を報告している。最初の子を18歳以下で産んだ女性は、35歳以上で最初の子を産んだ女性に比べて乳癌リスクが3分の1だった。妊娠回数のようなその他の要因も乳癌リスクを下げることが明らかになっている。インドの研究では、3回以上妊娠した女性の乳癌リスクが少なくとも半分になったと報告された。こうした調査結果から、現代の乳癌リスクの増加の根底には主に二つの要因があるという仮説が立てられた。女性が長生きするようになっていることと、産む子どもの数が少なくなっていることだ。乳癌リスクは女性が経験する月経周期の総数と関連があるとされている。初潮年齢が遅く、閉経が早く、妊娠回数が多く、授乳期間が長ければ、総周期数は少なくなる。エストロゲンへの曝露を増加させるもう一つの要因は体重過多と関係がある。乳癌のリスクを増大させることが明らかになっている唯一の化学物質は、ホルモン補充療法薬や経口避妊薬に含まれている。

エストロゲン作用のある工業化学物質も一因となり得るという指摘があるが、証明されたことはない。ヒトは食物にもともと含まれる大量のエストロゲン様作用物質に曝されていることがわかっており、それは工業化学物質に起因するものかもしれない。しかし、それらはせいぜい弱いエストロゲン様作用物質で、エストロゲン受容体と結合しても活性化せず、どちらかといえば受容体拮抗作用による抗エストロゲン作用を示すだろう。

癌の原因に対する近視眼的な見方が、研究の優先順位に対する判断を歪めてしまう可能性がある。そのことは、ヘリコバクターピロリ感染と胃癌の例を見ただけでもよくわかる。大々的な調査にもかかわらず、ヒトの胃癌の発癌性物質として特定された化学物質は一つもない。それなのに、細菌感染が胃の潰瘍や癌の原因になり得るという考えには信じられないほどの抵抗があった。いまではアメリカ癌協会が、胃癌の推定63％がこの感染によって生じているとしている。１９００年には、アメリカでは胃癌が最もありふれた癌だった。それが劇的に減少したのは20世紀中のことだ。アメリカにおける胃癌の減少は、冷凍が普及して塩漬けや燻製の食物の摂取が減ったおかげと考えられている。胃癌は依然として世界で４番目に多い癌で、なかでも多いのが中国、日本、ロシア、南アメリカ西岸の国々だ。これらの地域で保存のために用いられる塩漬け食品の摂取に大きな原因があるとされている。

胃癌については、食物中の化学的な原因を探す研究が集中的に行われた。特にさまざまな食品添加物が調べられたのは、それが理にかなっていたからだ。人工の調味料や着色料、食品の傷みを防ぐ抗酸化剤といった形での化学物質が食品に添加され、そのまま胃に届いていた。そうしたものが癌を発生させても不思議はない。ラットに胃癌を招くことが明らかになっているとあっては、なおさらだ。しかし、この仮説には問題がある。第一に、胃癌は20世紀中に顕著な減少を見せていたのに、食品添加物の使用は増えていた。第二に、ヒトに胃癌を引き起こすことが確認されている化学物質は一つもない。第三に、ラットの胃癌の原因となることが明らかになった化学物質はたいてい前胃に癌をもたらすが、これは齧歯類の胃に特有の部分で、ヒトにはない。

いまでは、ヒトの肝癌の主な既知の原因が肝炎ウイルスの感染、アルコール依存症、アフラトキシンであることが知られている。アフラトキシンは温帯地域でピーナッツやトウモロコシなどの貯蔵食品に生えるカビとして知られるアスペルギルス・フラブスおよびアスペルギルス・パラシチクスによって産生される毒素である。中国ではアフラトキシンと肝炎の組み合わせで起こる肝癌が大きな問題となっている。

頻度は低いが致死率の高い癌に脳腫瘍がある。脳の悪性腫瘍には主に三つのタイプがあり、一生のそれぞれ異なる時期に発症率がピークに達する。一つは子ども、もう一つは高齢者、そしてもう一つは主に中年男性に発症する。この最後のケースでは、はたらき盛りの男性が脳を侵されて悲惨な状態に投げ込まれ、正常な機能を奪われたあげく命を落とす。こうした脳腫瘍の形成における初期の変化が、*p53*腫瘍抑制遺伝子の変異だ。*p53*遺伝子が変異するほとんどのケースでは、逆に癌の進行における後期の変化として起こる。脳腫瘍の原因となる化学物質を突き止めようとする研究が相当行われているが、やはり何の成果もあがっていない。

白血病の一種である急性骨髄性白血病はベンゼンへのかなりの曝露と明確に関連づけられているものの、白血病の症例の大半はベンゼンによるものではない。ほかにいくつかの工業化学物質が白血病やリンパ腫の原因となることが報告されている。しかし、こうした原因物質の特定や職場での規制にもかかわらず、白血病の発症率にはこの20年、変化がない。

・・・

疫学者が最も早くに特定したリスク因子は年齢だった。疫学で比較のために用いる癌統計値に年齢調整を行うのは、癌と年齢にこうした関係があるからだ。アメリカ国立癌研究所の「監視、疫学、および最終結果(SEER)」プログラムは、年齢、癌のタイプ、地理、その他の要因をもとに、癌の発症率と死亡率に関する情報を追跡している。あらゆる浸潤性の癌に関して1992年から1996年までのデータを総合したところ、80

%が55歳以上の人々に起こっていた。癌の発症率と死亡率は10歳以降に増え始めて75歳まで指数関数的に増加し、そこで発症率は横ばいになり始めるが、死亡率は上昇し続ける。

年齢との関係は癌の原因について何を語っているのだろうか？　ひょっとすると、高齢者は癌細胞を撃退する力が弱くて、癌が発生しやすいのかもしれない。あるいは、年齢とともに発癌性物質が体内に蓄積するのかもしれない。とはいえ、癌発生の生物学の観点からすると、最も可能性の高いメカニズムは、癌の発生に必要な変異が年齢とともに蓄積することだろう。癌は複数のプロセスを経て起こることが知られており、発生には通常、数個の変異を必要とする。

1988年にジョンズ・ホプキンス大学病理学講座に在籍していたバート・フォーゲルシュタインは、ヒトの結腸および直腸癌に見つかった四つの変異についての研究結果を報告した。彼は自分の研究結果が結腸直腸腫瘍形成のモデルに一致することを確認した。そのモデルでは癌の発生に必要なステップに、変異による癌遺伝子活性化に加えて、腫瘍形成を通常は抑制している数個の遺伝子の喪失を伴うことが多い。この一連のステップは時間と加齢を必要とする。

２０１５年、ジョンズ・ホプキンス大学腫瘍学講座に移っていたフォーゲルシュタインは、２０１３年に同講座の生物統計および生物情報学部門に加わったクリスティアン・トマセッティとともに、どれくらいの数の癌が、時間を必要とする体内の正常な生理学的プロセスの結果なのかを確定する試みに乗り出した。そして、器官のさまざまなタイプの細胞における幹細胞の分裂率と癌の発症率を比較することによって、答えを出そうとした。幹細胞は組織中で分裂している細胞で、死んだ成熟細胞を補充してその数をほぼ一定に保つ。たとえば、皮膚では基底層に幹細胞が含まれ、細胞は成熟するにつれ皮膚表面近くに移動して、やがてはがれ落ちる。結腸では腸粘膜の特定の部分に分裂する細胞があって、糞便中にはがれ落ちる粘膜細胞を補充する。

トマセッティとフォーゲルシュタインは、器官の細胞型特異的幹細胞で癌性になるかもしれないものの数を推測し、その細胞の分裂回数をかけ合わせた。次に、この積とそれらの細胞の癌化リスクとの相関を見る統計的検定を行った。その結果は驚くべきものであるとともに論争の的になるものだった。癌の３分の２については、器官あるいは組織のあいだの癌発症率の差が、単に細胞分裂によって時間とともに自然に獲得される変異という不運によって説明できると主張したのだ。

この結論には、癌研究者の一部、特に化学的曝露に関わる癌の予防に力を注いでいた毒性学者から激しい抗議の声が上がった。彼らは、この研究結果が、環境中の原因による癌は3分の1しかないと指摘するものだと解釈した。不運という単純な確率論的な出来事によって起こる癌がどれくらいあり、特定可能な特有の原因のある癌がどれくらいなのかという疑問は、多くの議論と憶測の的となってきた。しかし、フォーゲルシュタインとトマセッティ以前には、疑問への数学的な解答を純粋に生物学的な観点から見つけようとした者はいなかった。

遺伝、生活習慣、化学物質などの要因の組み合わせを定量化しようとするそれまでの試みは、さまざまな国の癌発症率を比較して、発症率が最低の国の発症率は避けられない癌を表し、その他の国々のそれを超える発症率は何らかの外因性または遺伝性の原因に帰すことができると推測していた。ドールとピートは1981年に、癌の75%から80%は避けることが可能だと推測したが、そうすると症例の約4分の1だけが、不運や遺伝によって起こるということになる。その計算でいくと、もしアメリカ国立癌研究所が遺伝の寄与をたったの5％から10％と結論づけたとすると、ドールとピートによれば不運によって起こるのは20％以下となる。

不運の問題に向き合うには、どちらのやり方にもそれなりの限界があることを明記しておくべきだろう。ともかく、予防できる原因と予防できない原因の両方が、癌にはかなり影響していると結論づけることができる。毒性学者として、私たちは当然、予防可能な原因に注意を集中する。特に化学物質と煙草だ。栄養を専門とする疫学者や科学者は食物や栄養素、微量栄養素を調べる。感染症研究者や放射線生物学者も、それぞれの分野の研究を進める。私たちにはそれぞれ、癌の予防に向けての自分なりの役割があるのだ。ウィンダーによれば、「我々が食べたり飲んだりするもの、喫煙、運動不足、性生活、違法薬物の使用、それに過度の日光浴さえ、不治となる可能性の高い病気のリスクに我々を曝す」のだ。

パート3

毒性学はどのように利用されているか?

我々に害をなす力のあるもの以外、恐れるべきものはない。
無害なものを怖がる必要はないのだ。

——ダンテ、煉獄篇

このパートではまず、毒性学の研究結果について、すなわち労働者や一般の人々を守るための環境や職業上の規制を作成する際の情報として、どう活用できるかを紹介する。このような規制は実際に成果をあげており、許容できないほど高用量の曝露(ばくろ)から労働者を守るという点で、特に成功を収めている。思い起こせば、何世紀も前にパラケルススが、用量が毒をつくると気づいたのだった。汚染場所の除染に関する規制手続きも毒性学の成果の一つだが、時には問題の常識的な解決法になり得ない場合もあった。化学物質に対する規制基準や除染基準の拡充につれ、化学物質が人間にとって脅威となるかどうか、なるとすればどのような用量でそうなるのかを判断するための動物バイオアッセイ(生物検定)の使用や乱用に関する問題も起こっている。
あとのほうの二つの章では、大半の毒性学者には関わりのないテーマを扱う。一つは法廷での専門家証人による毒性学の利用で、ある人物の病気あるいは死が化学物質への曝露によって起こったのかどうかを判断することについてである。もう一つは戦争の毒性学で、有毒物質が意図的に使用され、兵士、さらには民間人までもが傷つけられた。この問題は通常、教科書に記載されたり毒性学の講義で教えられたりすることはないが、毒性学者はそうした化学物質の開発にも、その効果を相殺する解毒剤の開発にも関与してきた。

第15章

化学物質による病気から労働者を守る

化学物質への曝露、そしてその結果としての病気に最も曝されてきたのは労働者だ。本書でもすでにふれたように、採鉱に伴う深刻な職業病が、16世紀の医師のパラケルススやアグリコラによって報告されている。アグリコラは、坑道の適切な建造や換気によって産業上の危険を減らす努力を初めて報告した人物だった。そうしたシステムの発展に尽力した17世紀の医師ベルナルディーノ・ラマツィーニは、さまざまな職業における曝露を調べて、危険を軽減する方法を論じている。パーシヴァル・ポットとヘンリー・バトリンは煙突掃除人の陰嚢癌を報告し、衛生意識を高めることによって防護効果が向上することに言及した。その何世紀もあとに労働者の防護の標準的なシステムとなったものは「産業衛生」と呼ばれ、障害や病気の原因の特定と予防を規定している。

　採鉱業の大半で最もよく見られる職業病は珪肺だ。労働衛生のための最初の大きな改善策の一つが、アメリカのコロラド州デンバーのジョージ・レイナーによる湿式穿孔の発明だった。１８９７年に特許を取得した改良式削岩機は、穿孔に水を注入して、空気中に粉塵となって漂う削りくずを無害な泥に変える。そのほかの産業でも、労働衛生に関する進歩が見られた。イギリスでは１８８９年の綿布工場法で、二酸化炭素濃度の上限が空気の容積1000に対して9と定められた。この法律によって、工場には換気扇による換気が求められ、二酸化炭素のサンプリング装置の開発が促された。

アメリカでは20世紀初頭にアリス・ハミルトン博士が職業医学、すなわち当時の呼び方では「産業医学」に先鞭をつけた。女性医師のハミルトンの名はそれほど知られていないが、職業毒性学においては、1960年代の生態毒性学においてのレイチェル・カーソンと同じくらい、重要な人物だった。ハミルトンは毒性学という新興の実験科学において得られつつあった数々の発見を利用して、職業疫学および産業衛生を発展させた。ハーバード大学初の女性教員でもあり、1919年に産業医学の准教授に任命されている。国際連盟保健委員会の委員を2期務め、アメリカ労働基準局の顧問にも就いた。

1902年に腸チフスのような細菌感染症の流行に関連する仕事に多少従事したあと、ハミルトンは、アメリカでは職業病が公衆衛生の問題としてほとんど扱われてこなかった、つまり公衆衛生問題であることが理解されていなかった事実に気づいた。ヨーロッパではこのテーマについていくらか議論が交わされていたが、アメリカの産業界も医療従事者も、職場で起こる病気には見て見ぬふりをしてきたのだ。アメリカ医師会が産業医学をテーマにした会議を開いたことは一度もない。ヨーロッパで問題になっているような状況はアメリカでは起こらないという、誤った考えがあったのだ。

ハミルトンは、アメリカには職業上の危険がないという見方は疑わしいと考えた。その疑いは、１９０８年にジョン・アンドリューズから「燐顎（りんがく）」と呼ばれる症状を聞かされたとき、確信に変わった。燐顎はヨーロッパでは50年以上も前からよく知られている消耗性の病気で、マッチの製造に使う白リンや黄リンを吸い込むことで起こる。空中に浮遊するリンは歯の欠損部分から侵入して顎の骨を破壊し、膿瘍（のうよう）をつくる。リンの毒性効果を示す労働者の症例はアメリカおよびヨーロッパで１８４５年ごろに見つかっていたが、ヨーロッパでは活発な議論の末に予防策を講じたのに対して、アメリカ医学界の支配層は沈黙したままだった。

次にハミルトンは鉛中毒を調査した。このとき彼女は、１９１０年からイリノイ州職業病委員会のための仕事に携わっていたが、金属鉛からつくられる鉛白顔料の製造業で中毒症例が出ていることに気づいた。この鉛白をテレピン油およびアマニ油と混合して塗料がつくられる。曝露された労働者の大半はアメリカへ新たにやって来た移民で、非常に汚くて危険な仕事を与えられていた。ハミルトンは鉛塗料をすりつぶす作業に6年も従事していた36歳のハンガリー人のケースを報告している。6年のあいだに、嘔吐と頭痛を伴う疝痛（せんつう）発作が3度あったという。病院で目にしたとき、この男性はまるで骸骨のようで、実際の倍の年齢に見え、筋肉はすっかり委縮していた。ポーランド出身の別の労働者の曝露期間はたった3週間だったが、鉛白工場でひどい塵埃（じんあい）まみれになる作業をしており、鉛疝痛、麻痺、手首の震えで病院に担ぎ込まれた。

労働環境を変えるためのハミルトンの手法には、作業場の所有者の教育が含まれていた。それが功を奏するケースもあり、病気が鉛によって引き起こされていると学んだ雇い主が、曝露を大幅に減らすような措置を講じた。一方、それほど簡単ではない場合もあった。鉛は何十年も前から、結合剤または着色剤としてほうろう製品の釉薬（ゆうやく）によく添加されていた。ハミルトンは、熱した鉄に鉛を塗布していた浴槽製造労働者に鉛中毒の症例が出ていることを発見した。彼女が報告したあるケースでは、浴槽のほうろう掛けに18カ月従事したあとに加熱炉のそばで意識を失い、そのまま4日間昏睡が続いた例がある。意識が戻ったあとも、せん妄状態で、両腕両脚に部分的な麻痺があったという。

第一次世界大戦中には、ハミルトンは軍需産業を調査した。ニトロセルロースなどのニトロ化爆薬の製造のために大量の硝酸が必要とされていた。亜硝酸蒸気は肺の炎症を引き起こし、やがて労働者は自らの体液で窒息死する。ハミルトンが１９１７年に公表した産業関連中毒２４３２例のうち、亜硝酸蒸気によるものが１３８９例を占め、死亡53例のうち28例を占めていた。２位がトリニトロトルエン（ＴＮＴ）で、６６０の症例と13の死亡例をもたらしていた。１９４３年に初版が出た自伝『*Exploring the Dangerous Trades*（危険な職業を探る）』で、ハミルトンは次のように書いている。「この豊かで平和な国が、労働者の命を守るためにフランスやイギリスが当然として提供しているような保護を自国の軍需産業労働者に与えることを拒否するとは、とても信じ難い。しかし、製造業者らの傲慢さ、軍の無関心、そして産業別労働組合員の非組合員に対する蔑視を克服することは容易ではなかった」。

第一次世界大戦中には、起爆剤の成分としての雷酸水銀の需要が高かった。水銀はたいてい地中で硫化水銀として見つかる。これは辰砂（しんしゃ）とも呼ばれ、坑夫には比較的害がない。しかし、鉱山によっては純粋な水銀、つまり液体水銀を産出し、鉱山内の高温条件下で蒸気となって水銀中毒を招く。ハミルトンによれば、ダイナマイトを設置するために岩に穴を開け、次いで爆発を起こすことで、液体水銀の小滴をたっぷり含む細かい塵埃が生じる。この中毒の検出は難しくない。ハミルトンは、ラマツィーニらが記述した「マッドハッター病（水銀中毒症）」と同じものだ。ハミルトンは、坑夫だけでなくフェルト帽子屋や、温度計、乾電池、歯の充填剤の製造者にも水銀中毒があることに気づいた。水銀の場合、体を清潔にして衣類を洗濯することで、曝露の影響をいくらか減らすことができる。

第一次世界大戦後、ハミルトンは炭坑の爆破の際の鉱夫の一酸化炭素中毒を調査した。有毒ガスが消散してしまうように、爆破は業務の終了後に行われる。とはいえ、ガスの消散が不十分な場合も少なくなく、その結果多くの坑夫が一酸化炭素による窒息を起こした。一酸化炭素が有毒なのは、ヘモグロビンと結合して、肺から組織への酸素の運搬を妨げるからだ。一酸化炭素は酸素よりもはるかに強力にヘモグロビンと結合するため、窒息させる効果が非常に高い。一酸化炭素曝露に関してハミルトンが調査したもう一つの産業は、燃料のコークスを石炭から製造する工程を含む製鉄業だった。

大半の労働者にとって、一酸化炭素曝露の最大の源は内燃エンジンだろう。この問題の根深さを示す一例に、ニューヨークのペンシルベニア駅がある。ガラス建築のもともとの駅が解体されたあと、1960年に再建された。新しいデザインの駅はマジソン・スクエア・ガーデンの地下にあり、電化された車両だけが乗り入れるはずだった。ディーゼルエンジンの車両はすべて、ワシントン、ニューヘイブン、クロトン・ハーモンで連結を外され、戻ってきたときに再び連結される。これらの駅とニューヨークとのあいだは電化車両だけが走ることになっていたのだ。ところが、機関車の交換は非現実的なことがわかり、ディーゼルエンジン車がペンシルベニア駅まで乗り入れることになった。その結果、ディーゼルの排気ガスを減らすために換気システムを改良しなければならなかったが、うまく機能しない場合もあった。高濃度の一酸化炭素がしつこく残り、特に一部のトンネルではひどかった。

職場での曝露を減らすことに加え、職業毒性学のもう一つの側面として、化学物質が労働者に与え得る影響の組織的な追跡がある。1933年にJ・C・ブリッジが、労働者を守る重要な手段の一つ——最も重要な手段とは断言できないまでも——は医学的な監視であると提案した。これはまだ比較的新しい考え方だった。イギリスの「工場および作業所法」では、特定の病気については、もしそれが工場または作業所で発症した病気なら、医療従事者から工場の査察責任者に届け出る義務があった。

鉛中毒がやはり最大の元凶で、1900年から1931年のあいだに鉛曝露による慢性腎炎を原因とする死亡が1736例あった。一つの業種における鉛中毒で症例数が最大だったのは鉛塗料を使う建築物の塗装工で、1931年には全鉛中毒168例中64例を占めた。ブリッジ博士は珪肺のリスクが換気と清掃によって改善したことにも言及している。皮膚炎も職業上の大きな懸念事項で、手袋の着用だけでは防げないと考えられた。シリカやアスベストに曝される労働者の定期検診も行われた。こうした検診によって労働者の結核も見つかっている。

医学的監視のもっと最近の例として、塩化ビニル作業員の例がある。致命的な癌である肝臓血管肉腫のリスクが確認されたのを受けて予防策が講じられ、厳しい室内許容濃度の規制に違反がないことを確認するため、作業員の定期的な血液検査で肝毒性の徴候を調べることになったのだ。塩化ビニルは肝毒性を示すが、作業場から離れることによって曝露がやめば回復する。肝毒性のバイオマーカーが正常になり、室内の塩化ビニル濃度の増加をもたらした状況が是正されないうちは、作業員は職場に戻ることが許されない。

アメリカで職業毒性学の組織ができたのは、１９３８年６月27日にワシントンD.C.で政府産業衛生士全国会議（ＮＣＧＩＨ）が開催されたときだった。会議には、24州、３都市、１大学、アメリカ公衆衛生局、アメリカ鉱山局、テネシー峡谷開発公社を代表する76人が出席した。この会合はジョン・Ｊ・ブルームフィールドとロイド・Ｓ・セイヤーズの協力と努力の賜物だった。ブルームフィールドは炭鉱夫の珪肺と黒肺塵症（こくはいじんしょう）に関する優れた調査を行ったあと南アメリカに移動し、そこで産業衛生プログラムを確立した。セイヤーズは1933年から1940年までアメリカ国立衛生研究所の産業衛生課の責任者となり、1940年から1947年まではアメリカ鉱山局の局長を務めた。

NCGIHは1946年に名称をアメリカ産業衛生専門家会議（ACGIH）に変更した。ACGIHの最もよく知られた活動が、1941年に設立された化学物質の許容限界値委員会であることは間違いない。この委員会は化学物質の空気中許容限界値に関する調査、勧告、年次報告を担当し、1944年に常設委員会となった。2年後には、「最大許容濃度」を示す148の曝露限界値からなる最初のリストを採択した。「許容限界値（TLV）」という用語が1956年に正式に採用され、TLV文書の初版が1962年に公表されたのち、毎年改訂版が出ている。

その他の業種における危険な労働環境を受けて、アメリカ政府がようやく行動を起こす。1970年に超党派で提出されたウィリアム・スタイガー労働安全衛生法がリチャード・M・ニクソン大統領の署名で成立し、この法律が労働安全衛生局（OSHA）、国立労働安全衛生研究所（NIOSH）、独立の労働安全衛生審査委員会の設立につながった。ジョージ・ギュンターがニクソン大統領のもとで初代の労働安全衛生担当労働次官となった。彼の監督のもとに、アスベストに関するＯＳＨＡの最初の基準が１９７２年に採択された。その他の13の発癌性物質の基準は１９７４年に採択された。

ＯＳＨＡは労働者の危険を最小限に抑えるための上限値として、職場の許容曝露限界値（ＰＥＬ）を定めた。これは政府が強制できる値で、もしこの値以下に減らすことができないなら、労働者はマスクや手袋、特殊な衣服などの個人防護装備を着用しなくてはならない。こぼれた有害物の除去作業をする人間が白いタイベック（訳注：デュポン社が開発した高密度ポリエチレン繊維不織布の商品名）の防護服を着ている姿を見たことがある人間は少なくないだろう。とはいえ、ＯＳＨＡのＰＥＬの主たる目的はＡＣＧＩＨの限界値同様に、防護服が不要なように職場の空気中濃度を下げる目安を提供することにある。

ＯＳＨＡの基準は労働者を何らかの病気から完全に守るためというより、病気の可能性を最小限にする目的でつくられている。規制値の策定にあたっては金銭的な問題も考慮に入れる必要があり、厳しくなりすぎて法外な費用がかかるのは避けなければならない。多くの仕事には危険が伴い、労働者の賃金はその危険に対する補償も含むものとすべきだ。ある種の仕事の賃金が危険に十分見合ったものかどうかは議論の余地があるものの、概して、第二次世界大戦後は、労働条件の一環として私たちが受ける危険は徐々に小さくなっている。

ＯＳＨＡは現在、５００近い有害化学物質のＰＥＬを定めている。１９７１年にこの局が創設された際に確定したもので、主に１９５０年代および１９６０年代の調査をもとにしていた。その後、多くの新しい情報が利用できるようになった結果、そうした初期の曝露限界値は時代遅れとなり、労働者を適切に守れないとわかってきた。しかしＡＣＧＩＨと違って、ＯＳＨＡの場合は新しいＰＥＬを設定しようとすると法的な異議申し立てに直面するため、大半のケースでは変えることができていない。

こうした基準の設定にまつわる複雑な事情を考えると、労働者の保護は連邦政府にとって難しい課題だ。幸い、業界はたいていＡＣＧＩＨ勧告に従おうとする。さもないと、労働者から反発をくらい、代理の弁護士から訴えられることさえあるからだ。アメリカでは、労働者を化学物質の有害な影響から守るための極めて広範な指針をＡＣＧＩＨが提供していて、曝露に関するその限界値には法的拘束力がないにもかかわらず、業界に広く採用されている。また、それらは政府の規制値ではないため、ＯＳＨＡを悩ませているような法廷闘争なしに、拡張したり変えたりできる。

ＡＣＧＩＨが最初に設定した１４８の曝露限界値のうちの一つがベンゼンの値だった。１９４６年に１００ppmだったＴＬＶは長年のあいだに数回引き下げられ、１９９７年にはついに０・５ppmになった。当初、ＴＬＶは高用量のベンゼンによる最も明白な毒性効果、すなわち骨髄での血球産生が停止する再生不良性貧血に基づいて定められた。ベンゼンの白血病誘発性が知られるようになったのに応じて、許容空気中濃度が最終的に２００分の１にまで引き下げられたのだ。現在のＴＬＶリストには７００を超える化学物質と物理的作用因子が含まれる。ＡＣＧＩＨはさらに、特に選んだ50の化学物質について、「生物学的曝露指標（ＢＥＬ）」と呼ばれる曝露バイオマーカーの濃度を定めている。

労働者の保護といっても、一筋縄ではいかない場合もある。その好例がベリリウムの空気中濃度の基準だ。ベリリウムの病気につながるメカニズムを考えると、慢性ベリリウム症（ＣＢＤ）とも呼ばれるベリリウム中毒の発症に対する感受性がほかの人々よりかなり高い人々もいる。２０００年４月に、アメリカのエネルギー省（ＤＯＥ）長官のビル・リチャードソンが印象的な声明を出した。１９７５年にＯＳＨＡが労働者のベリリウム曝露を減らそうとしたのだが、その試みを阻止したベリリウム業界をエネルギー省が助けていたというのだ。リチャードソンは「最優先課題は我々の核兵器の製造」であり、「最も優先度の低いのが、それらの兵器をつくる労働者の安全と衛生であった」とも述べている。

ベリリウムは原子番号４の金属元素で、まれにアクアマリンやエメラルドなどの宝石の形態となる。それほどの価値のない鉱石は、採掘されたのち、純金属、合金、セラミックなどさまざまな形に加工される。精製されたベリリウム元素は金属光沢をもつ灰色の微細な粉末状となる。原子番号が小さいためイオン半径が小さく、その化学的な性質は高密度の電荷に由来する。ベリリウム金属は軽量で、鋼（はがね）の6倍の硬さがあり、密度が低く、1285℃という高融点をもつ。こうした特徴すべてが相まって、戦略上重要な金属となる。

ベリリウムの最も重要な用途は核兵器の製造だった。ベリリウムは中性子のドナーとなって、プルトニウムの核分裂反応の進行を補完する。「ファットマン」と呼ばれるプルトニウム爆弾は開発された2種類の核爆弾の一つで、長崎に落とされた爆弾だ。中心にベリリウムのコアがあり、その周りにプルトニウム、次いでウランがあり、さらにそれを約2・5トンの爆縮レンズが囲んでいる。起爆は内部へ向かう爆縮方法で、プルトニウムとベリリウムが巨大な圧力のもとで混じり合う。これによってアルファ粒子とベリリウムからの中性子とのカクテルがつくり出され、それが周囲のウランの核分裂を引き起こす。

金属を利用するには機械加工が必要なため、作業場には塵埃が発生する。アメリカにおけるベリリウム曝露に伴う化学性肺炎の症例は1943年にH・S・バン・オードストランドによって初めて報告され、曝露は作業員がベリリウム鉱石から酸化ベリリウムを取り出す際に起こっていた。1945年までにこの研究グループは急性ベリリウム中毒を170例確認した。症状には皮膚炎や慢性皮膚潰瘍のほか肺炎も含まれ、これらの作業員のうち5人が亡くなった。

1950年には、原子力委員会が専門家会議を招集して、大気中ベリリウムの安全な濃度を勧告した。偶発的な曝露によるまれなケースを除き、アメリカではもはやベリリウム疾患の急性型が問題となることはなかった。高濃度のベリリウムを吸い込むと急性化学性肺炎となり、呼吸困難、咳、胸部痛が起こる。時にはこの急性症状から死に至ることもあるが、急性期を生き延びれば完全に回復すると考えられた。

作業場でのベリリウムの室内基準値として、8時間労働日の1日平均で空気1立方メートル（m^3）あたり2マイクログラム（μg）という値が1951年に初めて提示された。この室内空気中濃度はベリリウムの毒性に基づくものではなく、ヒ素や鉛、水銀のようなほかの金属の毒性に基づくものだった。この比較的低い濃度は、ベリリウムの原子量の小ささと、その割には大きな毒性を反映するように定められた。この許容濃度は極めて安全性が高いとみなされ、50年後にはこの基準値が、OSHAが職場で強制的に守らせる数値となった。労働衛生の進歩に伴い、2μg／m³という基準を使用しているアメリカではベリリウム疾患の急性型は事実上排除された。1947年に53例あった急性症例の報告が1948年には28例、1949年にはわずか1例になっている。

ところが、ベリリウムによる別の病気、CBDが見つかった。低濃度のベリリウムへの、長期間あるいは複数回の曝露によって起こる病気だ。体質によっては、数カ月、または数年かけてベリリウムに対する免疫学的感作が生じるケースもある。その結果、肺に肉芽腫ができて、それがやがて肺活量を低下させる。その点、CBDは結核に似ている。当初はOSHAの基準がこの病気からも労働者を守ってくれると考えられた。CBDの症例は職場の事故で基準を超過したせいだとされたのだ。CBDが癌のように長い潜伏期をもち、曝露後何十年も経たないと発症しないことも、事態をわかりにくくした一因だった。

2004年のNIOSHの推定によると、アメリカでは13万4000人の労働者がベリリウムに曝されたことがあり、慢性型の病気を発症するリスクがあった。空気中のべリリウムに対するOSHAのPELである2㎍／m^3では、曝露労働者の一部を感作と最終的なCBDから守れないという認識が広がった。やがてベリリウムに対して感作された労働者を特定する血液検査が開発されて、発症する前にその労働者を異動させることができるようになった。ベリリウム症の転帰には曝露労働者の遺伝的な感受性が寄与することを示す証拠が、徐々に蓄積された。OSHAは空気中ベリリウムのPELをこれまでの10分の1にあたる0・2㎍／m^3に引き下げる規則案を2015年に提示し、続いて1カ月の意見公募期間を経て数日間の公聴会が開かれた。この規則は2017年5月20日に成立した。

化学的な曝露による病気からの労働者の保護は、この100年で大きく進歩した。毒性学の完璧な成果と呼べるだろう。つまり、危険を特定することで、癌のような健康上の影響につながり得る有害な曝露を減らせたのだ。OSHAの規制値やACGIHの曝露限界値は主に労働者を調査研究した結果から導かれたもので、動物での試験やその他の間接的な手段に頼って決められたものではない。毒性学が活躍するあらゆる現場のなかで、職業毒性学はおそらく最も成功した分野であり、化学的な曝露による深刻な病気の予防に貢献している。

第16章

名称が注目度を高めた化学物質

癌の主要なリスクは人間のつくった化学物質に由来するとよく言われる。しかし、それは誤解だ。第14章のリチャード・ドールとリチャード・ピートによる推定値のところで述べたように、疫学者によれば癌のリスクは化学物質に起因するという視点は正しくない。疫学者が動物実験やヒトでの調査を通じて発癌性を調べた何千もの化学物質のうち、ヒトに癌を発生させることを世界保健機関(WHO)の国際癌研究機関(IARC)が最終的に認めたのは、2019年時点でわずか72の化学物質とその他の作用因子にすぎない。ここには、合成されたり工業化学の工程中に生じたりした30の化学物質、自然界に存在する六つの作用因子、19の医薬品、10の混合物(たとえば煤)、13の職業が含まれる。これらは「ヒト発癌因子」とみなされている。齧歯類に癌を引き起こすことが見つかったものの、ヒト発癌因子には分類されないものがこの4倍以上あり、そのほとんどは合成化学物質だ。

ヒトの癌のうちで化学物質によって起こるものの占める割合が少ないといっても、それに曝されることを警戒したり防いだりする必要がないというわけではない。ただ、ある人物の癌が特定の化学物質への曝露によって起こったものかどうかを毒性学者が判断する際には、可能性のあるその他の原因もすべて熟知したうえで、そうした評価を下さなければならない。喫煙、肥満、感染症、運の悪さといった原因も考慮する必要がある。IARCによれば、ヒト発癌因子には煙草やアルコールなどの七つの生活習慣、15種類の放射線、六つのウイルス、二つの寄生虫、1種類の細菌も含まれる。

癌の原因となる化学物質を考える際の大きな問題は、齧歯類には癌を引き起こすのにヒトには引き起こさない化学物質が動物実験で何百も見つかっていることだ。実験動物で一番よく確認されている工業化学物質由来の癌は肝癌で、この結果が、ある化学物質を発癌性物質に分類する最も一般的な理由となっている。もしそうした結果に基づく規制値に防護効果があるなら、ヒトの癌の発症率は劇的に低下していてよいはずだ。ところが、それとは逆の事態が起こっている。齧歯類での肝癌に基づく規制値を用いて工業化学物質の汚染を減らしたにもかかわらず、この20年のあいだ肝癌は増加している。この増加が化学物質への曝露が増えたせいでないなら、別の説明がなされなければならない。前のほうの章で述べたように、アメリカでの肝癌の主なリスク因子は過度の飲酒と肝炎ウイルス感染で、どちらも増加している。

・・・

この１００年のあいだに、ベンゼン、アスベスト、煙草が、癌やその他の病気の特筆すべき原因であることが発見された。それらが癌を招くメカニズムを解明することが、毒性学の歴史において極めて重要な役割を果たした。喫煙は依然として肺癌やその他の予防可能な病気、たとえば肺気腫や心臓病などの重要な原因となっている。アスベストは職業上の肺疾患の重要な原因とみなされ、癌や塵肺（じんぱい）を生じさせてきたが、いまもそれは変わらない。ベンゼンは工業用溶媒や化学物質合成用の前駆物質として広く使用され、骨髄毒性や急性骨髄性白血病を引き起こした。とはいえ、その使用や製品への混入はほぼなくなっている。

ところが驚いたことに、そうした化学物質に対する一般の人々の懸念をすっかり霞（かす）ませてしまうような脅威が現れた。ポリ塩化ビフェニル（ＰＣＢ）による環境汚染だ。ＰＣＢはドイツ人科学者によって生み出され、アメリカのモンサント社によって製造された。それまで使われていた鉱物油より耐火性がはるかに高かったため、電気を運ぶ金属線のあいだの誘電絶縁体として使用された。つまり、電線や変圧器、蓄電器のための絶縁体として使われたのだ。たとえば、ＰＣＢ類の混合物で「ケーブルワックス」と呼ばれるものは、第二次世界大戦中に船や潜水艦の電気ケーブルの絶縁に用いられた。戦後は大型の商業用変圧器――送電線の電圧を1万ボルトから220ボルトに変換する変圧器――の部品の絶縁に使われた。ＰＣＢはうまく機能し、それまでは鉱物油を用いて絶縁していた旧世代型高圧電気機器の欠点である火災を減らすのに役立った。

ＰＣＢはなぜ、メディアにこれほどセンセーショナルに注目を集めたのだろうか？覚えやすい名称だったことに加え、ＰＣＢ製品による有名な中毒事件が二つ起こったからだろう。日本のカネミ油症と台湾油症だ。１９６８年の日本のカネミ油症事件では、ＰＣＢの入った過熱コイルを用いる熱交換システムで、コメ油が加熱処理されていた。コイルにひび割れが生じて、汚染されたコメ油がやがて調理に使われた。少なくとも１０００人が、その油を数カ月にわたって摂取したあと病気になった。皮膚や神経、肝臓、目などへの毒性を含む多様な健康被害が報告され、ＰＣＢに曝された母親から生まれた赤ん坊が特に大きな影響を受けた。１９７９年に台湾で起こった油症も、やはりコメ油による中毒だった。化学分析と毒性学的調査で、中毒の主な原因物質はポリ塩化ジベンゾフラン（ＰＣＤＦ）と呼ばれるＰＣＢ分解生成物であることが明らかになっている。熱交換システム内でのＰＣＢの長時間過熱によって生じたもので、ＰＣＢよりはるかに毒性が高かった。

ＰＣＢを環境にとって有害なものにした性質は、工業への利用にとっては有用だった。極めて分解しにくかったためだ。これは、土壌や堆積物、水、動物の体内などにいったん入ると、ほぼ恒久的にそこにとどまるということでもあった。たとえば、いったん水域に入ると、さまざまな無脊椎動物に取り込まれる。それを小さな魚が食べ、さらにその小さな魚を大きな魚が食べる。ＰＣＢのもう一つの問題は、ジクロロジフェニルトリクロロエタン（ＤＤＴ）やその他の塩素系殺虫剤と同じように生物濃縮され、食物連鎖の階段をのぼるにつれ濃度が上がっていくことだ。１９７１年にはアラバマ州の魚が最大２２７ppmのＰＣＢを含んでいることがわかったが、当時の食品医薬品局の魚類の許容値はわずか５ppmだった。このＰＣＢの出どころは近くのモンサント社の工場で、そこでは１９６９年だけでも45トンを水系に廃棄していた。さらに１９７０年には、飼料となる魚粉の製造システム由来のＰＣＢによって、アメリカの鶏肉が汚染されていることがわかった。アメリカ食品医薬品局の当時の局長チャールズ・エドワーズは懸念の鎮静化に努め、世間には「新聞の大見出しに目の色を変え、偏った報道を真に受けるごく少数の人騒がせな人々」によって巻き起こされた混乱があると述べた。

１９７５年にはＰＣＢがマウスやラットに肝癌を引き起こすことが、疾病対策センターのレナーテ・キンブローによって発見された。ＰＣＢにはそのほかにも顕著な生物学的作用があった。その一つは肝臓でシトクロムＰ４５０の生成を誘発する能力で、実際、前述のようにこの能力は非常に際立っていた。そのため、ブルース・エームスは自分の変異原性試験の標準プロトコルに、ＰＣＢを注射したラットから採取した肝臓酵素群からなる代謝活性化系を組み入れている。

ＰＣＢが有名になるのを助けた要素はほかにもたくさんあった。ＰＣＢが大型の変圧器に使用されたのは燃えるとは考えられていなかったためだが、1981年2月5日、ニューヨーク州のビンガムトンという街にある大きな連邦事務所ビルで、ＰＣＢ使用の変圧器に火がついた。州知事のヒュー・ケアリーは大胆にも公の場で次のように発言している。「私はいますぐにでもビンガムトンへ赴き、そのビルのどこへでも行って、グラス一杯のＰＣＢを飲み干すと申し上げたい」。さらに、「もし2、3人の志願者と数台の真空掃除機が用意できるなら、私自ら、ビルの除染にあたりたい」と明言した。

ビル全体が、ＰＣＢと日本および台湾の油症事件で見つかったのと同じ有害なＰＣＤＦで汚染された。塩素化ダイオキシン（ＰＣＤＤ）も形成されていたのだ。この事件で、ダイオキシンが公衆衛生上の懸念事項として注目されることとなった。ビンガムトンの事務所の除染にあたった作業員は白いタイベックの防護衣とマスクを着用し、厳格な安全手順に従わなければならなかった。除染には13年8カ月6日と５３００万ドルを要し、その後、州当局がようやく、ビンガムトンの事務所ビルの再入居への安全宣言を出した。１９９４年10月11日に、６３０のテナントの第一陣として、州立請求裁判所に配属された裁判官2名と職員6名が入居した。

ＰＣＢはハドソン川のシマスズキやオンタリオ湖のサケにも見つかった。ハドソン川での漁業は中止となり、現在もそれが続いている。ＰＣＢはハドソンフォールズ村にあるゼネラル・エレクトリック社の工場から出たもので、その工場ではＰＣＢを含む電気機器が製造されていた。アメリカではほかのどの汚染物質よりもＰＣＢのせいで趣味の釣りが制限されてきた。釣った魚は食べないように、たとえ少量でも口に入れないようにと専門家は警告している。大半のＰＣＢ類は水にほとんど溶けず、川の堆積物にいつまでも残る。ＰＣＢ濃度を理由に、釣ってもよいシマスズキの大きさには制限が設けられている。思いがけないことに、漁業の禁止は魚の個体数にとって計り知れない恵みとなった。漁業禁止が始まったとき、シマスズキの個体数は史上最低にまで落ち込んでいたが、禁止後は急増した。魚はＰＣＢの毒性効果を受けないようだ。

ＰＣＢは、私の上司のエルンスト・ウィンダーならさしずめ「今週の発癌性物質」とでも呼びそうな、マスコミお気に入りの話題のうちの一つにすぎなかった。なぜマスコミは、たとえば喫煙に同じだけの時間を割かないのかと、彼はよく言ったものだった。なぜＰＣＢが実際にヒトに病気を起こしたという証拠がどこにあるのか？　当時、ＰＣＢが職場での曝露で何らかの形態の癌やその他の病気を引き起こしたと証明した者は誰もいなかった。例外は塩素座瘡（ざそう）という皮膚病だったが、これは瘢痕（はんこん）を形成するタイプの特に重症のにきびで、ＰＣＢ曝露労働者のごく少数に以前から見つかっていた。油症事件で見つかったその他の症状には、ＰＣＢそのものではなく、それよりはるかに毒性の強いＰＣＢ分解生成物への曝露が必要だったのだ。

　ところがＰＣＢは齧歯類の癌と関連があるとされていたうえに汚染が広範だったため、巨額の政府資金がＰＣＢの研究につぎ込まれていた。アメリカ国立医学図書館のＰｕｂＭｅｄデータベースによると、１９９６年時点で５０００近いＰＣＢ関連の論文が発表されていた。そうした資金が喫煙の防止に使われていないというので、エルンストは憤慨していた。煙草はアメリカの癌全体の少なくとも3分の1の原因であることが証明されていたからだ。煙草会社が手を回しているか、あるいは政府が公衆衛生より「注目の話題」を気にかけていることを示すさらなる証拠のように思えた。政府はだまされており、人命が危機に瀕していると、ウィンダーは確信していた。２０１８年時点では、ＰＣＢ関連論文は2万件に達したのに対して、煙草関連の論文は４万を超えていた。

　ウィンダーはアメリカ保健財団でのゲイリー・ウィリアムズの研究を高く評価していた。ウィンダーが感じていた想定されるヒト発癌因子を過度に強調する風潮に対して、いくらかバランスを回復する役目を果たしたからだ。ヒトに癌という巨大な負担をもたらしている煙草の化学物質に関する彼の研究は、非常に高用量の曝露でのみ、実験動物に癌やその他の病気を招く工業化学物質の研究のために影が薄くなっていた。ウィリアムズは、大半の動物発癌因子への環境曝露がヒトの癌に与える影響は、あるとしても非常に少ないことを明らかにした先駆者だった。一般集団における工業化学物質への曝露は、煙草の煙に含まれる発癌性化学物質を直接吸い込むことに比べれば小さいと、ウィンダーは主張した。彼の考えでは、メディアは工業化学物質への曝露の影響をかなり誇張しており、良識ある科学を差し置いてセンセーショナルな報道に特権を与えていた。そうすることで、私たちの目を重要度の低い健康問題に繰り返し向けさせ、その一方で、喫煙や肥満、感染症といった、もっとありふれてはいるが、より重要な病気の原因を無視していたのだ。

・・・

ある種の職業上の曝露の研究から得られ、動物実験の裏づけもある証拠から考えて、癌の予防における大きな躍進がいまにも訪れようとしているのではないか——何十年か前に、そんな期待が高まった。多くの化学物質をヒトで十分に調べることは不可能だったにもかかわらず、齧歯類での研究によって、何百もの「癌を引き起こす化学物質」が特定されたのだ。1970年代および1980年代にはメディアが、ラブ・カナル、タイムズビーチ、ハドソン川、ウォバーンなどの汚染された場所について報じた。問題となっている化学物質の毒性に関する懸念のほとんどは動物実験に基づいていた。当時の新聞を読むと、まるで、ヒトの癌の大きな原因が毎週新たに発見されていたかのようだ。評論家は、リンゴからアラール（植物成長調整剤）を、清涼飲料水からサッカリンを、魚からPCBを、そしてあらゆる場所からダイオキシンを取り除くことができさえすれば、癌の発症率はこれまでよりはるかに低くなるだろうとほのめかしているように見えた。善意の発言だろうが、ヒトの癌の主な原因が環境中の低濃度の化学物質への曝露にあるとはっきりしていたわけではない。一般の人々は、確実に自分の命を縮めている喫煙のように見慣れたものより、害があるかもしれない見慣れないもののほうを余計に怖がった。

メディアは、癌以外の病気の原因になる喫煙のリスクにも、もっと注意を払うべきだった。アメリカ疾病対策予防センター（CDC）の推定では、2400万人のアメリカ人が肺気腫を患っている。アメリカの死因の第4位は肺気腫で、その主な原因は喫煙なのだ。ウィンダーが禁煙を奨励していた当時も、そうだった。

一方、アメリカ肺協会によれば、「煙草は毎年、第二次世界大戦よりも、そしてエイズ、コカイン、ヘロイン、アルコール、交通事故、他殺および自殺を合わせたよりも、多くのアメリカ人を殺している。毎年44万3000近くの人々が、喫煙あるいは副流煙への曝露のせいで、天寿を全うせずに亡くなる」。ウィンダーの立腹も、もっともだろう。一般の人々のリスクの受け取り方を、さまざまな要因による科学的に立証されたリスクにどのようにして一致させるかという難題に、まだ解決策はない。私と二人だけのとき、ウィンダーは怒りのために熱くなってやたらと歩き回るくせがあったが、聴衆を前にしたときはもっと冷静で説得力があった。その気になれば非常に魅力的な人物になることができたし、ヨーロッパ風のアクセントは彼の威信を一段と高めたものだった。

私たちにとって幸いなことに、彼のメッセージはいまではむしろ当たり前のこととなっている。世間もメディアも、公衆衛生のもっと重要な問題、たとえば喫煙、肥満、感染症、地球温暖化などに注目するようになった。工業化学物質が被害をもたらす可能性に目を向ける必要がないというわけではないが、今後はもっと科学的知識に基づいたリスクの見通しが主流になるように思われる。ウィンダーがいまも存命なら、きっとまだ、人々が自らに与えている煙草の害について気をもんでいることだろう。

第17章

化学物質は的確に規制されているか?

世界保健機関（ＷＨＯ）の一部である国際癌研究機関（ＩＡＲＣ）は、化学物質やその他の要因、ある種の職業が人間に与える発癌リスクを評価する初めてのプログラムを１９６９年に開始し、軌道に乗せた。ＩＡＲＣの資金は参加各国の政府機関、たとえばアメリカ国立癌研究所（ＮＣＩ）などが提供している。ＩＡＲＣプログラムには、個々の化学物質、組成が明らかな混合物、放射線やウイルスのようなその他の要因、ある種の職業（たとえば塗装やゴム製造のような仕事）の発癌リスクを評価するモノグラフ（研究成果の小冊子）の作成と公開が当然必要とされる。こうしたモノグラフは現在、「*IARC Monographs on the Evaluation of Carcinogenic Risks to Humans*（ヒトに対する発癌性リスクの評価に関するＩＡＲＣモノグラフ、略称ＩＡＲＣ発癌性リスク一覧）」として知られている。モノグラフにおける総合評価によって、作業部会がヒトまたは動物での発癌性の証拠をどれほど信頼できると考えるかが決まり、それがグループナンバーとして表される。グループ1という指定は、その要因または職業が既知のヒト発癌因子であることを意味する。

モノグラフは、主に世界各国の学術機関および政府系の科学者からなる作業部会によって作成される。ＩＡＲＣは取締り機関ではないが、発癌性物質の規制に政府が利用できる情報を提供する。多くの国がＩＡＲＣの分類をそのまま採用している一方、独自の分類法をもつ国もある。アメリカでは、環境保護庁（ＥＰＡ）および国家毒性プログラム（ＮＴＰ）が規制目的で化学物質を分類している。ＮＴＰは化学物質の最初の分類を１９８０年に「*Review of Carcinogens*（発癌性物質総説）」に公開し、ＥＰＡも１９８０年代に少し遅れて公開した。

ＩＡＲＣ、ＥＰＡ、ＮＴＰが１９９０年まで全面的に利用していた癌分類システムでは、それ以前の研究結果の科学的な解釈をもとに、ヒトでの発癌の証拠を検討した。もし、ある化学物質がヒトに癌を生じさせることが疫学研究で証明されれば、それはヒト発癌性物質に分類された。しかし、ある物質が癌の原因になるのだと、どのようにして証明すればよいのだろうか？　ベンゼンと白血病の場合を考えてみよう。白血病をベンゼン曝露（ばくろ）と結びつけるのは、中皮腫をアスベストと、あるいは肝臓血管肉腫を塩化ビニルと結びつけるよりはるかに難しい。それは、白血病がめずらしい病気ではないことと、この癌になるのが曝露労働者の比較的少数に限られることとの両方の理由による。したがって毒性学者は次のような疑問に直面する。ベンゼンが白血病、特に急性骨髄性白血病（ＡＭＬ）を引き起こすと、どうやって証明すればよいのだろうか？

ベンゼンを扱う労働者が白血病になったという初期の報告は疑念を掻き立てたが、それらは偶発的な出来事だった可能性もある。１９６３年にはソビエト連邦の研究者が、仕事でベンゼンに曝（さら）された労働者の白血病16例を報告した。同時期の１９６４年、イタリアのミラノ大学クリニカ・デル・ラヴァロのエンリコ・Ｃ・ヴィグリアーニとジュリオ・サイタの両博士が、ベンゼン曝露と白血病に関連がある可能性を報告した。見つかった47例の血液疾患のうち６例が、ベンゼン曝露を報告した白血病患者だったのだ。パヴィアという街にある労働衛生研究所では、靴製造に使うベンゼン含有接着剤に曝された労働者に、１９６１年から１９６３年にかけて白血病５例を含む41例の血液疾患が確認された。しかし、ヴィグリアーニをはじめとする研究者らは、喫煙と肺癌に関する研究を行ったエルンスト・ウィンダーやリチャード・ドールとは違って、マッチングさせた対照群と症例群との比較を行わなかったため、そうした結果が偶然の産物ではないのか、あるいはほかに原因がある可能性はないのか、断言はできなかった。

喫煙と肺癌の研究の場合と同様に必要なのは、ベンゼンに曝された労働者のなかの癌の発症数と曝されなかった人々の発症数とを比較する疫学研究だった。ドールの共同研究者のオースティン・ブラッドフォード・ヒルが、疫学研究やその他のタイプの研究をもとに因果関係を評価する方法を確立していた。イギリス王立医学協会での会長講演でヒルは、喫煙と肺癌の研究において、統計上の関連が因果関係であると証明できるのはどのような場合かという疑問について考察を加えた。ヒルは、「最も可能性の高い解釈は因果関係であると決定する前に、その関連のどのような側面を我々は特に考慮すべきか？」という問いを投げかけた。ヒルが独自の方法を考案したのは喫煙が肺癌を招くことを証明するためだったが、それはたとえばベンゼンと白血病というように、化学物質と病気との因果関係を立証するあらゆる議論に使える。

ヒルが考慮した最初の論点は関連の強さだった。一例として、彼はパーシヴァル・ポットの報告した煙突掃除人における陰嚢癌（いんのうがん）の発症率の非常に大きな増加を指摘した。陰嚢癌による煙突掃除人の死亡率は非曝露労働者の200倍だったと、ヒルは述べた。また、喫煙者の肺癌が10倍になることにもふれた。ただし彼は、喫煙者の冠状動脈血栓症が2倍になることについては、即座に強い印象は受けないとしている。この病気の要因はほかにもたくさんあるため、疫学研究においてそれらに関する適切な対照群を設けることは難しいからだ。

ヒルによる考慮すべき要因のリストで次に来るのは、観察された関連の一貫性だ。言い換えると、その関連が異なる場所や状況で、また異なる時期に、異なる人間によって繰り返し観察されているか、という点だ。研究間で一貫性があれば、明らかな関連をもたらした原因が統計上の偶然である可能性を除外できるし、異なる特性に関しても、それぞれの研究に特有の誤謬（ごびゅう）がない証拠となる。

特異性がヒルの考慮した3番目の特性だ。彼はこの特異性によって、特定の労働者と特有のタイプの病気との関連が限定されるようにした。ある化学物質が癌につながる場合、通常は一つまたは少数の異なったタイプの癌を引き起こす。喫煙は変則的なケースかもしれない。さまざまな発癌性物質が関係しているからだ。

ヒルのリストの4番目の特性は時間性だった。化学的な曝露は病気の発症の前に起こっていなくてはならない。職業上の化学的曝露については、時間性という特性は病気になった個人の職歴から明らかになるのが普通だが、環境曝露の場合は厄介かもしれない。5番目の特性は生物学的濃度勾配とヒルが呼んだものだが、のちに用量反応関係と呼ばれることになる。たとえば喫煙のケースでは、喫煙本数が多いほど関連が強いことが、ウィンダーの研究で確認されている。

妥当性は、要件とすることはできないとヒルが述べた特性だ。その時々の知識に左右されるというのが理由だ。具体的にどういう意味か、ヒルは詳しく説明していないが、実験研究をふまえた癌の発生メカニズムの理解が含まれると解釈されている。妥当性と類似の特性である整合性は、因果関係と、病気の自然な経過に関する既知の事実とに矛盾があってはならないことを意味した。喫煙の場合では、肺癌の一時的な増加が喫煙の増加と同時に起こったことと、肺癌および喫煙における性差が、整合性に影響した。なぜなら、当時はほとんどの男性が喫煙していたのに対して、ほとんどの女性は喫煙していなかったからだ。煙草のタールが実験動物に皮膚癌を招くというウィンダーの実演と、煙草中のベンゾ[a]ピレンの特定も、関連に整合性を付与しただろう。ただし、いまとなっては、これは整合性ではなく生物学的な妥当性に作用すると主張されるかもしれない。
実験が寄与することはめったにないが、もし曝露が防止され、関連する出来事の頻度に影響が出れば、この特性も考慮に値する。状況次第では、類推によって判断することが公正だろうとヒルは考えていた。彼は、サリドマイドや風疹による先天性疾患が、そのほかの医薬品やウイルスへの妊娠中の曝露によって先天性疾患が起こる可能性を考慮する際の壁を低くした、という例を引き合いに出している。以前は先天性疾患の原因となり得るものは知られていなかったが、いまではサリドマイドや風疹が先天性疾患の原因となることが知られており、その知識が、ほかの医薬品やウイルス感染症もそうかもしれないという主張に信憑性を与える。

ヒルによれば、「というわけでここに九つの視点があり、ある関連について因果関係を声高に主張する前に、これらすべてに照らしてよく検討すべきだ」となる。とはいえ彼はこれらの視点を、因果関係の確定の前に従わなくてはならない鉄則として用いるべきではないと警告している。たとえば、塩化ビニルと肝臓の血管肉腫とのあいだの因果関係がわずか2件の小規模な研究結果の公開後、すぐに受け入れられたのは、この病気が極めてまれなうえ、職場での曝露に一貫性があって、主に塩化ビニルに限定されていたからだ。ベンゼンと急性骨髄性白血病の場合はこれとは対照的に、ヒルの求める分析の要件を満たして因果関係を確定するには数件の研究が必要だった。

・・・

癌分類システムでは動物実験の結果も評価する。ただし、評価は見たところ単純明快ではあるものの、動物実験の結果が信頼できるかどうかに関する科学的な判定は欠けている。もしある化学物質が、研究方法に問題のない独立の二つの研究で動物の腫瘍において統計的に有意の増加を生み出したなら、そうした結果を示さなかった研究がどれほど多くても、規制機関はそれを「動物に対する発癌性物質」とするのだ。

ヒトと動物の研究結果の評価には、唖然とするほどの違いがある。ヒトに関する研究結果の受け入れには一連の強固な基準がある。ＩＡＲＣではブラッドフォード・ヒル型の分析が採用されており、それによって多くの疫学研究が考察から除外される。理由は研究の質だったり、いわゆる交絡因子や偏った認識がデータに影響している可能性だったりする。つまり、ヒトに関する研究ではより多くの審査が求められるのに対して、動物を用いた研究はたいてい計算練習のようになる。野球にたとえるならば、ツーストライクの時点でアウト、すなわち発癌性物質となるのだ。そうした動物試験の結果をもとに、ヒトに対する発癌性が「疑われる、おそらくある、ある可能性が高い」という指定のいずれかを化学物質に付与するわけだが、この指定は適切でないようなケースが多い。

この指定が公式化されたあと、アメリカではEPAおよびNTPが癌分類を使用する際に、それが特定のどの分類であっても、驚くような事態が起こっている。ある化学物質がヒトの発癌性物質であると証明されているのか、それとも動物のみの発癌性物質なのかはどうでもよく、環境中の化学物質に対する政府の規制ではすべて同じように扱われる。動物に癌を引き起こす要因が一部の曝露条件下ではヒトにも癌を引き起こすかもしれないと推測するのは理にかなっているし、賢明でもあると、政府機関は確信しているのだ。とはいえ、グループ1の既知のヒト発癌性物質については、もっと厳しく規制監視すべきだと主張したい気もする。

たとえば、ポリ塩化ビフェニル（ＰＣＢ）がラットやマウスに肝癌を引き起こすことが見つかったとき、ＥＰＡは実際にヒトに癌を発生させることが証明されているアスベストや芳香族アミン染料、塩化ビニルと同じような規制方針をとった。１９９０年代には、ＥＰＡがヒト発癌性物質とみなす化学物質（元素を含む）が20あり、１００を優に超える動物発癌性物質があった。というわけで、発癌性物質に関する政府の以前の規制方針は主として、ヒト発癌性物質と判明したものではなく、動物発癌性物質であると判明していた化学物質を念頭に決定されたものであることは明らかだ。

アメリカでの規制活動の多くは予防原則と呼ばれる高度な信条に従って行われる。その心は、不確かな事態に直面した場合は健康を最大限に守れる道をとらなくてはならないというものだ。予防原則というのはごく一般的な用語であり、ごく普通の考え方だ。日常生活でもしばしば使われる。ドイツ流の「*Vorsorgeprinzip*（先見性）」という考え方、あるいはスカンジナビア人の「慎重な回避」がもとになっているとみなされているが、私からすれば、似たような考え方は常に私たちの周りにあった。ヒポクラテスの誓いも予防原則の一例で、医師は何よりもまず害をなしてはならないとする。つまり、何かが患者のためになるかどうかわからないなら、それをするなということだ。化学物質の規制に適用される際には、「動物での毒性効果が人間には起こらないという確信がない限り、起こると想定せよ」と言い換えられるかもしれない。

この何十年か、予防原則を呼びかける声が、主に環境破壊の防止を意図した規制において着実に明確になってきている。オゾン層を破壊する物質を規制する１９８７年のモントリオール議定書、１９９２年の気候変動会議、環境と開発に関する１９９２年のリオ宣言、１９９５年の国連公海漁業協定などはすべて、予防原則を本文に含めている。この原則を最も強力かつ幅広く取り入れてつくられたウイングスプレッド宣言は、活動家や政府系科学者、その他の多様なグループの代表が１９９８年に開いた作業部会から生まれたもので、次のように述べている。「ある活動が人間の健康あるいは環境に対して害をなすおそれがあるときは、たとえ何らかの因果関係が科学的に見て完全に確立されていなくても、予防措置を講じなくてはならない」。

癌以外の毒性効果については、ＥＰＡが臓器特異的な毒性を含めその他の毒性効果の徹底的な評価を実施している。この毒性学的評価の目的は「重大な悪影響」と呼ばれるものを見つけ出すことにある。これは非癌性毒性効果で、動物の毒性試験において最低用量で起こるものを指す。ＥＰＡの規制担当官は、特定の用量での明白な非癌性毒性効果の確認に基づいて、自分たちの曝露限界を定めることができる。規制機関はこの情報を用いて、化学物質の安全な濃度を決める。こうした重大な悪影響の用量は予防原則をふまえて引き下げられ、その際には研究デザイン次第で１００倍から１万倍と幅のあるさまざまな「不確実性係数」を用いる。不確実性には、予防のためと称する曝露許容値の引き下げが常に伴う。

・・・

　発癌性物質のこの評価方法に唯一の例外が生じたのは、発癌メカニズムに基づいて動物発癌性物質の等級を上げたり下げたりできるように、１９９２年にＩＡＲＣ分類システムが変更されたときだった。遺伝毒性試験の結果と、実験動物とヒトとの発癌メカニズムの類似あるいは差異を用いて、ある化学物質がヒトに癌を生じさせるという疑いを引き上げたり引き下げたりすることができるようになったのだ。とはいえ、当初その用い方は偏ったものだった。たとえば、仮にヒトに関するデータが「限定的」であっても、ヒト発癌性物質に格上げするためにだけ、メカニズムに関するデータが引用された。序文の規則は両方向への移動を許可していたにもかかわらず、1992年から1998年にかけて21の化学物質が格上げされ、たった一つが格下げされた。それらの化学物質の多くが格上げに値しなかったというわけではないが、格下げされるべきだったのに同じように検討してもらえなかった化学物質があったのだ。対照的に、アメリカのEPAは1991年に、ある種の雄ラット腎臓腫瘍を発癌性の評価において考慮に入れないと決定した。これは、リモネンやガソリンといった物質を発癌性物質に分類する必要はないという意味だ。というわけで、EPAは化学物質を基本的に格下げしたのに対して、IARCはしなかったことになる。

IARCによる公平な活動の欠如は、作業部会のメンバーによる化学物質の評価だけでなく、評価する化学物質の選択にも見られた。そして、誰を作業部会に招くか、どの化学物質を評価するかは、IARC長官の権限の範囲内だった。当時の長官はロレンツォ・トマティスで、1993年に引退した。トマティスが去ったあと、初めて格下げされたのが医薬品のクロフィブラートだった。ダグラス・マクレガーが一時的にモノグラフを任され、ジェリー・ライスがまだ参加していなかった時期に、1996年のモノグラフ66巻のための作業部会が、クロフィブラートに起因する肝臓腫瘍はヒトの癌とは関係がないと決定した。

1994年にパウル・クライフスがIARC長官に就任したが、彼は進行中の独自の脳腫瘍研究と監督すべきその他のプログラムを抱えていた。そこで、別にポストを設けてモノグラフの作成を他者に監督させることにした。ライスがアメリカ国立癌研究所からやって来て、モノグラフプログラムの最初の責任者になった。彼は癌発生メカニズムに基づいて分類の引き上げと引き下げの両方を検討することに前向きで、1997年11月に開かれたIARCワークショップにおいて、作業部会が化学物質の分類引き下げを検討するための一定の基準が設けられた。決定的瞬間が訪れたのは、特定のタイプの齧歯類腫瘍の増加は必ずしもヒトと関係があるとは限らないと、公式に決定されたときだった。これには齧歯類の腫瘍の発生メカニズムの確定が効果をあげ、この腫瘍が完全に齧歯類特有に発生するものか、もしくはヒトはその作用に感受性がないため、ヒトには発生しないとわかったのだ。

モノグラフ73巻の作業部会は、動物に起こる腫瘍がヒトの癌には関係がないかもしれないという、一部の化学物質について未解決の問題を専門に調べていた。私もこの作業部会への参加を要請され、フランスのリヨンにあるIARC本部に出かけた。リヨンはソーヌ川とローヌ川の合流地点にあたり、フランスにおけるローマ帝国の拠点だった。50万の人口を擁し、フランスで3番目に大きな都市だ。作業部会には通常、世界中からやって来た20人から30人の科学者が含まれ、そこに多様なIARC職員が加わって、全員で10日間の会議を行う。こうした作業部会がどのように構成されているのか、少し紹介しておこう。各メンバーはそれぞれの専門分野に応じて、化学物質の曝露、疫学、動物バイオアッセイ(生物検定)、発癌メカニズムの四つの分科会のどれかに割り当てられる。私は発癌メカニズム分科会のリーダーで、アメリカ保健財団での同僚のゴードン・ハードは動物バイオアッセイ分科会を率いることになった。科学者のおよそ半数がアメリカから参加し、残りはイタリア、ノルウェー、デンマーク、ドイツ、オーストリア、カナダ、日本、イギリスから来ていた。

この作業部会の成果として、発癌メカニズムデータに基づいて四つの化学物質が格下げされた。プロクター・アンド・ギャンブル社のマイアミ・バレー研究所で働くロイス・レーマン・マッキーアンの研究をもとに、柑橘油の天然リモネンによって生じた雄ラットの腫瘍は、ヒトには存在せず雄ラットの腎臓にだけ存在するタンパク質とリモネンとの結合によって引き起こされることが認められたのだ。格下げされたもう一つの化学物質はサッカリンだった。ラットの膀胱の腫瘍を引き起こすというので、これまで発癌性物質と呼ばれてきた。ネブラスカ大学医療センターのサム・コーエンが優れた一群の実験によって、ラットの膀胱癌が尿中でのサッカリンの微細結晶によって発症したことを明らかにしていた。この結晶の刺激で慢性的な炎症が起こっていたのだ。ラットとヒトの尿の生理学的な違いを考えると、ヒトではそうした微細結晶ができることはあり得ず、したがって腫瘍ができるはずがない。

モノグラフ79巻の別の作業部会はラットの甲状腺腫瘍に注目した。甲状腺ホルモン生成の阻害に起因する甲状腺腫瘍形成に対して、ラットとヒトは非常に異なった反応をする。格下げされた化学物質の一つであるアミトロールは、第8章で述べたとおり、かつてクランベリーパニックを巻き起こし、レイチェル・カーソンがヒトに影響し得る発癌性物質の一例として挙げた化学物質だ。ラットではごく低濃度のアミトロールで阻害される酵素の甲状腺ペルオキシダーゼは、ヒトでははるかに高濃度——物理的に達成不可能な濃度——のアミトロールへの曝露がなければ阻害されないことが判明した。膀胱感染症に用いられる薬で、やはり甲状腺ペルオキシダーゼの阻害作用をもつスルファメサジンも格下げされた。

というわけで、この二つの作業部会によっていくらかバランスが補正され、メカニズムに関するデータに基づいて八つの格下げが行われた。ところがＩＡＲＣの元長官のトマティスは、格下げへのこうしたメカニズムデータの使用が分類規則で許されているにもかかわらず、大げさな反対声明を出した。トマティスの非難があまりにも過激だったため、当時のＩＡＲＣ長官のポール・クライヒューズは、トマティスの本部ビルへの立ち入りを禁じた。トマティスはまだそこに仕事部屋をもっていたのだ。

２００３年から２０１１年にかけてヴィンセント・コグリアーノがプログラムの責任者を務め、その後クルト・シュトライフが引き継いだ。彼らのリーダーシップのもとで多くの化学物質が格上げされたが、メカニズムデータに準じて格下げされたものは皆無だった。予防原則が再び幅を利かせ、バランスのとれた評価による抑制が利かない状態となったのだ。コグリアーノによれば、２００８年時点で格上げされた物質は総計52物質だったのに対して、ライスが責任者だった時代には11が格上げされ、八つが格下げされた。そして２００８年以降は、少なくともさらに八つの物質が格上げされたが、メカニズムデータに基づいて格下げされたものは一つもない。

第18章

用量が毒をつくる

用量が毒をつくるというパラケルススの考え方を振り返るとき、うってつけの例として思い浮かぶのが、医薬品のアセトアミノフェンだ。一般にはタイレノールという名称で知られ、広く使用されている。優れた消炎鎮痛薬だが、体温を下げる効果が非常に高いため、子どもの場合、最も重要な用途は解熱剤となっている。この医薬品の治療効果の発揮に必要な用量が毒性をもたらす量にかなり近いことを、ほとんどの人間は知らない。効果を発揮する量と毒性を発揮する量との比を治療指数と呼ぶが、アセトアミノフェンの治療指数は毒性学者がよしとするほど高くないのだ。

医薬品も含め、体内に摂取された化学物質は肝臓で硫酸基あるいはグルクロン酸基と結合して、非常に水溶性の高い抱合体と呼ばれる代謝物となり、その後に排泄される。この二つの代謝物生成が最も重要な解毒経路で、有害な生成物ができることはめったにない。とはいえ、第10章で述べたように肝臓にはそのほかの代謝経路もある。ＣＹＰ２Ｅ１と呼ばれるシトクロムＰ４５０はアセトアミノフェンを代謝活性化して、略称をＮＡＰＱＩという非常に毒性の強い生成物をつくる。この化合物は肝臓の壊死を招く。アセトアミノフェンの用量が増すにつれ、本来の解毒経路が追いつかなくなり、ますます多くのアセトアミノフェンがＣＹＰ２Ｅ１によって代謝活性化されて、肝臓により多くの毒性効果をもたらすようになる。成人では10ｇを１度摂取すれば肝毒性が起こるおそれがあり、これは通常の治療用量である１ｇのわずか10倍にすぎない。20ｇなら命に関わる。タイレノールはいつも薬箱にあるため、これに頼って日々をやり過ごそうとする者もいるが、結局は、ひどく損傷した肝臓を抱えて生きてゆくことになる。子どもの場合、アセトアミノフェンの推奨量の２倍を数日間与えると肝毒性が起こるという科学的根拠がある。

ＣＹＰ２Ｅ１酵素は、かつてはアルコール誘導性シトクロムＰ４５０と呼ばれた。ある種の化学物質に曝（さら）されると、肝臓では遺伝子発現の増大によってシトクロムＰ４５０型酵素の濃度を高める能力が引き出され、より多くの酵素がつくられる誘導が起こるようになる。誘導物質――この場合はエタノール――が細胞核に信号を送って、ＣＹＰ２Ｅ１遺伝子からのメッセンジャーＲＮＡの生成を増加させる。するとこの増加したメッセンジャーＲＮＡがＣＹＰ２Ｅ１タンパク質の合成を増加させ、酵素活性の増大をもたらす。エタノールの大量摂取者ではアセトアミノフェンの肝毒性が増大するという事実さえなければ、こうしたことはすべて単なる興味深い情報にすぎないだろう。この場合、毒性は単に潜在的な毒物の用量がもたらす結果というだけでなく、アルコール摂取という生活習慣によって増幅されるのだ。

エタノール摂取自体の及ぼす効果も、エタノールの用量に左右される。エタノールは消化管から速やかに吸収され、肝臓でアルコールデヒドロゲナーゼによってアセトアルデヒドに代謝される。アセトアルデヒドにはいくらか毒性がある。しかし、アセトアルデヒドは急速に代謝されて酢酸、つまり酢になり、これはほとんど毒性がない。この代謝によって1時間あたり10gのアルコールが人体から排泄されるが、これは、蒸留酒ならショットグラス1杯、ワインならワイングラス1杯、ビールなら1缶を、90分で代謝できることを意味する。そのペースを超えると、血中のアルコール濃度が上昇する。

用量は体内に取り込まれた化学物質の量で表され、単回の曝露（ばくろ）グラム数で測る。体重1kgあたりのグラム数で測る場合もあり、研究ではこれがよく使われる。長期間の投与については、体重1kgあたりの1日に摂取するグラム数で測るが、ミリグラム（mg、1gの1000分の1）が使われることもある。医薬品の場合、特に小児科の投薬では、体表面積あたりの量で記述する場合が多い。薬理効果であれ毒性効果であれ、重要なのは標的器官に存在する化学物質の量で、エタノールの場合は中枢神経系または肝臓が標的器官となる。標的器官用量は通常の用量測定基準ではなく臓器あたりの濃度で表す。エタノールは血液脳関門を通過できるため、血中濃度が脳内濃度の代わりに用いられる。したがってエタノールについては、標的器官用量は血液1デシリットル（dL）（100mL）あたりのミリグラム数で測定される。

ごく低濃度の血中エタノールは陶酔感をもたらし、それがアルコール飲料を極めて魅力的なものにしている。法律上、酒に酔っていない状態とは通常、血中エタノール濃度が80mg／1dL未満と定められている。濃度50～150mg／1dLから、協調運動の欠如、反応時間の遅延、目のかすみが起こる。もっと高い150～300mg／1dLでは視力障害、千鳥足、ろれつが回らないといった症状が表れる。さらに高い300～500mg／1dLになると意識が朦朧（もうろう）とし、低血糖やけいれんが起こる。500mg／1dLを超えると、極めてアルコール耐性の高い人間以外は昏睡や死に至る。

一つの化学物質には明らかに、それぞれ異なる効果に対応するいくつかの閾値（いきち）がある。アルコールはある閾値用量を超えると肝毒性を引き起こすが、その用量以下では、肝臓に損傷を与えるという証拠はまったくない。もう一つ、通常はそれより低い閾値があり、それを超えるとアルコールは気分を高めるものの、それより下のごく少量では目に見える効果はいっさいない。その閾値より下の用量では、体のホメオスタシス、つまり恒常性維持機構が化学物質の効果を再調整するのだ。それどころか、低用量のアルコールは心臓病を防ぎ、心臓発作のリスクを下げる。これは、私たちの体が食物や飲み物中のありとあらゆる天然の化学物質に絶えず曝されているにもかかわらず、好ましくないものをあまり大量に摂取しない限り具合が悪くはならないことを示す好例だ。

化学的な曝露についても同じだ。体から化学物質を排泄する仕組みのおかげで、ヒトは低レベルの曝露に耐えることができる。何らかの効果をもたらすほどの濃度で体内に存在した場合でさえ、その他のホメオスタシスによって相殺することが可能だ。たとえば、ある化学物質が血圧を降下させると、心血管系の受容体がそれを感知して、心臓には心拍数を上げる信号を、血管には収縮する信号を送る。こうした効果によって、血圧は正常なレベルまで上昇する。たとえ化学物質によってＤＮＡが損傷を受けたとしても、以前の章で学んだように、腫瘍抑制遺伝子が*p53*をつくり、それが細胞複製を中止させる。DNA修復が達成されるか、あるいはプログラム細胞死が起こるまでの時間を稼ぐかするわけだ。言い換えると、細胞は炎症反応を招くことなく、自らを修復するか、静かに死ぬ。明らかな効果を起こさせるために超えなければならない閾値用量があるのは、ホメオスタシスのためだ。ホメオシスタシスが、化学物質が生体に及ぼす効果に必要な閾値をつくり出している。

閾値が生ずるもう一つの原因はホルミシスで、これは、低用量では生物学的な活性化が起こり高用量では抑制が起こる。またはその逆が起こる用量反応関係と定義されている。この概念を発展させたのはマサチューセッツ大学のエドワード・カラブレーゼだ。ホルミシス効果は30年以上も研究されており、多くの毒性物質が、低用量曝露では害ではなく益をもたらすと証明されている。こうした効果は起こる場合もあれば起こらない場合もあるため、ケースバイケースという考え方で理解する必要がある。ウィスコンシン大学マッカードル癌研究所のアンリ・ピトーが、ダイオキシンによる前癌性肝臓病変の促進について研究した際に、ホルミシス特有のU字型用量反応曲線を確認している。

肝臓は摂取された化学物質による被害を特に受けやすい。これはそうした物質が門脈系を介して腸から直接肝臓に入るためだ。胃や腸などの消化管から流出する血液は門脈を介してそのまま肝臓に流れ込んだのち、心臓に戻る。この仕組みによって、消化された栄養素を体の代謝機関である肝臓に直接運び入れることができる。ある種の化学物質は尿中に濃縮されるケースがあるため、腎臓も毒性効果を受けやすい。

中枢神経系は、血管周囲の細胞間の特に緊密な結合によってできた血液脳関門によって、一部の化学物質の攻撃から守られている。たとえば、ヘビやクモなどの毒液の成分は大きなタンパク質分子なので、血液脳関門を通過できない。そのため、毒液は中枢神経系には影響を及ぼさないが、末梢神経系には影響を及ぼす。ただし、アルコールのような化学物質は細胞膜を通過できるので、脳に簡単に達する。したがって、飲みすぎるとただちに精神活動に変化が表れる。一方、末梢神経系の構成要素、たとえば神経筋接合部には何のバリアもないため、毒液のような化学物質の影響を受けやすい。

・
・
・

皮膚と肺は身の回りの空気に直接触れている。職業上の曝露の場合、皮膚と肺で非致死性職業病の4分の1を占め、そのなかでも皮膚の比率が大きい。そうした病気の多くは、工業化学物質または天然の物質との直接の接触を原因とする。接触の際の用量は化学火傷のような損傷では重要かもしれないが、職業性皮膚病の主な原因はアレルギー反応であり、個人の感受性や先行する曝露歴に比べれば用量による影響の重要度は低い。

肺は空気中の有毒化学物質の影響を最も受けやすい器官だ。一般にそうした物質は毒性発揮のための代謝を必要とせず、細胞膜と直接反応したり、炎症反応につながったりする。オゾンは細胞膜にとって有害な化学物質だが、空気中に大量に存在する場合があり、たいていは都市部の大気中にスモッグとして存在する。高濃度では毒性効果を発揮して、酸素と二酸化炭素の交換を行う肺胞を破壊する。二酸化硫黄もやはり都市部の空気中に存在し、気道を刺激して収縮させるので喘息のように息を吐きにくくなる。そのほかの物質、たとえば塵肺（じんぱい）に関与する石炭やアスベストのような物質は、肺の線維症を招き、肺の適切な拡張と収縮を妨げる。

吸入された化学物質は肺に直接影響を与えるほかに、体内を循環する血液中に流入し器官や組織に到達したのち、全身毒性をもたらす場合もある。その場合は空気中の曝露レベルが血中の濃度となる。通常はその化学物質が全部吸収されるわけではないが、一部の化学物質は細胞膜を通過できるため、吸収率は１００パーセント近くになる。したがって、化学物質によっては、空気中濃度と血中濃度が相関し得る。

従来型の用量反応効果の主な例外に、免疫系の介在する毒性反応がある。一部の人々に感作を引き起こす化学物質は、その後の非常に低レベルの曝露でも効果を発揮する可能性がある。そうした効果に耐性のある人間は、その後の低レベル曝露では何の影響も受けない。ベリリウムへの職業曝露については以前の章で述べたが、低レベルでのベリリウムの毒性は免疫反応に由来する。アレルギー性接触皮膚炎は免疫系が介在するありふれた皮膚病で、誘導と惹起（じゃっき）という2段階で進行する。誘導段階で、局所的な曝露がその個人に感作をもたらす。その後の曝露が発疹という形の毒性効果を惹起する。接触皮膚炎の原因になりやすいものとしては、局所抗生物質、ゴム製品、殺菌剤、金属が挙げられる。リスクが高い職業には医療、理髪、食品部門、金属工業がある。関与が確認されている化学物質は何千もあり、消費者や労働者に深刻な影響をもたらし得る。最もありふれた原因の一つはボディピアスに用いられるニッケルだ。医療従事者の場合はラテックス手袋がよく接触皮膚炎の原因となる。

イソシアネートはプラスチックのポリウレタンの製造に用いられる主要な合成材料の一つだが、低用量で極めて強い毒性を発揮する。ドイツのラインル博士が、トルエンジイソシアネートを用いて作業をしていて喘息を発症した男性の例を１９４４年に報告している。この男性は慢性肺気腫の合併症で１９５２年に亡くなった。その後の研究者たちは呼吸器症状の表れ方に一貫性がないと記している。工場に入って１時間もしないうちに具合が悪くなった労働者もいれば、仕事が終わって数時間してから症状が表れた労働者もおり、まったく症状が出ない者もいた。発症のタイプと鋭敏な感受性はアレルギー性喘息を思わせ、この病気には免疫学的メカニズムの関与が確認された。

・・・

癌を引き起こす化学物質については、また別の用量反応関係が記述されている。化学的な曝露によって起こる癌の発症には、累積用量が重要な決定因子となる。骨髄毒性は空気中の極めて高濃度のベンゼンへの短期曝露によって起こり得るが、癌の発症には長期間の曝露が必要なのだ。1930年代のある研究では、再生不良性貧血を含む重い骨髄毒性が現れたゴム製造労働者を調べたところ、空気中濃度が短期間、500ppmという高濃度になっていた。透明防水シートのプリオフィルム製造労働者について1980年代に発表された研究では、濃度は一般にもっと低かったものの、曝露が長期間にわたっていた。白血病のリスクについては、曝露の強度だけが重要なのではなく、累積曝露が決定因子で、ここには曝露の強度と持続時間の両方が含まれる。この累積用量は空気中の平均ベンゼン濃度に曝露年数をかけて求められる。

この用量反応関係の情報には重要な特徴が二つあった。一つは、白血病リスクの増大をもたらさないベンゼン曝露レベルがあったこと。したがって、ベンゼン曝露によって白血病が起こるメカニズムについては、ホメオスタシスが低用量での防護を提供しているように思われる。もし、そのメカニズムが本当に遺伝毒性に関与するトポイソメラーゼⅡ阻害なら、遺伝毒性が起こるには相当量が阻害される必要があるだろう。トポイソメラーゼⅡは十分すぎる量があるように思われるからだ。また、ベンゼン代謝産物の生成も遺伝毒性の発揮には重要なステップであるため、癌の発症には一定量の代謝産物が存在しているはずだ。これは、用量反応曲線には閾値があって、それを超えるとほぼ直線形になることを意味する。ほぼ直線形とは勾配が常に増加していくという意味で、その原因もやはり、増加する用量が体の防護柵を乗り越えることと関係がある。用量が増すにつれ、防護メカニズムがますます圧倒されていくのだ。残念ながら、ラットやマウスはベンゼン曝露に由来する白血病にはならないので、この用量反応関係を動物実験で検証することはできない。

癌の用量反応関係のもう一つの特徴が、工業の場でのアスベスト曝露から明らかになっている。アスベストには工業用の幅広い用途があり、低コストである点や、断熱性、耐火性、耐摩擦性といった優れた特性により活用されてきた。需要の最盛期には約３０００種の用途、つまりアスベストを使ったさまざまなタイプの製品があった。たいていの用途では、アスベストをポルトランドセメントやプラスチック、樹脂といったほかの材料と結合させて使う。そのほか、繊維状の緩やかな混合物として用いたり、布状に織り上げたりする場合もある。造船業では多くの異なったアスベスト製品が使われるが、主力は配管被覆材や部屋の内装ボードだ。密閉された空間でさまざまな職種の人間が一緒に作業するため、お互いの職業上の危険を共有することになる。

リチャード・ドールは喫煙に関連した肺癌の研究をいくつか評価して、肺癌症例の多くがアスベスト症の人間に見つかっている事実に気づいた。アスベスト症の頻度の低さを考えると、これほど癌の割合が多いことは、肺癌がアスベスト労働者の職業病であることを示唆している――ただし証明するものではない――と、ドールは述べている。これ以前にも、アスベスト塵埃(じんあい)への曝露歴のある坑夫がアスベスト症と、おそらくは肺癌を発症するリスクがあるという証拠が、数カ国で実施された研究から得られていた。

マウントサイナイ医科大学のアーヴィング・セリコフとアメリカ癌協会のE・カイラー・ハモンドが、喫煙とアスベスト塵埃曝露の複合効果が肺癌による死亡および慢性非感染症性肺疾患に及ぼす影響についての情報を得るため、1966年に調査を開始した。そして国際断熱材およびアスベスト労働者協会の会員であるアメリカとカナダのアスベスト断熱労働者で、気管支癌リスクが増加したという決定的な証拠を得た。アスベストがリスクを5倍にすること、喫煙がリスクを10倍以上にすること、そしてアスベスト曝露と喫煙の組み合わせがリスクを50倍以上にすることを明らかにしたのだ。

この関係はかけ算、つまり相乗効果と考えられる。毒性学では、相乗効果とは病気の二つの原因のあいだに相加効果よりも大きな効果がある場合を指す。数字で表すと、喫煙による5倍の増加とアスベストによる10倍の増加が単に合計されて15倍になるのではなく、50倍になる。高度な曝露のある断熱材工事作業者のそのほかの研究から得られた疫学的証拠も相乗効果モデルを支持し、この二つの要因が発癌の多段階プロセスにそれぞれ独立に作用する状況を示唆していた。この相乗効果に関するそのほかのメカニズムとしては、煙草の煙中の発癌性物質がアスベスト繊維の表面に吸収され（つまり薄い膜を形成し）、それによって、そうした発癌性物質の吸収や保持時間、あるいは標的細胞へのアスベストの侵入を増加させる可能性も考えられる。

アスベスト由来のもう一つの癌が、第二次世界大戦中の造船業界で特に顕著に見られた。それは中皮腫で、潜伏期間が長く、通常は発症に30年以上かかる。そのため、工業環境における肺癌より、同定も研究も遅れた。たとえば、イギリスでの中皮腫による死亡者数は、1968年の50人から2001年の1600人へと増加している。肺癌とは対照的に中皮腫の場合、喫煙は原因とはならず、アスベスト曝露との相乗効果も示さない。結局、中皮腫は断熱、建設、アスベスト生産などの多くの工業でのアスベスト曝露や、アスベスト生産地の近くでの生活の結果として起こることが確認された。

第19章

除染をめぐる混乱

リスク評価とは、人々が化学物質への曝露によって癌になったり、そのほかの健康被害を被ったりする可能性があるかどうかという問いに数学を用いて答えようとする行為だ。以前は、定量的な答えではなく定性的な答えだけで事足りた。すでに観察事例のある化学の曝露環境との類似性に基づいて答えを出せばよかったのだ。癌に関する一例として、「プリオフィルム」というパッキングフィルムの製造労働者に関して、急性骨髄性白血病のリスクが増加した際に確認された空気中ベンゼン濃度がある。もし別の労働者群が同じような濃度の空気中ベンゼンに同じような期間曝されたなら、急性骨髄性白血病の発症が一定数増えるだろうと予測できた。しかし、高レベルの職業曝露あるいは齧歯類バイオアッセイ（生物検定）で測定されたリスクからの類推によって、それより大幅に低レベルの環境曝露に伴う発癌リスクを求める方法はまだ開発されていなかった。

ジョージ・ワシントン大学教員のケン・チェイスは、産業衛生専門の診療およびコンサルティングを行うワシントン・オキュペーショナル・ヘルス・アソシエーツ社という会社を立ち上げた。コンサルティング業務の一環として、チェイスは全米鉄道旅客輸送公社、通称アムトラックのメディカルディレクターを務めた。アムトラックにとって、ポリ塩化ビフェニル（ＰＣＢ）は最大の環境問題になろうとしていた。東海岸を走る電化された機関車や客車にＰＣＢが使われていたためだ。チェイスは、ＰＣＢに曝されていたアムトラック従業員に起こり得る健康被害の調査をもとにした論文を１９８２年に『*Journal of Occupational Medicine*』誌に発表し、それらの労働者で検出可能なＰＣＢの唯一の影響は、ＰＣＢと脂質の血中濃度のあいだに関連があったことだと報告した。とはいえ、あとから考えると、実態はもっと複雑で、因果関係がその報告とは逆だったことが判明している。ＰＣＢは脂溶性なため、脂肪組織に濃縮される。しかし血中脂質濃度が高い者の場合はより多くのＰＣＢが血中に分配され、その結果として、血中濃度が高くなったのだ。これは統計上の関連における原因と結果の関係をめぐる典型的な問題だ。

デトロイト・エジソン社とシカゴのコモンウェルス・エジソン社はともに１９８４年にチェイスと契約し、土壌中のＰＣＢの除染にどう向き合うべきかについての助言を求めた。デトロイト・エジソン社の変圧器とコンデンサーにはＰＣＢが使われていた。シカゴのコモンウェルス・エジソン社の場合は、会社が設置した電柱上のコンデンサーがときどき住宅地で爆発や漏れを起こすという問題があった。毎年こうした設備の1％から2％が、周囲の土壌やその他の表面にＰＣＢをまき散らしていたのだ。

チェイスと私は十年来の知り合いだった。彼は子どもの鉛中毒に関する私の毒性学の仕事を知っており、特に鉛曝露量と病気の発症との定量的関係に関心をもっていた。私は除染プロジェクトに関してケンの相談にのることになり、リスク評価のためのＰＣＢ曝露算出法を開発して、健康に害のない土壌の除染濃度を見つける作業を開始した。当時の私たちは知らなかったが、コモンウェルス・エジソン社はアメリカ環境保護庁（ＥＰＡ）の第五地区事務局とのあいだの合意判決の裁定により、独自のＰＣＢ除染濃度を決めようとしていた。その後、ＥＰＡはほかの場所での除染命令の際に、土壌サンプリングと環境中ＰＣＢリスクレベルを判定するための私たちの手法の多くを用いるようになった。除染問題の核心は、許容できる除染レベルとは何かを決めることにあった。土壌中のＰＣＢ濃度がどれくらいなら危険なのか、どれくらい低濃度なら安全とみなせるのか？　工業用地からＰＣＢ、というよりどんな化学物質であれ、その分子を一つ残らず除去するのは物理的に不可能である以上、これは特に重要な問いとなる。つまり、どれだけクリーンなら「クリーン」と言えるのか？　環境中の化学物質の許容できるレベルを決めるにはリスク評価という手法に頼るわけだが、これは1980年代初頭にはまだ、急ごしらえの初歩的なやり方にすぎなかった。アメリカ科学アカデミーの委員会が1984年に考案したリスク評価のための勧告はいくつかあった。しかし大きな難題が曝露評価にはあった。正確に見積もるのは難しい場合が多く、当時はそのための指針もほとんどなかったのだ。

鉛中毒問題に関する私の8年前の経験が、出発点として役立った。あのときは子どもがどれくらいの量の鉛塗料を体内に取り込み、それが血中の鉛濃度にどう反映されるかを解明しようとした。だが、PCBへの曝露の評価はそれよりはるかに複雑だった。それに、これは発癌リスクの判定で、動物でのPCB発癌性研究に基づいて行う必要があった。ヒトによる疫学研究は利用できたが、それらの研究からは発癌リスクの一貫した証拠は得られなかったため、ラットでの研究結果に頼らざるを得なかったのだ。

リスク評価の科学は未発達で、ヒトでの化学的曝露や癌の発生についての定量的な情報は欠けていることが多かった。その結果、科学者は動物での研究結果を用いるリスク評価法を考案して、リスクの可能性を定量化し、少なくともヒトへのリスクに関する上限値を求めようとした。動物を用いたバイオアッセイでは化学物質の用量をコントロールできるし、癌の発生率を容易に判定できる。しかし、ヒトの発癌リスクに関する上限値は、少なくともそうした齧歯類を用いたバイオアッセイから推定できるだろうと想定するしかなかった。

残念ながら、当時はヒトでも動物でも、用量反応関係の情報を与えてくれるＰＣＢの実験は皆無だった。ＰＣＢの単一用量のみで腫瘍の増加を確認した動物実験はいくつかあった。アメリカ国立癌研究所が三つの用量を用いて行った研究で腫瘍がいくつか明らかになったが、どれも統計的に有意な増加とはみなされなかった。単一用量での研究が一つあるだけだったにもかかわらず、ＥＰＡは曝露によるヒトの発癌リスク評価に使用する用量反応推定値を導き出すことを断念しようとはしなかった。それは「発癌効力係数」と呼ばれ、推定曝露値をかけるとヒトの発癌リスクが求められるとされた。

そしてアメリカの規制当局は、前述の予防原則にのっとって、化学的な発癌性物質には安全な用量というものはないとみなす。これはその他のタイプの毒性効果の場合とは対照的だ。非発癌性物質の場合には、その同じ規制当局が、十分に低い用量なら毒性効果はないだろうとみなしている。いくつかの国の方針とも大きく違う。オランダやイギリスではアメリカのＥＰＡとはまったく異なる対処法をとり、非遺伝毒性の発癌性物質については閾値（いきち）用量という考え方を用いている。ほかの国の政府は化学物質を一緒くたに評価することはせず、発癌性物質の分類を統括する絶対厳守の原則、つまり用量は低ければ低いほどいいという原則はもたない。

このＥＰＡの用量反応推定値は、あまりにもあやふやな情報に基づいていたため、保護を第一に、そして予防原則を厳格に守るように策定され、可能性のあるリスクに関する上限値しか示さない。決定的なのは、このリスク評価には二つの大きな前提が含まれていることだ。一つは、ラットの肝腫瘍という所見がヒトの癌の予測因子とされたことで、もう一つはそれらのラットに用いられた極めて高い用量での結果から、はるかに低い用量でのヒトの発癌リスクを予想できるとしたことだ。電力会社のために私がやるべきことは、この発癌効力係数と土壌ＰＣＢによる曝露推定値を用いて、発癌リスクの見積もりを算出することだった。たとえば、仮に土壌に10ppmのＰＣＢが含まれているとする。これは土壌またはそこに含まれる堆積物の総重量の０・０００１％に等しい。この場合、ヒトは一日あたりどれくらいの量のＰＣＢを体内に取り込むことになり、それによる発癌リスクの上限値はどれくらいになるのだろうか？

私たちはまず、曝露経路を把握する必要があった。吸入か、経口摂取か、経皮吸収か。多様な状況を想定して土壌中や物体表面の許容可能なＰＣＢ濃度を算出するため、曝露およびリスクのさまざまな計算を23種類も行わなければならなかった。たとえば、未就学児、児童、成人の経皮吸収を、さまざまな屋内、屋外の活動を考慮しつつ計算した。経口摂取については、土壌の摂取、菜園生産物や敷地内で育てた動物の脂肪やミルクの摂取、さらには野生の獲物の摂取によるリスクまで計算した。吸入については、ＰＣＢ蒸気および微粒子に結合したＰＣＢの吸入に伴うリスクを計算した。このような計算をするのは初めてだったので、考えられるあらゆる場合をカバーできているよう、祈るばかりだった。

ゼネラル・エレクトリック社は、PCB汚染問題に巻き込まれた2社のうちの一つだった。PCBを使用した電気設備のほとんどを製造していたためだ。もう片方はモンサント社で、1930年から、電気設備の絶縁材としての使用が禁止になった1977年まで、アメリカ国内でのPCB製造の大部分を担っていた。PCBは二つのベンゼン環どうしの結合に関与していない10個の炭素のそれぞれに最大10個の塩素が置換する。可能性のある形は209種あり、それぞれ特有の塩素の結合数や置換位置をもつが、モンサント社が実際に売っていたのは複数のタイプからなる混合物数種類だった。モンサント社の製品はアロクロールと呼ばれ、炭素に結合した塩素の数は製品によってさまざまだった。

発癌リスク見積もりをよりよいものとするため、ゼネラル・エレクトリック社は、モンサント社のアロクロールの主だった四つのタイプをすべて試験するという野心的なバイオアッセイ計画を立てた。その量は、1958年から1977年にかけてアメリカ国内で売られたＰＣＢの92％にあたる。その試験では雌雄のラット１３００匹に、塩素化の程度の異なる数種類のタイプのアロクロールのさまざまな用量を生涯にわたって投与した。この研究は、ＰＣＢのどの用量が動物に癌を引き起こすのかを知る基礎となるだけでなく、動物モデル系における肝癌の発生を説明する発癌メカニズム情報も与えてくれるだろうと期待された。最初の用量反応研究後に一部の組織がメカニズム研究のために保存され、私の研究室がアメリカ保健財団でその研究を実施した。結果は論文として発表された。

この研究で、雄のラットでは最も塩素含量の多いアロクロール混合物の高用量群のみに腫瘍の増加が見られるが、最初にＰＣＢをテストした疾病対策センターのレナーテ・キンブローと同じく雌のラットを用いた場合は、曝露した動物のほぼすべてに腫瘍の増加の起こることが明らかになった。この試験の結果は、以前に私がデトロイトとシカゴの電力会社向けに用いたリスク評価のための発癌効果の推定値よりもっと正確で、かなり低く、しかもより踏み込んだ推定値をもたらした。また、考えられる肝腫瘍形成メカニズムに関して、いくつか興味深い観察結果も得られた。

1980年代を通じてリスク評価の手法は発展を続け、ついに1989年にEPAが汚染のひどい地域と指定したスーパーファンド地区のためのリスク評価ガイドライン(RAGS)がつくられ、汚染場所の除染に用いられた。これは基本的に、科学研究から得られた数学的情報をふまえ、予防原則にのっとって、リスク評価をどのように行うべきかに関する手引きだった。発癌リスク評価に基づいて規制される化学物質の数は増え続け、飲料水、空気、食品中の許容量が詳細に記述された。もし、動物実験をもとにした計算で、飲料水中のある量を摂取したときに100万人に1人より大きい発癌リスクをもたらす可能性があるという結果になったとしたら、その化学物質は削減または排除されなければならなかった。

以前の章で述べたように、毒性効果には通常は閾値用量があるにもかかわらず、EPAがリスク評価のために用いたモデルでは、低用量での閾値は存在しないという前提に立っていた。つまり、ごく少量の用量でも常にごく少量の発癌リスクがあるという見方だ。もし、PCB曝露による発癌リスクの一生を通じての増加が100万人に1人と計算されたなら、これは、たとえば飲料水汚染のような一般人口における広範な曝露にとって許容可能とみなせるリスクレベルだ。もっと少数の人々に限定された汚染については、最大1万人に1人というより高いリスクが許容できる。しかし最終的には、あまりにも小さくて、バックグラウンドの発癌リスクと比べると無に等しいリスクを予想するという結果になった。そしてこれが、発癌リスク評価のジレンマとなる。算出されたリスク値が、ほとんど無視できるくらい小さくなるため、その意味が理解しにくいのだ。仮定に基づいたリスクであるため、特にわかりにくい。そうしたリスクの算出には、ある者が一生のあいだに3分の1以上の確率で癌になることに比べれば一見非現実的な多くの前提が用いられている。

許容可能な発癌リスクとはどれくらいかというのは、興味深い質問だ。100万人に1人というのが許容可能なリスクだという結論に、私たちはどのようにして到達したのだろうか？　リスク評価という手法を始めたのはEPAではなくアメリカ食品医薬品局（FDA）だった。1962年のデラニー条項に対する薬品修正法案の「DES（ジエチルスチルベストロール）ただし書き」が、発癌性医薬品についてはFDAの承認した分析法によって検出可能な量が残留してはならないとした。DESただし書きのもとで、

ＦＤＡはＤＥＳのような発癌性を有する医薬品の食用動物への使用を、可食部組織中の残留濃度が検出不可能なほど低い場合に限って承認することができた。その程度なら、消費者への発癌リスクは微々たるものだろうと考えたのだ。当時の標準試験法はあまり感度がよくなかった。たとえ既存の技術では測定できなくても、食品中には危険なレベルの残留物が存在するかもしれないと規制当局は危惧した。そこでＦＤＡは、分析化学の進歩を利用して、より低濃度の残留物を測定する方法を開発した。許容可能なリスクレベルの定義は、食品中のそうした薬品汚染を測定する能力の向上と直結していたのだ。というわけで、「クリーン」は時代とともによりクリーンになった。

１９７３年にＦＤＡは１億人に１人というリスクレベルを採用したが、そのリスクレベルに対応する濃度の汚染を検出できる分析法はまだなかった。この厳しい基準はアメリカ国立癌研究所のネイサン・マンテルとＷ・ヘイ・ブライアンの発表論文をもとに採用された。ただし彼らは、このレベルのリスクを99％の確実性で証明するには、腫瘍のない動物が４億６０００万匹必要だろうと認めている（これは動物を高用量の化学物質で処理して、それをもとに低用量での結果を数学的に推測するという考え方が生まれる前のことだった）。ゼロに近いほど小さなリスクは、統計上、存在する化学物質が測定不可能な量であることを連想させた。ルイス・キャロルの『鏡の国のアリス』を引用するなら、次の一説がぴったりだ。

「その道に見える人は、いません」とアリスは言いました。

「わしもそんな目をもちたいものだ」と王様は怒ったような声で言いました。「いない人が見えるとは！　それもそんなに遠く離れているのに！　わしには、この明るさでも、ほんとうにいる人を見るくらいがせいぜいだというのに！」

どうやら、ＦＤＡ長官のドナルド・ケネディが、許容可能なリスクレベルに関する１９７７年の公聴会およびパブリックコメント募集のあと、このレベルを１００万人に１人とする選択を最初に行ったようだ。やがて分析技術の進歩に伴い、１９８７年に分析法感度手順（ＳＯＭ）と呼ばれる法令ができた。この法令は、無視できるレベルの発癌リスクを１００万人に１人というリスク増加と定め、残留物濃度の測定法を詳しく述べている。この許容可能なリスクレベルの実際の出どころについては、勝手な憶測だらけで、真相を突き止めるのは難しい。

のちにＥＰＡもこれらのリスクレベルを採用したが、許容可能なリスクレベルがなぜ現在の数値になっているのかを理解するための科学的な根拠はほとんど見当たらない。ＦＤＡの考案したレベルをＥＰＡがそのまま採用したという事実があるだけだ。ＥＰＡのスーパーファンド規制では、1万人に1人までの発癌リスクを許容可能としている。なぜ、場合によっては１００万人に1人以下の発癌リスクという基準を設定するのだろうか？　ＥＰＡの文書によると、一般集団については、１００万人に1人と10万人に1人の両方を許容可能リスクとすることができる。より小さな集団については、1万人に1人が許容可能とされている。

一般の人々に発癌リスクに関する話をするのはなかなか厄介（やっかい）な仕事で、その一つのやり方として「リスクコミュニケーション」と呼ばれる手法がある。１００万人に1人という発癌リスクの数値は、説明しやすい具体的な数字だ。というのも、当たる確率が１００万分の1より小さい宝くじ券に、お金を払う者がいる。つまり一部の人間にとっては、これは明らかにとるに足りない確率ではないわけだ。リスクを伝えようとする際は、これはリスクの上限にすぎず、100万人に1人とゼロのあいだのどこでもあり得るという論法を使うこともできる。でなければ、いずれにしろ40%のヒトが癌になることを考えると、そのリスクが40・001%になるだけだと言ってもよいだろう。発癌リスクの増加分を既知の災害リスクや事故率と比較してみても、不安を抱いている聞き手は納得しない。聞き手はたいてい算出されたリスクの数値に注目し、仮定ではなく現実の数値とみなす。

・・・

私たちがアメリカ保健財団で1992年に向き合ったリスク評価上の疑問は、学校を含む公共の建物における比較的低レベルのアスベストは公衆衛生上のリスクになり得るかどうかというものだった。この疑問に答えるため、私はリスクコミュニケーション、肺病理学、薬理学、毒性学、疫学の専門家からなる委員会を立ち上げた。委員には次のような人々が顔をそろえた。コロンビア大学リスク伝達センターのヴィンセント・コヴェロは、出版物あるいは公開の集まりで一般大衆とリスクを討論する最適の方法について、幅広い著作があった。ニューヨーク大学ストーニーブルック校病理学講座のマーヴィン・クシュナーは当時の大御所的存在で、1972年から1987年までストーニーブルック校医学部の学部長を務めた経験があった。コーネル大学薬理学講座のアーリーン・リフキンドと私は、ダイオキシンへの共通の関心を通じて会ったことがある。カール・ロズマンはカンザス大学薬理・毒性・薬物治療学講座から参加した。最後に、委員会にはゲイリー・ウィリアムズと私のほか、ハーバード大学公衆衛生学部疫学講座主任教授でありエルンスト・ウィンダーの親友であるディミトリオス・トリコポウロスが加わった。

委員会の目的は、公共の建物で測定されたアスベストのレベルと肺癌リスクとのあいだに有意の関連があるかどうか、そしてアスベスト封じ込めというEPAの方針が公共建築物における法的措置として正しいかどうかを見極めることだった。当時、アスベストを含むもろい材料が使われた非居住型の商業ビルが約50万棟あると推定されていた。

ＥＰＡの対処法は「運用と保全」と呼ばれ、アスベストの存在を検出したうえで、空中に飛散しないように保守管理を行うものだった。封じ込めに代わる方法はアスベストの完全な除去だったが、いくつかの研究で、除去作業が実は空気中のアスベストレベルを増加させることが明らかになっていた。そのうえ、使用が確認されたビルのすべてからアスベストを完全に除去するためのコストは、１９９０年時点で１５００億ドルに達する可能性があった。

ＰＣＢのように、大半の化学物質についてはリスク評価に動物実験が利用されたのに対して、このころにはアスベスト関連の肺癌および中皮腫の研究でアスベストの正しい測定値を用いたものがいくつかあった。そのため、疫学研究の結果から発癌効力係数を直接導き出すことができた。私たちは、公共建築物全体でのアスベスト曝露による肺癌および中皮腫症例の増加は、年におよそ2例だろうという結論に達した。この推定値はそうした建物の空気中レベルについて公表された広範な調査結果をもとに、高用量での発癌研究結果から極めて低用量の場合の結果を閾値なしで推測できるという前提に立ってはじき出したものだった。異なる前提条件を用いた別の推定値のなかにはこれより高いものもあったが、私たちの結論では、肺癌および中皮腫に対する公共建築物のアスベストの総合的な寄与は、肺癌全体の0・01%未満となった。

現状維持とは対照的に、アスベスト除去は、除去に必要な解体作業中にアスベストの空気中レベルの急上昇を引き起こし、リスクを増大させる。ところがこうした事実も、1993年の夏にニューヨーク市当局があらゆる学校の建物からアスベストをすべて除去しようとするのを止めることはできなかった。私は注意を呼びかけようとして、メディアに接触したり、委員会の論文を出版している『*Preventive Medicine*』誌から、出版前に私たちの結論について討論する許可を得たりした。スクールカウンセラーのラモン・C・コルティネスとともに地元テレビのニュース番組に出演までし、彼と協力して、一般市民に、危険を及ぼす可能性のある除去の代わりにEPAの保全手法を使うべきだと理解してもらおうとした。推定一億ドル以上もの除去費用があれば、ニューヨーク市の各学校に教員や健康相談員をもっと配置できるだろうとも指摘したものの、結局のところ無駄だった。

除去は夏休み中に完了するはずだったが、結局そのせいで、市の100万人の児童生徒のうち推定6万人が、自宅待機になったり別の学校に移されたりした。これはかなりの大きさの学区、サンフランシスコの学区くらいに相当する人数だ。115校が閉鎖され、何百校もが休校に追い込まれて、1億1900万ドル以上の費用がかかった。アスベスト除去後のニューヨーク市立校の再開は、最後は1993年11月半ばにずれ込んだ。『*New York Times*』紙によると、デヴィッド・ディンキンス市長をはじめ市の当局者は1993年のアスベスト発覚騒動に早々と過剰反応し、何カ月かかければもっと冷静な調査と浄化対策で解決できたはずの問題を破壊的な危機に変えてしまった、と市や学校関係者の多くが指摘した。子どもたちが学校に戻って来る前に教室を掃く先生の姿を紹介したテレビ番組を覚えているが、先生たちはまったくマスクをしていなかった。公立学校におけるアスベストについて私たちが確認したリスクはとるに足りないほど小さかったにもかかわらず、それが政策決定プロセスに反映されることはなかった。脅し戦術と政治的圧力によって、アスベストを除去するという誤った決定がなされ、科学はパニックに押されて後退してしまったのだ。

第20章

法廷闘争

労働者や患者、一般大衆への有害な曝露を阻止するほかの手立てがすべて失敗したとき、法的手段が発動される。健康や財産への被害に対して、人々が訴訟を起こすのだ。そして、ある者が被害を受けたかどうか、あるいは被害に基づく症状を以後医学的に監視する必要があるかどうかの判断が司法制度に委ねられる。この分野は有害物質不法行為訴訟と呼ばれ、人身傷害訴訟の特殊なタイプで、ある化学物質への曝露が原告に傷害または疾病を引き起こしたか、あるいは今後引き起こす可能性があるという申し立てがなされる。

申し立てに対する証明または反証のために、その疾病を専門とする毒性学者や疫学者、または医師が、しばしば専門家証人として出廷する。専門家といっても、その見解は偏っている可能性がある。そのため、専門家の証言は常に問題含みで、法制度によって専門家の代わりとして役割を果たす人々に関する基準と指針を開発しようという苦労が重ねられてきた。1353年に、ある外傷が暴力行為によって生じた傷害に相当するかどうかについて証言するために外科医が呼ばれた。当時、そうした専門家は法廷の補佐役とみなされていたが、17世紀には、どちらかの側を代表する証人として扱われるようになっていた。

専門家証人による証言を支える土台は法中毒学という学問分野にある。マシュー・オルフィラはヨーロッパ医学界において傑出した人物で、その著作は彼が専門家証人を務めるようになるずっと前から、法医学に対する大衆の認識の形成に強い影響を及ぼしていた。パリ大学医学部の学部長、医学校の創立メンバー、毒性学に関する数冊の参考書の著者、一流医学雑誌の編集者といった肩書をもち、多くの有名な中毒事件裁判の専門家証人を務めた。１８１３年４月の講義の最中に、彼は学生たちの前でヒ素を特徴づける沈殿物を得て、この毒物を有機液体やスープ、あるいはコーヒーやワインのような飲み物に混入すれば同じ結果が得られると断言した。

オルフィラは犬を使って数多くの実験を行い、毒の量や投与方法をさまざまに変えたり、解毒剤をテストしたりした。中毒症状に関する臨床データや、ヒトの死体解剖で確認された解剖学的損傷をまとめてもいる。オルフィラの代表作である『*A Popular Treatise on the Remedies to Be Employed in Cases of Poisoning and Apparent Death*（中毒および仮死症例に用いる治療法に関する解説書）』は１８１８年に出版された。パラケルススが同時代の医術や毒性学の実践に関して自分の考えを述べたように、オルフィラはヒ素や鉛、植物毒のための「無益なあるいは危険な」解毒剤の例を数多く挙げ、新しい解毒剤を提案するとともに、有効性が証明済みの古い治療薬を再び扱った。オルフィラはいくつかの有名な訴訟で専門家証人を務め、独自に改良したヒ素の検出法を使って、1838年のニコラス・メルシエ殺害と1840年のシャルル・ラファージュ殺害の真相究明を助けた。とはいえ、オルフィラは論争を避けることを望み、1843年以降は専門家証人となることを断った。

毒性学者や疫学者が無数の裁判で証言してきたが、専門家の証言は裁判官や陪審員にとって混乱のもとである場合も多い。1858年にはアメリカ連邦最高裁判所が、「経験上、専門家と称する人々からは反対意見がいくらでも得られることが明らかになっている」と述べた。皮肉なことに、裁判所の見るところ、専門家への反対尋問を含む証言の一部は役に立たず、「時間の無駄であり、裁判官と陪審員双方が忍耐で神経をすり減らし、問題を明らかにするのではなく混乱させている」。そのため、そうした証人の反対尋問にかける時間が制限されることとなった。結局、最高裁は1923年の「フライ対合衆国」審決において、専門家証人の証言をもっと綿密に調べるよう裁定を下した（訳注：ジェームズ・アルフォンソ・フライという黒人青年がある医師に対する計画殺人で証拠不十分のまま起訴された）。この訴訟ではうそ発見器を用いた証言が行われ、このときの裁定によって、専門家証言は関連する科学界によって一般に認められた原則や方法に立脚したものである場合に限り、証拠として採用されるという決まりができた。ただしこの裁定は、誰が何を、一般に認められた申し分のない科学と判断するかは、定義していなかった。

・・・

専門家証人の証言に関係する科学的原則を司法制度が深く掘り下げて調べるまでに、さらに50年の月日が流れた。妊娠中の吐き気や嘔吐の緩和に有効な処方箋不要の薬として、ベンデクティンという薬が1956年に売り出された。抗ヒスタミン剤のドキシラミンとビタミンB_6を組み合わせた薬剤で、どちらも以前から市販されていたため、当初はベンデクティンの大がかりなテストは行われなかった。この薬を飲んでいた女性から先天異常の赤ん坊が生まれたという症例報告を受けて、1969年に安全性を疑問視する声が上がり、1977年に最初の訴訟が起こされた。事態が本当に動き出したのは、1979年10月に『*National Enquirer*』紙が次のように報じたときだった。「恐ろしい先天異常の赤ん坊が何千人も生まれている。二人の乳児は生まれつき眼球がない。別の子は脳がない……この奇怪なスキャンダルはサリドマイド禍よりはるかに大がかりな事態に発展する可能性がある」。ベンデクティンを販売していたメレル・ダウ・ファーマシューティカルズ社は、裁判になった事件では三つを除いてすべて勝訴したにもかかわらず、増え続ける訴訟件数を受けて1983年に市場からこの薬を引き揚げた。1994年までに2100件を超える訴訟が同社に対して起こされた。

1984年、つわりを抑えるためにベンデクティンを飲んでいた女性二人が、重い先天異常のある子どもを産んだ。片方の女性の夫のウィリアム・ドーバートが両方の家族のほかのメンバーとともに、「ドーバート対メレル・ダウ・ファーマシューティカルズ」と呼ばれる裁判を起こした。予審判事は9人の専門家から提出された証拠を調べ、メレル社側の証人の証言だけを許可する裁定を下した。医師で疫学者でもあるその証人は、大勢の女性を対象にベンデクティン使用と健康への影響を調べた疫学研究を何十件も見直した結果、この薬剤と先天異常とのつながりを支持するデータはないという結論に達していた。原告側の専門家は動物実験でのデータと、この薬剤と胎児に害を引き起こす薬剤との化学構造の関連のほか、未発表の疫学研究の再分析も利用して、ベンデクティンが先天異常を引き起こす可能性を示すつもりだった。しかし判事は、13万人もの女性を対象とした発表済みの疫学研究が豊富に存在する以上、発表された疫学研究以外の証拠を認めることは正当ではないと判断したのだ。原告側は最高裁に上告したが、最高裁は下級審の判決を1993年に承認した。

起訴されたフライと裁判を起こしたドーバートとの重大な違いは、前者が専門家の用いた方法の一般的な受け入れ基準だけを考慮し、専門家の意見の内容を受け入れるかどうかは問題にしなかった点にある。ドーバートにおける最高裁の裁定では、判事には科学的証拠を評価し、専門家の提出した証拠の科学的な価値を判断することが求められた。さらにドーバートは、その証拠が裁判の争点に対して適切かどうかも問題にした。

たとえば、ミバエのＤＮＡが試験管内である化学物質に曝（さら）されると変異を起こすことを、ある科学者が証明したとする。ドーバートは、その結果が特定の人間での癌の発生に関連があるかどうかを問うのだ。

ドーバート裁定の結果、最高裁は予審判事に、信頼性に乏しかったり説得力がなかったりする科学的証拠をもっと積極的に審理から除外するよう指示した。ハリー・ブラックマン判事によって書面にされた多数意見では、科学と法廷の違いから、もっと選択的な許容基準が当然必要になるという考えが強調された。ブラックマン判事は次のように述べている。「法廷における真実の探求と、実験室における真実の探求とには重大な違いがある。科学的な結論は絶えず修正を受ける。それに対して、法廷は争いを最終的かつ迅速に解決しなければならない」。そして、科学的なプロセスにおいては幅広い情報を考慮に入れることは有用かもしれないが、法的なプロセスにおいてはそうではないと主張した。科学と法廷の目的が大幅に異なることを考えると、科学的な証拠を法廷で役立てるには何らかの調整が必要だろう。

ドーバート裁判の最終的な基準の一つは、女性の生殖器系に関する問題とも関連があった。乳房シリコーンインプラントだ。乳房組織の外科切除は以前から行われていたが、豊胸手術の最初の試みとして知られているのは1895年のドイツの例で、女性の背中にできた良性の脂肪腫が用いられた。その後も豊胸手術の試みは続き、さまざまな材料が試されたが、最終的にケイ素（シリコン）と酸素からなる骨格に炭化水素基が結合した合成樹脂のシリコーンが優れているとわかった。1961年にはシリコーンを直接乳房に注入すると感染症や炎症といった問題の発生が明らかになり、テキサス州ヒューストンの形成外科医のトーマス・クローニンとフランク・ジェローが、化学工業メーカーのダウコーニング社の協力で乳房インプラントを開発した。プラスチックの膜に包まれたシリコーンを胸部に入れるのは比較的簡単で、それまでに試されたどのタイプよりも自然な感触が得られた。アメリカでは乳房インプラントを入れた女性が1992年までに約100万人に達した。

その10年前の1982年に、オーストラリアのある医師がシリコーン乳房インプラントを受けた女性3人の自己免疫結合組織疾患を報告した。自己免疫疾患には関節リウマチ、全身性エリテマトーデス、強皮症、シェーグレン症候群などが含まれる。当初、こうした乳房インプラントの使用はアメリカ食品医薬品局（ＦＤＡ）の規制の対象になっていなかったため、医療用具のための通常の安全性データはなかった。１９８４年を皮切りにオーストラリアでは訴訟が相次ぎ、その後アメリカでも訴訟が起こされた。一方、ラルフ・ネーダー率いる消費者団体のパブリック・シチズンがこの件に関わるようになり、１９８８年に乳房インプラントの禁止をＦＤＡに請願した。１９９０年には、シリコーン乳房インプラントは何も知らない女性の弱みにつけ込む危険な考えだというセンセーショナルなメッセージが、リポーターのコニー・チャンのテレビ番組で流された。彼女がインタビューした女性たちは、乳房インプラントのせいで自己免疫疾患になったと主張し、危険な製品の販売を許したとして暗にＦＤＡを非難した。こうした状況を受けて、１９９１年にＦＤＡ長官の地位を引き継いだデヴィッド・ケスラーは、何らかの行動を起こさなければならないと決心した。１９９２年に、乳房再建術調査研究に参加する女性を例外として、シリコーン乳房インプラントの禁止令が出された。

オーストラリアで最初に訴訟を起こしたマリア・スターンの場合、裁判所は１９８４年にダウコーニング社に対して２００万ドルの賠償金の支払いを命じた。ほかにも多くの訴訟が起こされて裁判となり、１９９1年には連邦裁判所がマリアン・ホプキンスへの７４３万ドルの賠償金支払いを同社に命じた。１９９２年のＦＤＡの禁止令のあと、訴訟が津波のような勢いで急増し、その後２年のあいだに1万６０００件に達した。ダウコーニング社は自社のインプラントを市場から引き揚げ、残るはメンターコーポレーション社とマッガーン社の２社のみとなった。

シリコーン乳房インプラント関連のそうした自己免疫疾患を裏づける科学的証拠は、訴訟の勢いに比べると表れ方が遅かった。知られている最初の例は、１９５８年にシリコーンによる豊胸手術を受けた52歳の日本人女性だった。彼女は口腔乾燥症を発症する１９７４年までは健康体だったが、その３年後には手指の腫れとこわばり、関節痛、冬期のレイノー現象、そして最終的に強皮症を発症した。ゲルを満たした人工装具による豊胸手術後の自己免疫疾患を記した最初の症例集積研究が、１９８２年に報告された。ＦＤＡ公聴会が開かれたころには、自己免疫疾患と胸部インプラントの関連を支持する症例報告が１９９1年だけで１２０件も発表されていた。

１９９４年に、シリコーン乳房インプラントによる自己免疫疾患のリスクを調べた最初の疫学研究が、総合病院であるメイヨー・クリニックの研究者によって発表された。翌年までに7件の症例対照研究が報告され、それぞれが乳房インプラントを受けた女性の結合組織疾患のリスクを定量的に評価していた。7件のすべてが、乳房インプラントを受けた女性の自己免疫状態のいずれについてもリスクの増加を実証することはできなかった。

最終的に、シリコーンゲルを入れた容器の漏れや破裂によって傷害が起こったと主張する40万件以上の訴状が、アメリカの連邦裁判所や州立裁判所に提出された。シリコーンゲルが結合組織疾患または免疫機能障害をどの程度引き起こしたり悪化させたりしたのかに関する研究が進展中だったことを考えると、こうした訴訟は裁判所にとっては一種の挑戦に見えた。その研究を評価するには、毒性学や疫学のほかにも、免疫学やリウマチ学、化学、統計学などいくつかの科学分野の知識が必要だった。

そうした初期の訴訟のなかに、「オレゴン・ホール対バクスター医療法人」において審理された70件近い訴訟がある。裁判長を務めたロバート・E・ジョーンズ判事は、専門家集団の助けを借りて25の関節の動きを分析し、原告側の合同の専門家証人の証言を排除した。彼は基準を満たしていない証言の許容可能性について常によく考えていたため、専門家集団への指示はドーバート基準に準じて行った。そして技術顧問として、疫学のマーウィン・R・グリーンリック、リウマチ学のロバート・F・ウィルキンズ、免疫学および毒性学のマリー・シュテンツェル＝プーア、生化学のロナルド・マクラードの4人を任命した。4人全員を潜在的な偏見の徴候に関して検査してから自分の補佐役に任命し、原告側の専門家証言が信頼性のある科学的な方法に基づいているかどうかの判断に際して、専門家として助言してもらったのだ。

1996年12月26日にジョーンズ判事は法に関する歴史をつくった。このとき彼は、シリコーン乳房インプラントが自己免疫疾患を引き起こす趣旨の原告側専門家による証言をすべて排除した。法廷は主に、科学的知識の現状をふまえてそのように助言した4人の独立した専門家の意見に基づいて、その結論に達したのだった。

ドーバート裁定の利用のほかに、ベンデクティンおよび乳房インプラントの物語にはもう一つの共通点がある。問題となっている病状が、因果関係ではなく偶然の一致によってもたらされた可能性だ。ベンデクティンと先天異常の場合、1983年には世界中の推定3300万人の妊婦が吐き気や嘔吐を抑えるために、この薬剤を使っていたことを理解する必要がある。つわりの治療薬としてアメリカで承認された唯一の薬であり、1982年にはアメリカの妊婦の10人に1人が使っていた。また、アメリカでは毎年約5%の赤ん坊が何らかのタイプの先天異常を伴って生まれると推定され、その約半数は深刻な異常をもつ。単純に計算して、偶然の一致だけでも、ベンデクティンを服用した母親から生まれた100万人近くの赤ん坊が深刻な先天異常をもつことになる。

シリコーン乳房インプラントの場合、数多くの女性がそのインプラント治療を受けていて、自己免疫疾患は多くの女性が乳房インプラントを望んだり必要としたりするのと同じ年齢層に発症するという事実がある。メイヨー・クリニックでのある調査では、女性の8%以上が、シリコーン乳房インプラント訴訟に含まれていた炎症性自己免疫性リウマチ疾患の一つを発症することが確認された。再び単純な計算をすると、シリコーン乳房インプラント治療を受けた女性8万人が、たまたま、やがてそうした病気の一つになってもおかしくないことになる。したがって、そのような病気がまれではない場合には、たとえ薬剤や医療器具の使用または曝露のあとすぐに病気になったとしても、発症率だけから結論を導くのには極めて慎重になる必要がある。

・・・

法廷が次に扱うべきは、環境問題関連の訴訟における専門家証言の採用に関する問題だった。住宅地での環境汚染に関する訴訟の際に、そうした事態が浮上した。20世紀には鉄道の電化が進み、フィラデルフィア通勤鉄道網、南東ペンシルベニア交通局（SEPTA）、そして最終的に全米鉄道旅客輸送公社、通称アムトラックが北東回廊線を電化した。この訴訟の原告たちはペンシルベニア・パオリ操車場の近隣に長年暮らしていたが、そこは四半世紀以上にわたって鉄道車両の保守管理施設となっていた。ポリ塩化ビフェニル（PCB）には耐火性があったため、電気機関車のエンジンや車両のエアコンに動力を供給する大型変圧器に使われていた。装置に不可欠な保守管理に伴って操車場にPCB汚染が広がり、その土壌の一部はやがて周囲の住宅地に入り込んだ。

訴訟の原告たちはその近隣に長年生活しており、操車場の所有者だったSEPTA、アムトラック、ペン・セントラル鉄道だけでなく、ＰＣＢ製造会社のモンサント社、設備製造会社のゼネラル・エレクトリック社を相手どって、１９８６年に訴訟を起こした。訴訟はペンシルベニア東部を管轄する連邦地方裁判所で起こされた。原告は、将来の傷害へのおそれがもたらす精神的苦痛、将来の病気の可能性を減らすための医学的観察、土地にＰＣＢが存在することによる資産価値の低下などに対する損害賠償を請求した。医学的観察には定期検診、臨床検査、その他の診断などが含まれる。５日間の証言聴取ののち、ケリー判事は一人を除き原告側専門家全員の意見を排除する命令を下した。これは最高裁によるドーバート裁定が出る前のことだったが、判事はフライ裁定に準じて証言を排除した。控訴審ではケリー判事による排除の一部が覆されたものの、直前に出たばかりのドーバート裁定を用いて原告側専門家証言の多くが排除された。

とはいえ、控訴審で略式判決が覆されたため、訴訟は裁判にかけられた。公判は二部に分割された。ジョナサン・ハーの著書『シビル・アクション――ある水道汚染訴訟』（２０００年、新潮社）に描かれ、本書の第1章でも紹介したマサチューセッツ州ウォバーンのケースと同じだ。第1部では、原告たちのＰＣＢ曝露の度合いが一般集団より大きかったかどうかを陪審が裁定する必要があった。原告が深刻な曝露を受けていないとする被告側の論拠は、ＰＣＢに関する血液検査の結果をもとにしていた。アメリカ保健福祉省の有害物質疾病登録局が住民を調べて、その居住者たちの血中ＰＣＢレベルが一般集団より高くはないことを確認していた。これも第7章で紹介した小児の鉛レベル同様に、体内にいつまでも残る化学物質の血中レベルを測定して曝露を評価した例だ。鉛は骨の内側に大規模な貯蔵場所を形成するため体内に長く残るのに対して、ＰＣＢが長く残るのは脂肪中に貯蔵されることによる。ＰＣＢは脂溶性で、水溶性を高める代謝を受けないので、体から排泄されにくい。パオリ操車場の訴訟の当時は環境中のどこにでもＰＣＢが存在していたため、一般集団でも比較的高い血中ＰＣＢレベルが確認されたのだ。パオリの住民で測定されたレベルが一般集団より高くはないというので、この裁判の陪審は、住民が土壌中のＰＣＢに著しく曝されたという証拠はないという結論に達した。住民がパオリ操車場からのＰＣＢに著しく曝されたわけではないと陪審が認めたため、訴訟全体が却下されたのだ。

パオリ裁判は、有害な化学物質に曝されたと主張する人々に医学的観察が必要かどうかの判断に関して、重要な判例をつくった。医学的観察を行うための要件が、控訴審法廷による陪審への指示として、次のように明記された。

1 原告が、被告の過失行為によって、有害であることが実証済みの物質に著しく曝された。
2 原告が、曝露の直接の結果として、重大な潜在的疾病にかかるリスクの著しい増加を被っている。
3 リスクの増加により、定期的な検査が当然必要とされる。
4 疾病の早期発見および治療を可能かつ有効とする検診および検査の方法が存在する。

その後、専門家証言を許すべきかどうかの判断にドーバート審問がどんどん採用されるようになる。こうした傾向が訴訟手続きの健全化に役立っている。陪審が法廷で耳にすることは健全な科学に基づくものであるべきだ。そうでなければ、十分な情報を得たうえでの決定を行うための合理的な基盤がないことになる。残念ながら、州立裁判所ではしばしば、専門家証言に何の制約もなかったり、制約の少ない「フライ裁定」が用いられたりしている。どこで訴えを起こすかを決めるのは原告側弁護人だが、その人々は州だけでなく州内の管轄区域までもあちこち物色して、過去に無制限の専門家証言を許した場所を選ぶ。その結果、陪審が巨額の賠償金をはじき出すことになり、それが、アメリカで起きている爆発的な訴訟増加の誘因となっている。

第21章

戦争の毒性学

ここまで見てきた毒性学の使い方は、社会に利益をもたらすことを目的としていたと言えるだろう。だが、化学物質の有害な効果に関する知識は破壊的な用途にも応用できる。化学戦だ。そうした使い方を防ぐには、毒性学の陰の部分も理解する必要がある。何より大事なのは、私たち毒性学者が、自らの分野の暗部がいまも存在し続け、遺産の一部となっていると認めることだ。たとえば、アメリカ軍は自国の兵士を化学兵器に曝(さら)すという物議をかもす毒性学実験を行った。このような非情な実験が求められたのは、敵軍を無力化するのに必要な化学兵器の用量を見極め、どんな防護具があればそうした用量の化学兵器から兵士を保護できるかを知るためだった。

それらの実験は第一次世界大戦中に化学兵器が広く使用された結果、もたらされたものだった。1915年7月、ベルギーのイーペルという街の郊外の戦場で、化学戦という近代戦争の時代が幕を開けた。ドイツ軍が第一次世界大戦中の連合国に対し、塩素ガスを用いた大規模な攻撃を行ったのだ。これをきっかけに、敵対するどちらの陣営においても、化学兵器攻撃に対する防護具の開発だけでなく、いっそう効果的な化学兵器の製造をめざす動きが急速に高まった。最初に製造された化学兵器は塩素ガスとホスゲンだが、兵士の肺を守るように考案されたガスマスクが発明されたあとは効力を失った。

続いてマスタードガスと呼ばれるものが開発され、皮膚や目、肺に水疱を生じさせる性質が敵の無力化に利用された。マスタードガスは1917年7月にドイツ軍によって初めて使用されている。全身性毒物ではなく、効果を発揮するのに血中に取り込まれる必要がなかったため、ほぼ瞬時に作用した。また、分解しにくく、これは戦場では好都合だった。戦争中のマスタードガスによる兵士の損耗は40万人近くに至り、ほかのどの化学薬品よりもはるかに多い。第一次世界大戦中に使われた化学兵器すべてを合わせれば、9万人の死者と100万人の負傷者が出たと推定される。この犠牲者のうちアメリカ軍が約7万人を占めた。

アメリカは第一次世界大戦に参戦したあとの1917年に化学兵器の開発を開始し、新設のアメリカン大学およびワシントンD.C.のアメリカ・カトリック大学に研究室を設けた。ウィンフォード・リー・ルイスが開発を任され、次につくられた化学物質は彼の名にちなんで「ルイサイト」と呼ばれた。イギリスではひと足早い1916年にポートンダウンの施設で化学兵器の研究開発が開始された。

二つの世界大戦のあいだに、多くの国が化学戦の能力をさらに高めた。化学兵器の貯蔵を続けたのは、ドイツ、イタリア、日本、イギリス、フランス、ソビエト連邦、アメリカといった国だ。日本は第一次世界大戦中に化学兵器を使うことはなかったが、1930年代半ばまでに、塩素、ホスゲン、マスタードガスの炸裂弾を含め大量の毒ガス爆弾を製造していた。1935年10月にはイタリア軍がいまのエチオピアの国境を越えて侵入し、主にマスタードガスからなる化学兵器の使用に成功した。5万人のエチオピア人犠牲者のうち、推定1万5000人が化学兵器によるものだった。

・・・

アメリカ軍はマスタードガスが使用される可能性に備え、兵士を守る防護具を試験する必要に迫られた。そうした化学物質に曝された場合に兵士を守る方法を研究するため、陸軍省による試験プログラムが始められた。第二次世界大戦中の軍事試験プログラムには、約6万人の被験者が参加させられた。マスタードガスのパッチまたは化学物質の滴下が最もよく用いられた方法で、皮膚を守ったり除染したりする軟膏の効力が評価された。チャンバーと呼ばれる試験室を使用する試験では、用量反応関係を評価するために、兵士を小さな部屋に入れてマスタードガスに曝した。そうしたチャンバーすなわち試験室は気道を保護するマスクの性能を測定したり、皮膚を保護する目的で特殊な処理を施した衣服を試験したりするのにも使用された。兵士は繰り返し曝露を受けることもあった。皮膚に軽度から重度の発赤が生じるまで、連日または隔日に試験室に入ったのだ。アメリカでのチャンバー試験およびパッチ試験は、メリーランド州ベインブリッジのエッジウッド兵器工場、アラバマ州のキャンプシベール、バージニア州の海軍研究試験所、ノースカロライナ州の軍事基地であるキャンプ・ルジューン、パナマ運河地帯のサンホセ島で行われた。医学研究所によれば、1000人のアメリカ軍人が、戦場という条件下でも防護服が役立つかどうか見るための大規模な野外試験に参加した。

そうしたチャンバー試験または戦場での曝露の研究から、多様な曝露経路のそれぞれにおける用量反応関係情報が、軽度から無力化される程度までの効果について記録された。暑さと湿度はマスタードガスの皮膚への効果を強めることがわかった。乾燥した肌より汗ばんだ肌のほうが、深刻な効果が10倍も多く表れやすかった。目は、おそらく涙腺から出る水分のせいで皮膚より感受性が高く、角膜が損傷を受けた。肺への急性の影響は肺炎のような細菌感染症による死につながることがあった。

マスク、衣服、スキンクリーム、手袋など、さまざまな防護手段がテストされた。チャンバー試験では、いくつかの重要な疑問への答えが追究された。防護手段の効果はどれくらい長持ちするのか？ 環境条件は曝露にどう影響するのか？ どの程度の濃度のガスなら、炭素またはその他の化学物質を染み込ませた衣服によって中和できるのか？ 防護具の使用にもかかわらず、何らかの恒久的な被害が確認された事例もあった。

ドイツ軍は第二次世界大戦中にガスを使わなかった。その理由はいまだに議論の的だが、理由の一つが報復へのおそれであることは確かだ。ある説では、第一次世界大戦中に自軍の毒ガスを浴びた経験のあるアドルフ・ヒトラーが、自ら反対したのだという。途中で風向きが変わる可能性があるため、使用にはリスクが伴うのだ。連合国側でも、第一次世界大戦中に毒ガスに曝された経験をもつ一部の兵士が、毒ガスという魔神を解き放つことを渋った。結局、敵が使用しない限り毒ガスは用いないのがアメリカの方針となった。

・
・
・

第二次世界大戦時には、ドイツはマスタードガスだけでなく麻痺性の神経剤も貯蔵していた。サリン、ソマン、タブンなどの有機リン系神経剤は１９３０年代と１９４０年代にドイツ人科学者によって合成されたが、もともとは農業用殺虫剤として使うためだった。連合国側はそうしたものの存在を知らず、何の防護策ももたなかったので、ドイツがそれらを使わなかったのは幸いだった。第二次世界大戦が終わると、ロシア人がそれらの兵器の製造設備や人材を捕獲してソビエト連邦に移し、製造を続けた。第二次世界大戦とそうした出来事の発覚を受けて、アメリカ軍とイギリス軍はそのような化合物を軍事用に開発するための大がかりな研究プログラムを開始した。

有機リン系神経剤は基本的に無色無味無臭で皮膚への刺激性もないため、体内に取り込まれても深刻な徴候や症状が表れるまで犠牲者は気づかない。急性毒性が極めて高いことから、症状が表れてすぐに無力化または死に至る。こうした神経剤は化学的には有機リン系殺虫剤、たとえばクロルピリホス（ダーズバン、ローズバン）、パラチオン、マラチオン、アセフェート（オルテン）など、農薬として広く使われてきたものと似ている。その後開発されたＶＸは曝露経路の如何にかかわらず、あらゆる神経剤のなかで最も毒性が強い。

有機リン系神経剤は酵素のアセチルコリンエステラーゼの阻害を通じて、神経系に薬理効果を及ぼす。神経伝達の際には、神経伝達物質のアセチルコリンがシナプス前神経からシナプス間隙に放出される。このアセチルコリンがシナプス後神経の膜上にある受容体に結合し、こうして信号が次の神経細胞や筋肉に中継されるのだ。第２章で述べたように、ウミヘビの毒液はこの受容体を阻害することで効果を発揮し、獲物を麻痺させる。アセチルコリンエステラーゼはアセチルコリンを分解する役目を担っている。この酵素を阻害あるいは不活性化する化学物質は神経伝達物質のアセチルコリンを神経間隙に蓄積させ、神経刺激が連続する状態をもたらす。この連続刺激がやがて神経や筋肉の受容体の応答能力を失わせ、呼吸麻痺と死を引き起こす。

マスタードガスの実験では、効果は主にヒトで研究された。このガスの毒性効果がヒトの皮膚や目、気道に特異的に表れたためだ。しかし神経剤の場合、アセチルコリンエステラーゼへの作用メカニズムが動物とヒトで似ていたため、主に実験動物が用いられた。したがってアメリカでは神経剤に関する研究は、兵士と民間人の両方への使用が多少行われたほか、動物モデルについて行われた。人間の被験者をある程度保護するため、ヒトでの試験をする前に、少なくとも7種の動物にいくつかの経路で投与した。同じような試験プログラムがイギリスのポートンダウンでも行われ、第二次世界大戦後も続けられた。

アセチルコリンエステラーゼ阻害剤が化学戦の兵器として開発されたあと、1960年代および1970年代初頭に実施された軍の試験プログラムの一部は、神経毒の解毒剤の発見にあてられた。アトロピンのような薬剤は神経剤の効果の一部には拮抗するが、その他の効果には効き目がない。受容体を再び機能させることによって神経ガスの効果を打ち消すアセチルコリンエステラーゼ再活性化剤が、もう一つの治療法だった。

結局、アメリカは化学兵器の試験および製造プログラムを終了することになる。リチャード・ニクソン大統領が化学兵器および生物兵器製造の制限を1969年に命じ、化学兵器の備蓄を一部廃棄させた。1974年末には、アメリカ上院が化学戦に関する1925年のジュネーブ議定書の承認を可決した。そして1986年の国防総省権限法が、アメリカの致死性化学軍需物資および薬品の備蓄を1994年9月30日までに廃棄するよう命じ、その権限を国防長官に与えた。

・・・

マスタードガスはもっと最近の紛争でも使われたことがある。1963年から1967年にかけて、エジプト大統領のガマール・アブデル・ナセルがイエメンに対して使用した。1980年から1988年のイラン・イラク戦争では、イラクの指導者サダム・フセインによって、マスタードガスと神経剤がイラン軍および自国のクルド人に対して再び大量に使用された。イラク南部でのイランによる攻撃に対して、イラクはマスタードガスと神経剤を使った。1988年3月にはフセインがハラブジャの町の周辺で3200人から5000人のクルド人を殺害し，何千人も傷つけたが，そのほとんどは民間人だった。

実験動物や兵士での実験で神経剤について多くのことがわかったとはいえ，神経剤への高濃度曝露の効果に関する最高の資料を提供したのは，サリンガスを用いた日本での二つのテロ事件だった。1994年6月27日の深夜，日本人テロリストが長野県松本市中心部に近い住宅地で，トラックの荷台に載せたヒーターとファンを使ってサリンの蒸気を拡散させた。約600人の住民および救助隊がサリン曝露による急性症状（急性コリン作動性症候群）を起こした。58人が入院し，253人が医療支援を求め，7人が亡くなった。

1995年3月20日の朝には，オウム真理教という宗教的な動機をもつカルト集団が三つの地下鉄路線の五つの車両内でテロ攻撃を行い，サリンを放出した。攻撃は通勤のピーク時に合わせ，日本政府の官庁街の下を通る地下鉄が集中する地点を狙って行われた。通勤客11人が殺害され，5000人以上に救急医療対応が必要になった。被害者はアトロピンおよびアセチルコリンエステラーゼ再活性化剤による治療を受けた。

　化学兵器について、私たちはいわば危険な魔神を壜（びん）から出してしまった。アメリカをはじめとする国々によるそうした武器の備蓄の廃棄は、この地球的な脅威を終わらせるのに大きく貢献する可能性がある。できることなら、たとえ大勢の兵士を守るという目的のためであっても、兵士が化学兵器の実験に二度と使われることのないようにしたい。既存や新規の化学兵器のための動物試験を研究したり、改良したりすることで、兵士のリスクを減らすことができるだろう。シリアの備蓄化学兵器が最近廃棄されたことで、そうした有害物の最後の主要な供給源が排除されたと考えられている。しかし油断はできない。使用を抑制しようという努力にもかかわらず、そのような兵器がシリアで使用されているという徴候が続いている。

パート４

毒性学における未完の研究とは何か？

フランクリン：ああ！　おお！　ああ！　こんなに痛い思いをさせられるなんて、いったい私が何をしたというのか？
痛風：いろんなことをね。野放図に飲んだり食べたりしたうえ、体をすっかり甘やかして、楽ばかりしていたでしょう。
フランクリン：そんなふうに私を責めるのは誰だ？
痛風：それは私よ、誰にでも公平な私、痛風ですよ。

——ベンジャミン・フランクリン『プア・リチャードの暦』

最後となるこのパートでは、現代の毒性学において最も興味深い難題をとり上げ、それを歴史的な背景に照らして考えてみよう。初めに、現代の危機的な薬物過剰摂取（オーバードーズ）の問題につながるアヘン中毒の歴史を振り返る。この過剰摂取の問題は、薬物検査が話題にのぼるとき以外は毒性学でも産業医学でもほとんど注目されない。しかしながら、より広範な、より掘り下げた議論に値する問題である。厳しい法的処置による対策をとったとしても効き目がないことが明らかである以上、もっと科学に力点を置いた議論が必要だろう。

次にとり扱うのは大気汚染のもたらす有害な効果で、これは気候変動との極めて重大な関連性を抜きに考えることはできない。化石燃料の生産および燃焼によって引き起こされた気候問題と健康には切っても切れない関係があることを、毒性学者はますます意識するようになっている。化石燃料の使用による有害な大気汚染という差し迫った明白な問題は、気候変動の長期的で、いくぶんあいまいかと思われる効果より、もっと緊急でわかりやすい変化をもたらす引き金となる可能性がある。

続くいくつかの章では、ヒトの病気の研究や治療のモデルとして動物を使うことにまつわる複雑さや問題点を扱う。これは本書全体を貫くテーマでもある。第24章では動物モデルに関する全般的な問題、すなわち癌の発生や化学療法剤を含めヒトの病気の研究との関わりを探る。動物モデルでのこうした研究結果をヒトに当てはめようとしても、多くの場合は失望させられる結果に終わっている。とはいえ、動物を用いた研究のほうが容易なため、相変わらず盛んに使われている。第25章と第26章では、動物実験や培養細胞を用いて化学物質を試験して、ヒトへの発癌性やホルモン効果を予測しようとする試みをとり上げる。それらの試験結果をヒトに応用するにはメカニズムに関する広範な研究がさらに必要だが、たいていはそうした探究が欠けている。そのうえ、政府の規制当局の多くはその手の必要性に気づいてもいない。化学物質の試験については、従来の齧歯類（げっしるい）を用いたバイオアッセイ（生物検定）に代わっていくつか期待のもてるものが提案されており、第27章で紹介する。ただし、それらの代替法をヒトの病気に応用するには検証が必要だろう。最終章では疾病予防の今後の方向を探り、一部の未解決の公衆衛生問題にもっと毒性学を活用するよう提案したい。化学物質の毒性効果に関する私たちの研究は、病気とその予防戦略の理解に計り知れない進歩をもたらした。しかし残念なことに、その知識を実際に使おうとすると、個人のレベルでも政治のレベルでも、しばしば手ごわい障害が立ちはだかる。

第22章

アヘン製剤と政治

薬物の中毒と過剰摂取は、私たちが直面する最も深刻で解決困難な公衆衛生上の危機的な二つの側面と言えるだろう。アメリカでは２０１４年に、薬物の過剰摂取による死者が記録に残るそれまでのどの年よりも多くなった。２０００年から２０１４年にかけて、アメリカの50万人近い人々が薬物の過剰摂取で亡くなっている。２０１４年、薬物の過剰摂取によるアメリカの死者数は、交通事故の死者の約１・５倍となっている。過剰摂取による２０１４年の死者の61％が、ヘロインなど何らかのタイプのオピオイド（アヘン類縁物質）によるものだった。なぜ私たちはこのような窮地に陥ったのだろう？それに対して毒性学には何ができるのだろう？　その後の３年間も死者は増え続け、２０１７年には７万２０００人に達して、２０００年から２０１４年の平均の２倍となった。最近の増加はフェンタニルのような合成オピオイドに由来する。それに比べ、過剰摂取による死者が３０００人未満だった１９７０年には、アメリカの都市でヘロイン中毒という疫病が猛威を振るっていると指摘され、リチャード・ニクソン大統領が「麻薬との闘い」を宣言した。クラック（高純度のコカイン）の蔓延が最盛期に達した１９８８年に記録された死者は５０００人未満だった。

おそらく、毒性学の問題のうちで薬物乱用に対する方針ほど、政治的な要素をたっぷり含むものはないだろう。政治に関して厄介(やっかい)なのは益よりも害になる場合が多い点で、アヘンと政治が一緒になると特にそうした傾向がある。そこへ過剰摂取や、中毒者の多くにつきものの犯罪や不道徳というステレオタイプの問題が加わって、私たちはいまや、毒性学、社会学、精神衛生、法制度、政治が複雑に絡み合う事態に直面している。とはいえ、まずはアヘンの歴史と研究に目を向けて、これらの化学物質がなぜ毒性効果を引き起こすのかを明らかにしよう。

植物のケシから採れる乳液の乾燥物が初めて記述されたのは、古代エジプト医学の最初の記録である『エベルス・パピルス』だ。紀元前約1500年に書かれた『エベルス・パピルス』には、それより1000年またはそれ以上前から行われていた治療法が記され、ケシが頭痛薬および麻酔薬として役立つとある。「子どもの過度の泣き叫びを防ぐ薬」という記述もある。アヘンは古代ギリシャの時代から、人々を楽しい気分にさせるのにも使われてきた。ギリシャ語の「*opion*」はケシの汁を意味し、ホメロスの叙事詩『オデュッセイア』には次のような描写がある。「ゼウスの子ヘレネに新しい思いつきが浮かんだ。彼らのワインを汲み出す壺に、すべての嘆きや怒りを追い払い、いさかいの記憶をことごとく消し去る薬を投げ入れよう……彼女はいま、彼らが飲むワインに薬を投じ、あらゆる苦痛と怒りを鎮め、あらゆる悲しみの忘却をもたらす」。そしてパラケルススはケシのさまざまな処方で実験を行い、ケシに含まれるアルカロイドが水よりもアルコールにはるかに溶けやすいことを発見して、痛みの緩和効果を大幅に改良したアヘンのチンキ剤をつくった。彼はその製剤を、「称賛する」という意味のラテン語の動詞「*laudare*」にちなんで「*laudanum*」と呼んだ。

アヘンはケシ、学名「*Papaver somniferum*」の花弁の落ちた未熟果から採れる。果実に切り込みを入れて汁を染み出させ、乳液が乾いたら集める。1803年にドイツ人薬剤師のF・W・ゼルチュルナーがケシの活性成分を分離し、ギリシャ神話の夢の神モルフェウスにちなんで「モルフィーン」と名づけた。モルフィーン（モルヒネ）は未精製のアヘンのおよそ10倍も強力であることがわかった。

アメリカでアヘンやモルヒネの使用が増えたのは、南北戦争中に兵士の治療に使われたからだというのが通説となっている。その当時モルヒネ注射は比較的まれで、

１０００万錠近いアヘン錠剤が北軍の部隊に支給された。戦後に注射器が入手しやすくなってモルヒネの注射ができるようになると、１８６５年から１８９５年にかけて兵役経験者の中毒が増加した。また、この時期にアヘンやモルヒネを含んだ特許取得医薬品がますます多く出回るようになった。

イギリス人のＣ・Ｒ・オルダー・ライトは１８７４年にモルヒネ誘導体の実験を行い、ヘロインとも呼ばれるジアセチルモルヒネをつくり出した。とはいえ、フリードリッヒ・バイエル社のドイツ人薬理学者ハインリヒ・ドレセルが１８９８年にその合成を第70回ドイツ博物学・医学会議で報告するまで、この発見はそれほど注目されなかった。当初この薬は粉末の形で使われ、肺炎や結核のような呼吸器疾患に経口投与された。咳を劇的に軽減し、努力性呼吸に強い鎮静効果を示すことがわかったためだ。ヘロインはモルヒネより治療指数がはるかに大きく、致死量が治療用量の１００倍だという誤った報告もあった。モルヒネ中毒の治療薬として使えるともされたが、結果は当然、ヘロイン中毒だった。バイエル社は自社の研究室で誕生したもう一つの有名な化合物、アスピリンとともに、ヘロインを多くの言語で宣伝した。

アヘン製剤は医薬として用いられただけでなく、精神を変容させるその性質がますますもてはやされるようになる。アメリカではもともと気晴らしのためのアヘンの吸引は、1850年から1870年のあいだには主にアヘン吸引の長い伝統をもつ中国人移民に限られていた。1870年以降は中国人移民以外にもアヘン中毒が広がり、特に売春婦、ギャンブラー、軽犯罪者に多く見られるようになった。しかしやがて上流階級、特に資産があって職業に就く必要がない「有閑階級」もアヘン吸引の魅力に引きつけられるようになった。1821年に出版されたトマス・ド・クインシーによる『阿片常用者の告白』(2007年、岩波書店)が、知識人のあいだのアヘンの使用にいくらか影響を与えたかもしれないが、これがアメリカにおける中毒にどの程度寄与したかは明らかでない。

・・・

アヘン吸引を抑制するための法的努力が1880年に始まり、このときニューハンプシャー州は輸入アヘンに対する関税を引き上げる法案を検討した。1909年にアメリカはアヘンの輸入および所持をすべて禁止したが、これは中毒者がより粗悪なモルヒネやヘロインに流れるという予期せぬ結果を招いた。その結果、20世紀初頭には娯楽のためのヘロイン使用が増え、まもなく注射も使われるようになった。注射では、陶酔感も過剰摂取によって死ぬ可能性も大幅に高まる。1917年にはニューヨークのベルビュー病院のチャールズ・ストークスが、診察したヘロイン中毒者の18人中10人が皮下注射器を使って薬物を摂取していたと報告している。

1914年のハリソン麻薬法はアヘンとコカの葉およびそれらの派生物に税金をかけることを目的としていた。登録医には、処方あるいは投与した薬物を法令に従って記録することが求められた。エドワード・M・ブレッチャーが書いた『*Licit & Illicit Drugs*（合法および違法薬物）』には、「1914年には議員の誰一人、連邦議会が成立させようとしている法案がのちに禁止令とみなされることを理解していなかっただろう。医師を保護するための規定に、『当人の専門的診療過程に限り』という語句に隠れてカムフラージュ条項が含まれていたのだ」と記されている。法執行機関はこの条項を、アヘン製剤は痛みに対しては処方できるが、アヘン中毒の管理のためには処方できないという意味だと解釈した。アヘン中毒は法的には病気とはみなされなかったのだ。こうした見解が、アヘン製剤を用いて中毒患者を治療しようとした医師の起訴や収監につながった。

中毒を治療が必要な病気とみなす考え方は、アメリカでは1919年に広がり始めたが、これはハリソン麻薬法が成立したあとのアヘン製剤供給の逼迫がもたらした一つの結果だった。いわゆる麻薬中毒者クリニックが誕生し、ヘロイン、モルヒネ、アヘンなどの摂取を維持しながらその他の病気の治療も提供することによって、アヘン製剤中毒者の治療をするようになった。そうしたクリニックの多くは結核や性病、精神疾患の治療施設に増設する形でつくられた。必要性は大きく、ニューヨーク市ワースストリート・クリニックを訪れた中毒者は開設後3カ月で3000人に達した。残念ながら、ここもほかのクリニックの大半も、中毒者は犯罪者であって患者ではないと考える財務省によってすぐに閉鎖された。

大きな成功を収めた施設の一つが、ルイジアナ州シュリーヴポート最大の病院であるシャンパート・メモリアル・サニタリウムにあるウィリス・バトラー医師のクリニックだった。彼がアヘン製剤中毒者の治療にあたってまず行うのは、薬物の使用中断を防ぐことで、次に医学的な問題に対処した。そして臓器的な疾患が制御されてから、中毒すなわち精神的な疾患に注意を集中した。正常な生活を再開する能力があるとみなされた患者については、静脈注射の用量をゆっくり減らし、時には経口アヘン製剤や鎮静剤を用いて、薬物からの離脱を楽にしてやった。最終的に薬物が必要なくなると、患者は観察のため最長1カ月間病院に拘束された。医学的問題のない患者の一部は入院当初から解毒を開始する。財務省の役人はバトラー医師への嫌がらせを繰り返し、最後に残った彼の麻薬中毒者クリニックも、成功とみなされていたにもかかわらず、1923年に閉鎖に追い込まれた。

その後40年間、オピオイド維持療法がアメリカで再び見られることはなかった。1964年になって、医師のヴィンセント・ドールとマリー・ニスワンダーが、約24時間持続する合成アヘン製剤のメサドンによるヘロイン中毒者の治療を始めた。ニューヨーク市にあるロックフェラー研究所での実験的な中毒治療プログラムだった。もともと代謝疾患が専門だったドールは、メサドンの効果を糖尿病患者に対するインスリンや関節炎患者に対するコルチゾンの効果になぞらえている。精神科医のニスワンダーはドールとともに、ヘロイン中毒者は器質性（臓器）の病気になっているのであって、中毒だからといって必ずしも精神的な支障をきたしているわけではないと説明した。

1968年にドールとニスワンダーは、4年間に750人の中毒犯罪者を治療した経験を『*Journal of the American Medical Association*』誌に発表した。二人の観察によると、中毒者がかなりの用量のメサドンで徐々に安定化すると、アヘン製剤離脱症状を経験せず、ヘロインを切望することもなかった。また、ヘロインを注射してもハイにならなかった。こうして、「メサドン封鎖」という理論が生まれた。メサドンはオピオイド作動薬だが、用量を徐々に増やしていくとオピオイド耐性が生じた。高用量のメサドンは、注射されたヘロインなどその他のオピオイド類の効果に対する「拮抗薬」としても作用したのだ。したがって、メサドンはヘロインによる過剰摂取を防いだ。モルヒネ維持療法と比べてメサドンが便利なもう一つの点は、日常的な処方薬として経口摂取できることだった。

メサドン維持療法の真の革新は、当時の唯一の治療法だった単なるヘロイン禁断療法ではなく、医学的、社会的、精神的リハビリテーションに重きを置く点にあった。それまで40年間続いた対処法、すなわち、まず薬を断たなければならず、どんなものであれ薬物を摂取しているうちはリハビリテーションなど不可能だとされていたやり方を、ひっくり返したのだ。メサドン維持療法の背景にある考え方は、シュリーヴポートの街にあったバトラーの40年前のヘロインクリニックと似てはいるものの、もっと遠くを見据えていた。バトラーは、患者がヘロインで安定化したあとは、仕事や家庭、地域社会での責任ある立場、価値観などを通じて安定した生き方を獲得できるだろう、そうすれば、ヘロインをやめて薬物のない状態になることが可能だろうと信じていた。これに対して、ドールとニスワンダーはメサドンによる長期の、しばしば一生涯続く維持療法を提案した。糖尿病患者のインスリンによる維持療法に似ている。その結果、１９７０年以降は禁断療法よりメサドン維持療法がアヘン製剤中毒の治療法の主流になっている。

・・・

リチャード・ニクソンは1971年6月17日、アメリカ大統領直属の薬物乱用予防特別行動室（SAODAP）の立ち上げをもって、薬物に対する宣戦布告をした。これ以前は、連邦政府の薬物乱用研究はアメリカ国立精神衛生研究所（NIMH）のもと、約10人の専門家が配属された麻薬および薬物乱用研究センター（CSNDA）で行われ、臨床研究はケンタッキー州レキシントンの中毒研究センターで実施されていた。SAODAPはベトナムからの帰還兵などヘロイン中毒者の広がりを受けて設けられ、シカゴ大学の精神科医にして薬物研究者のジェローム・ジャッフェが責任者となった。同時に、ホワイトハウスはこの最優先の活動を細かく牽制し続けた。のちにウォーターゲート事件の「配管工部隊」での役割で悪名をとどろかせるエジル（バッド）・クローが、SAODAPのあらゆる活動を直接の監視下に置いた。

SAODAPの目標は、政府のあらゆる機関、あらゆる部署における薬物乱用の防止、研究、治療に関わる活動をすべて、5年にわたって連係させることだった。ジャッフェはＳＡＯＤＡＰの早期の人員増強を迫られたが、それには１００人を超える人材の雇い入れが必要になる見込みだった。アメリカ国立衛生研究所（ＮＩＨ）には声をかけられる医師が大勢いたため、ジャッフェは公衆衛生局国立精神衛生研究所の将校だったアラン・グリーンを自分の補佐役に指名した。２年後の１９７３年４月、私もＮＩＨでの公衆衛生局の職を離れ、当時は生化学研究の調整にあたっていたグリーンの後任となった。このときまでに、メサドン維持療法はヘロイン中毒治療の標準的な治療法となっていた。連邦政府は地域社会の治療プログラムや退役軍人局のプログラムの拡充を支援し、メサドン維持療法やその他の薬物療法を全国で提供した。さらに１９７３年にはアメリカ国立薬物乱用研究所（ＮＩＤＡ）がつくられて、ＳＡＯＤＡＰの活動が継続されるとともに、薬物乱用の研究と治療がより恒久的に重要視されることとなった。

アヘン製剤中毒の研究、治療、予防のためのＳＡＯＤＡＰの予算は、１９７１年の1億４６５０万ドルから１９７５年の4億４６９０万ドルへと膨らんだ。現在の貨幣価値では20億ドル以上になる（２０１７年のＮＩＤＡの予算は約10億ドルだった）。それに対して新設の麻薬取締局（ＤＥＡ）は１９７３年に年間予算７５００万ドルで業務を開始したが、2014年にはその予算額は約20億ドルになっていた。

SAODAPやNIDAの資金はどのような種類の研究にあてられていたのだろう？ジョンズ・ホプキンス大学医学部のソロモン・スナイダーによるアヘン製剤受容体の発見は、簡単ではなかった。ウミヘビ毒のブンガロトキシンとアセチルコリン受容体に関する実験ほど簡単でなかったのは確かだ。違いはアヘン製剤の結合の程度と特異性にあった。ヘビ毒が特異的かつほぼ不可逆的に受容体に結合するのに対して、脳内にはアヘン製剤受容体が比較的少ないうえ、アヘン製剤は全身の多くの部位に非特異的に結合する。スナイダーが突破口を見つけたのは、放射性標識をつけた拮抗剤のナロキソンを使ったときだった。ナロキソンはアヘン製剤より強力に、アヘン製剤受容体の一つのタイプに結合したのだ。

アヘン製剤受容体は痛みの感じ方を弱めるだけでなく、全身のそのほかの機能にも関与している。その一つに自律神経系の呼吸制御系があり、アヘン製剤受容体が強く刺激されすぎると、呼吸が抑制されてしまう。神経筋接合部を阻害するヘビ毒とは対照的に、アヘン製剤は中枢神経系の呼吸調節に影響を及ぼすのだ。とはいえ、アヘン製剤が多すぎた場合の最終的な効果はヘビ毒と同じで、呼吸停止による死となる。

次のステップはアヘン製剤受容体がなぜ正常な脳にも存在するのかを突き止めることで、脳で生成されてアヘン製剤受容体に結合する化学物質を同定する研究も行われた。そうした内因性物質を見つけるのには困難が伴った。著しく濃縮された状態で存在するヘビ毒と違って、脳の重量のごくわずかな部分を占めるにすぎないと推測されたからだ。研究者はおびただしい数の脳を処理して数種類の物質を精製し、それらをテストして、アヘン製剤の効果をもつかどうかを見極めなければならない。最終的に、アミノ酸5個からなる小タンパク質のようなペプチドが2種類、スコットランドのアバディーン大学のハンス・コスターリッツおよびジョン・ヒューズ、それにケンブリッジのレンズフィールドロードにあるケンブリッジ大学化学研究室の化学者ハワード・モリスによって確認された。これらのペプチドはエンケファリンと呼ばれ、アヘン製剤受容体に結合した。その後、もっと大きな別のポリペプチドのエンドルフィンが明らかにされた。こちらは別のアヘン製剤受容体に結合し、外因性の薬物であるアヘンやモルヒネ、ヘロインと同じような多様な作用を全身に及ぼした。

・
・
・

メサドンの大きな問題は、24時間しか効果が続かないことだった。そのため中毒者は治療クリニックに毎日通って管理された用量を投与してもらうか、何日分かの用量を家に持ち帰るかする必要があった。持ち帰りによってメサドンの違法な取引が生まれ、新設のDEAと地元警察はメサドンを使うクリニックを閉鎖するよう、圧力をかけるようになった。薬物研究者のジャッフェはほかの研究者とともにもっと長く作用するレボ・アルファ・アセチルメタドール(LAAM)と呼ばれるアヘン製剤を研究しており、それは週に3回の投与で済んだ。これで、家に持ち帰るというやり方と、その結果としてメサドンが治療クリニックから町なかに流れる事態を抑制できる見込みが高まった。

アメリカ国立癌研究所による化学療法剤の開発を別にすれば、LAAMは、ほかの研究所、この場合はNIDAが開発を望んだ「オーファンドラッグ」の、最初とまではいえないものの、最初の部類の一つだった。NIDAは、3000人の患者を用いた研究と合衆国食品医薬品局(FDA)への新薬承認申請の提出を含む開発の最終段階を、大きな製薬会社に手がけさせたいと考えていた。薬剤の独占販売権という好条件を餌に引き受け手を探したが、残念ながらヘロイン中毒者という小規模な市場はあまりにも魅力に乏しく、大手の製薬会社はどこも研究とその後の販売を引き受けたがらなかった。私の会社のほかに名乗りを上げたのは1社のみだった。このときまでに私は政府を離れ、政府から受注した、鉛含有塗料の中毒防止に関する仕事に励んでいた。そこで私はLAAM契約に入札する決心をした。唯一の競争相手もやはり製薬会社ではなくコンサルティング会社で、どうやら研究をするための専門知識も妥当な計画ももたないようだった。

私は契約を勝ち取ったが、最大の問題は研究の遂行とはまったく関係のないところにあった。それはワシントンの政治だ。当時、暴露記事で有名なジャック・アンダーソンというジャーナリストがいて、『*Washington Post*』紙をはじめ全国の多くの新聞に記事を書いていた。彼はそのころ私の契約を監督していたジミー・カーター政権を一貫して攻撃していた。ホワイトハウスの報道官ジョディー・パウエルは、アンダーソンが「無謀なほど無責任」な記事を書くようになり、カーター政権に対する「血の復讐」を企ているると非難した。

アンダーソンはNIDAを徹底的に調べ、1978年7月1日付の記事でLAAM研究を扱った。記事の大半は、ロサンゼルスの一部のクリニックが患者に研究への参加を強要し、適切なインフォームドコンセントを得ていないと非難するものだった。私はこの件に関してクリニックを追跡調査しており、適切な手続きがなされたと確信していた。どんなタイプの治療プログラムであれ、ヘロイン中毒者に続けさせるにはある程度の微妙な強制が必要だという認識も得ていた。アンダーソンは記事の最後にほとんど余談のような形で、私が不正に契約を受注し、納税者の金で薬剤という贈り物を受け取っているとほのめかした。

この記事の余波は大したことがなく、下院議員のジョン・モスによって公聴会が開かれたものの、この件は棚上げとなった。ところがその翌年に、もっと大きなトラブルが起こる。下院議員のヘンリー・ワックスマンが保健および環境に関する小委員会の委員長になったときの出来事だ。彼のスタッフだった人物がアンダーソンの同僚だった新聞記者のハウイー・クルツと相談して、1979年3月27日に私のLAAM契約に関する公聴会を開いた。そしてNIDA所長のウィリアム・ポーリンに対して、なぜ契約に伴って、費用負担ならびに薬剤の販売や配布をするという誓約と引き換えに薬剤を受け取る権利が私に与えられたのかに関する情報を要求した。ポーリンはワックスマンの質問に答え、自分たちの活動を擁護した。公聴会の翌日、クルツは一連の記事の第1号を現在は廃刊になっている『*Washington Star*』紙に発表した。タイトルは「合衆国薬物乱用対策機関、保健委員会を激怒させる」というものだった。結局、政治的な批判があまりにも加熱しすぎ、私たちの契約の担当者であるジャック・ブレーンとその上司のピエール・ルノーが支えたにもかかわらず、保健・教育・福祉省長官のジョセフ・キャリファーノはワックスマンの要求に屈して、女性を研究に含めるという契約内容修正の中止を決めた。

そのころには私はすでに、何千ページにもなる報告書と何箱もの患者データを含む、ヒトへのLAAMの使用に関する新薬承認の申請書を提出済みだった。『*Washington Post*』紙が「連邦契約：繰り返される軽率さと浪費」という記事を載せ、私へのいわれなき非難は解消された。プロジェクト担当官のジャック・ブレーンの言葉を引用すると、「事態をややこしくした原因は政府の官僚主義にある。政治というやつだ。肝心なのは、契約の引受人が非常によい仕事をしたということだ」。とはいうものの、私の請負なしでも継続できると政府が考えたにもかかわらず、薬剤の開発はその後勢いを失った。数年後にＮＩＤＡは私の同僚のアレックス・ブラッドフォードと契約して、研究の残りを完了させた。薬剤は新薬承認申請が通った１９９３年以降に市場に出回り、クリニックで使われて成功を収めた。

のちに、心電図での異常所見から致命的な心室不整脈の可能性が報告されて、ＬＡＡＭとメサドン両方の潜在的な心臓への効果に関する懸念が高まった。こうした心臓への副作用に照らして、ヨーロッパ医薬品庁（ＥＭＡ）は２００１年にＬＡＡＭの販売承認の一時停止を勧告し、ＦＤＡはＬＡＡＭのラベルに「ブラックボックス警告」（黒色の枠で囲まれた警告文）を追加するよう求めた。ヘロイン使用の抑制にＬＡＡＭが非常に効果的であることを示す研究がその後いくつか発表され、心臓不整脈の潜在的なリスクが本当にＬＡＡＭの利点を上回るのかどうかという議論が再び盛んになった。問題は政府が心電図で人々をスクリーニングしなければならなくなることで、それにはお金がかかる。

・・・

１９７７年初頭にメサドンを投与された患者は9万人と推定され、そのほか6万人がおおむね麻薬なしのリハビリテーションプログラムを受けた。これらの患者の多くは退役軍人で、退役軍人局クリニックで治療を受けていた。１９７７年に比べて、１９９３年のメサドン維持療法患者の数は9万人から11万７０００人に増えただけだった。ＳＡＯＤＡＰとＮＩＤＡの当初の努力のあと、ヘロインの蔓延が小康状態になったことを反映しているのかもしれない。しかし２００３年にはその数が22万７０００人に増え、２０１５年には35万７０００人になった。その他のアヘン製剤による中毒の割合の爆発的な増加のせいだ。治療の選択肢としては依然としてメサドン維持療法が効果的な方法だったが、専門のメサドン治療クリニックでしか受けられなかったため、利用は限られていた。

では、アヘン製剤中毒の治療にはほかにどんな選択肢があるのだろうか。別の合成オピオイドであるブプレノルフィンは、部分的なオピオイド作用しかもたない。つまり、ヘロインやその他のオピオイド鎮痛剤の効果をブロックするものの、オピオイド渇望と禁断症状を引き起こす。ブプレノルフィンはスケジュールⅢ規制物質として認可された薬品で、コデイン含有タイレノールと同じグループに分類され、制限はあるものの、医師が通常診療で処方することができる。そのため、オピオイド中毒の維持療法薬としては最も利用しやすいかもしれない。最近のオピオイド蔓延を考えると、幸いと言える。

ナルトレキソンはまた違うタイプの維持療法薬で、アヘン製剤拮抗薬による維持療法に用いられる。この薬は、アヘン製剤受容体をブロックして作動活性をほとんどもたないナロキソン(ナルカン)の長時間作用型と見ることができる。したがって、患者がアヘン製剤をやめてから投与する必要がある。最終的に認可されたのは、LAAMの開発を完成させた調査官のブラッドフォードとNIDAの尽力による。当初の経口投与薬はあまり成果があがらなかった。中毒者はその服用を中止すれば、1日か2日後にはヘロインでハイになることができたからだ。現在では筋肉内注射薬のビビトロルとして返り咲いており、効果は1週間続く。

２００1年以降のポルトガルでの出来事が、アヘン製剤中毒危機に対するまた別の解決策と、犯罪中毒者が引き起こす問題の防止法への青写真を示してくれる。この年、ポルトガル議会はあらゆる薬物の使用と単なる所持を解禁した。その結果、中毒者はもう犯罪者とはみなされなくなった。ただし、薬物の販売は依然として非合法だった。つまり、ポルトガルはアメリカ連邦麻薬局初代局長のハリー・アンスリンガーが起草した国連条約を破棄したわけではなかったのだ。薬物使用が解禁されたあと、大失敗に終わるだろうという見方が広がった。ポルトガルの法執行機関職員、たとえばリスボン麻薬捜査班のチーフであるジョアン・フィゲイラのような人々は、薬物使用が爆発的に増えるだろうと考えた。ところがフィゲイラはのちに、「我々が恐れていたような事態は起こらなかった」と認めている。

実際、事の次第は法執行機関の役人を仰天させただけでなく、新法の支持者をも驚かせた。法的な制約なしに薬物使用を評価できるようになってみると、薬物使用者の90％には深刻な問題はなく、ほうっておいてよいことがわかり、助けが必要な10％の中毒者に力を注ぐことができるようになった。そうした中毒者に適切な支援を提供するため、薬物との闘いの戦力は治療プログラムのほうに向きを変えた。薬物の使用と所持を標的とした法執行機関活動のためのこれまでの支出が、中毒の治療のために使われるようになったのだ。

この過激な対処法はどのような結果をもたらしたのだろうか？　第一に、中毒者の人生が一変した。常習者たちはもはや、次回の麻薬注射のために盗みを働く者たちではなかった。注射による薬物使用が半減して、問題のある薬物使用者の数が減り、過剰摂取の件数もかなり減ったうえ、ＨＩＶ感染者の割合が当初の半分以下になった。薬物使用に関連した路上犯罪は事実上、姿を消した。中毒者はメサドンでの治療中か、中毒からの回復中だったからだ。さらに助けになったのが、中毒者だった人間を雇用すれば1年間の大幅な税制優遇措置を受けられるようになったことだった。

というわけで、アヘン製剤の蔓延や過剰摂取の問題には新しい解決策がいくつかある。ただし、事態を悪化させる新しい難題もある。1991年には、ニューヨーク地区での多人数を巻き込む過剰摂取事件のなかでも最悪の事件の一つが起こり、ヘロインとして売られていた強力な合成ドラッグのフェンタニルで17人が亡くなった。フェンタニルは何十年も前から手術中の患者の鎮静剤として使われている。ヘロインの100倍も強力で、実験室でヘロインよりも安価に製造でき、アメリカへの密輸もヘロインよりたやすい。最近ではフェンタニルが主な懸念のもとになっている。2013年から2014年にかけて、メサドンが関わった死者の割合には変化がなかった。ところが、天然または半合成オピオイド系鎮痛薬、ヘロイン、メサドン以外の合成オピオイド（たとえばフェンタニル）関連の死者はそれぞれ、9％、26％、80％ずつ増えている。

要約すると、アヘン製剤中毒と過剰摂取はいまだに社会の極めて厄介な問題の二つであり続けている。薬物乱用の治療を行うにはまず前提として、中毒になっている人々が医学的な不調や精神疾患、あるいは社会的な状況に関連した問題を抱えていると考えるべきであることを、私たちは学んだ。薬物中毒は過剰摂取や禁断症状による死や衰弱につながるおそれがある。したがって、中毒者を治療プログラムに参加させ、根底にあるあらゆる医学的な不調、とりわけ薬物中毒のそもそものきっかけとなった病状に対する適切な治療を提供することが重要だ。ところが、政府の法執行機関側は中毒者を犯罪者として扱い、その治療にあたる医師にも疑いの目を向ける。この問題の解決には、ポルトガルで用いられたような、既存の枠にとらわれない考え方が必要だろう。

第23章

気候変動の毒性学

私が小児科のインターンだった1970年、ブロンクス市立病院の小児救急治療室の廊下には子どもたちが毎日列をなしていた。ほとんどは喘息の子どもたちだ。ある意味で、喘息患者は非常に扱いやすい患者だった。いつもの手順に慣れているから、診察や治療をほとんど嫌がらない。そうした子どもたちはちゃんと息ができずに苦しい思いをしていて、一回のエピネフリン注射で楽になることを知っていたのだ。ただ、緊急治療は可能だし効果があるといっても、こういう幼い喘息患者のほとんどはまた病院に戻って来るのが常だった。同じ日にまた来る者さえいた。

子どもたちはなぜ、あのような苦しみを味わうことになったのだろうか？　喘息は複雑な病気だが、重要なリスク因子の一つは大気汚染で、ブロンクスでは主にトラック燃料と暖房用含硫石油の燃焼がその原因だった。いまでは、二酸化硫黄と水蒸気が混ざると硫酸ができ、それが肺の細い気道の収縮を引き起こすことがわかっている。硫酸には上気道粘膜を覆う液体に捕捉されやすい性質があるため、その影響はいっそうひどくなる。これらのメカニズムが合わさった結果、子どもたちの呼吸、特に呼気が困難になったのだ。これを1952年に実験で初めて明らかにしたニューヨーク大学のメアリー・

アムドラルは、フェイスマスクを介して男性たちをさまざまな濃度の二酸化硫黄に曝す実験を行った。その後、ロチェスター大学のマーク・ユーテルらが患者を実験室内で曝露させ、喘息患者は健常成人の約10倍も硫酸エアロゾルに感受性が高く、都市の大気中に普通に観測される硫酸濃度で呼吸がかなり妨げられてしまうという研究結果を得た。この結果は、ワシントン大学のジェーン・ケーニッヒらによって、マウスピースを介した二酸化硫黄投与で確認された。

二酸化硫黄を含んだ大気汚染による健康への影響は最近の現象ではない。家庭の暖房のために使用された含硫石炭による著しい環境汚染については、19世紀にロンドンに住んでいたチャールズ・ディケンズをはじめ多くの作家が書いている。1950年代には冬期にロンドンが長期間、濃霧に包まれることがあり、180メートル先も見えないほどだった。聖バーソロミュー病院の医療スタッフが、この濃霧は煙と二酸化硫黄の両方を高濃度で含むと報告している。1952年12月には、濃霧に起因する総死者数が大ロンドン地区で推定約4000人に達した。1954年から1955年における冬の濃霧による死者数は約1000人と報告されている。死者の大半は気管支炎によるものとされたが、新生児と高齢者が圧倒的に冒されやすかった。当時は喘息、現在では気管支炎と呼ばれるものとを統計上区別していなかったが、いまから考えると、この病状の多くはおそらく二酸化硫黄に関連して悪化した喘息だろう。

石炭が燃えると、二酸化硫黄に加えて多環芳香族炭化水素（ＰＡＨ）も生じ、ニッケルやクロム、ヒ素、水銀のような金属も放出される。これらのＰＡＨは、パーシヴァル・ポットが陰嚢癌の原因であることを突き止めた煙突の煤中に見つかったのと同じ発癌性化学物質で、煙草の煙にも見つかっている。ニッケル、クロム、ヒ素といった元素もヒトの発癌性物質として知られている。こうした発癌性物質はそれより大きな粒子と結びついているため、発電所の煙突からの排気を適切に処理すれば、放出を許容レベルにまで減らすことができる。粒子の捕獲には二つの方法が用いられる。空気のろ過は「バッグハウス」で行われ、排気を巨大な真空掃除機のバッグのようなものに通す。電気集塵では排気を電極のあいだに流して粒子をマイナスに帯電させ、プラスに帯電した集塵器に吸着させる。

そうした対策も、大煙突の温度では気体になってしまう水銀にはあまり効果がない。

したがって、水銀は石炭燃焼による大気汚染の抑制にとって頭の痛い問題で、費用のかかる追加の手段が必要になる。水銀は神経系や腎臓に影響を及ぼすため、石炭紀植物からの水銀放出の抑制が公衆衛生対策の大きな焦点の一つとなっている。大気中に放出された水銀は淡水の中でメチル水銀に転換されることがあり、魚を食べることで、このはるかに毒性の強い形態の水銀が人体に取り込まれる可能性がある。胎児や小児の神経系がその影響を最も受けやすい。

考えなければならないのは石炭の燃焼による大気汚染だけではない。石炭採掘に伴う危険は何世紀も前から記述されてきた。聴診器の考案でよく知られているフランス人医師ルネ・ラエンネック（1781～1826）は、炭塵の吸入が時には致命的な病気を引き起こすことを発見した。彼はこれをメラノーシス（黒色症）と呼んだが、一般には黒肺塵症（こくはいじんしょう）として知られている。炭鉱夫特有の病気による年間死亡者数は、1990年から2013年にかけては世界全体で年に2万5000人から3万人と推定されている。

エネルギー生産による気候への影響の分析は必然的に政治的なものとなり、好ましい変化はなかなか訪れない。また、将来予測はどうしても抽象的な議論になりがちなため、科学的な証拠によって変化をもたらす展開は難しい。その一方で毒性学者は、気候変動にも寄与している化石燃料の生産および燃焼が、たとえば小児科救急治療室にあふれる喘息患者のように、個人のレベルでも深刻かつ直接の有害な影響をもたらすことに気づいている。つまり毒性学は、気候変動と大気汚染による喘息という一見無関係な二つの問題には共通する単一の直接的原因があるのだと、重要な洞察を提供する。化石燃料のもたらす影響を、はるか遠くの極地の氷冠の縮小とか、沿岸の都市の緩慢な水没といった観点から思い描くのは難しいかもしれないが、社会の最も弱い一員に病気という重荷を課している事態を理解するのはたやすい。これから見ていくように、毒性学は、徐々に大きくなる気候変動の原因と結果が産業衛生と環境衛生の両方に直接の関わりをもつことを、私たちに示してくれる。

・・・

念のため、気候変動の基本的知識をここで簡単に述べておこう。化石燃料を燃やすと、喘息を引き起こす二酸化硫黄のほかにも化学物質が生成される。最も多いのは二酸化炭素で、大気中に蓄積する。日光が大気に射し込むと熱が発生するが、通常この熱は一部が地表を暖めるのに使われ、残りは大気を通って宇宙空間に放出される。ところが化石燃料の燃焼による二酸化炭素が大気中に蓄積していると、この熱の放出が妨げられる。これは温室効果と呼ばれ、地球温暖化の大きな原因となる。

温室効果による気温の上昇がもたらす影響は国際的に大きな懸念の的となっている。コロンビア大学公衆衛生学部の「気候と健康カリキュラム」を引用するなら、「気候変動は、地球の大気、地域エコロジー、社会構造、ヒトへの曝露や行動などにおける変化を含む複雑なメカニズムを通して、健康に影響を及ぼす」。たとえば気候変動による影響の一つとして、恐ろしい病気を媒介する蚊が将来広がる可能性がある。地球が温暖化するにつれ、特にネッタイシマカとヒトスジシマカの生息域が拡大する。両種ともシマカの亜属で、ジカウイルスのほか、デング熱や黄熱病、西ナイル熱、チクングンヤ熱、東部ウマ脳炎のウイルスを運ぶ。

1991年に、当時ラトガー大学ロバート・ウッド・ジョンソン医科大学院にいたバーナード・ゴールドシュタインとオレゴン州立大学のドナルド・リードが、化石燃料の燃焼による二酸化炭素濃度の上昇に伴い、健康に地球温暖化の影響が出るだけでなく、都市部では肺疾患を引き起こす厄介（やっかい）な大気汚染物質の濃度も上昇することに気づいた。化石燃料による健康への影響と気候変動とのつながりを調べる研究の開始が、1997年に世界資源研究所のデヴラ・リー・デイヴィスの企画した会議で決まった。粒子状物質の問題が主要なテーマとして選ばれたのは、これが化石燃料の燃焼に関連した大気汚染の標識物質と考えられるからだ。このグループは予測される通常の粒子状物質放出による地球全体での健康影響を、先進国は二酸化炭素排出を2010年までに1990年レベルより15%減らし、発展途上国は10%減らすという削減目標に応じて、計算した。その結果、2020年までに世界全体で年に70万人の死を防ぐことができるようになるだろうと予測している。

気候変動による健康への影響を調べたもっと最近の研究がほかにもいくつかあるが、この概念はまだ一般にはほとんど理解されていないように思われる。2001年に発表された報告書の一つが、簡単に利用できる技術によって化石燃料からの排出物を減らす温室効果削減政策を採用した場合、地域にどの程度の健康上の恩恵がもたらされるかを、メキシコシティ、サンチャゴ、サンパウロ、ニューヨークシティといった場所で調べている。その後20年にわたって粒子状物質およびオゾンが減らされた場合の健康への影響の変化を推定したのだ。すると、そうした政策の結果、約6万4０００人の早すぎる死、6万5０００人の慢性気管支炎症例、3７００万人の欠勤またはその他の社会活動制限が避けられるだろうという結果になった。経済的にも、大気汚染の削減の効果は大きいはずだ。２０１３年に報告されたアメリカ環境保護庁（ＥＰＡ）の研究では、アメリカの全発電所による化石燃料由来の健康被害の総合的な経済的対価は、年に推定３６１７億ドルから８８６５億ドルとなっている。

・・・

化石燃料の燃焼によるもう一つの環境汚染物質はオゾンだが、その生成過程はもっと込み入っている。オゾンは、空気中にあって生命を維持する酸素（O_2）が酸素原子2個からなるのとは違って、酸素原子3個からなる反応性の高い酸素の気体分子（O_3）だ。空気は主に酸素と窒素を含み、高温で物が燃えると酸素の一部が窒素と反応して窒素酸化物ができる。こうしてできた亜酸化窒素が日光の紫外線によって分解され、分解によってできた酸素原子が空気中のほかの酸素分子と反応して、オゾンを形成する。燃料の燃焼によるその他の生成物で揮発性有機物と呼ばれるものが、このオゾン形成プロセスを促進する。

私たちが呼吸している空気中のオゾンには、適切な呼吸に欠かせない肺の小さな空気嚢である肺胞を破壊する力のあることが、いまではわかっている。ワシントン大学の研究者らは、実験室を用いて患者を二酸化硫黄に曝す研究と同様にして実験し、オゾンに曝された被験者が、その後二酸化硫黄の効果に対して感受性の増加を示すことを発見した。トロント大学のネスター・モルフィーノらの観察によって、大気中オゾン濃度が高い日には喘息患者のアレルゲンへの感受性が増すことが明らかになっている。ジョンズ・ホプキンス大学ブルームバーグ公衆衛生大学院で行われた調査では、揮発性有機物が放出される可能性のある水圧破砕も、喘息の突然の再発と関連のあることがペンシルベニアで確認された。

私が子ども時代を過ごした1950年代のロサンゼルスでは、ただ深呼吸をするだけで、何かが肺を傷つけているのがわかった。そのとき感じていたのはオゾンだったのだが、当時はスモッグと呼ばれていた。ロサンゼルスでの主な犯人は石炭の燃焼ではなく自動車の排気ガスだった。排気ガスに含まれる窒素酸化物がオゾンの生成を促進していたのだ。発電所での天然ガスの燃焼も、二酸化炭素に加えてオゾンを生成させる。燃やすにはベストな化石燃料という評判にもかかわらず、天然ガスは気候変動と健康への直接の悪影響の両方に関与しているのだ。新しくて効率のよい天然ガス火力発電所では通常の新たな石炭火力発電所に比べて、確かに二酸化炭素の排出が50％から60％少なくなる。また、天然ガスは石炭と違って二酸化硫黄や粒子状物質を生成せず、水銀も放出しないので、総合的に見て健康への悪影響は少ない。石油は有毒物質の生成と温室効果の両方に関して、石炭と天然ガスのあいだに来るようだ。

しかし、天然ガスについては健康上の新たな問題が浮上している。『*New York*

Times』紙が、水圧破砕を用いた天然ガス生産によって起こった大気汚染がワイオミング州の農村地帯で問題になりつつあると報じた。ワイオミングは２００９年に州の歴史上初めて、大気の質に関する連邦基準を満たせなかった。原因の一部は、大半が２０００年代に掘削された約２万７０００基の天然ガス採掘井に起因するオゾン濃度にあった。エネルギー産業のトラック交通量の多さによる窒素酸化物と併せて、揮発性有機物が、州の人口の少なさにもかかわらずヒューストンやロサンゼルスよりも高いオゾン濃度をもたらしたのだ。さらに、揮発性有機物は天然ガスにも含まれ、ワイオミング州のウインドリバー・マウンテンの地理的条件が、ロサンゼルスの周囲の山脈と同じようにこうしたガスの拡散を妨げる。こうして、１９５０年代のロサンゼルスで感じられた息苦しさがいまや、２km^2にたった２人しか住んでいないワイオミングの農村地帯で感じられるようになってしまった。

　水圧破砕は石油および天然ガス産業で、採掘井からの産出を促進するために用いられる。方法としては目新しいものではないものの、天然ガスの抽出技術の改良に伴い、この20年で利用が劇的に増えた。大量の水と砂を高圧で採掘井に注入し、硬い岩石層を破砕して石油や天然ガスを井戸に流出させる。大量に使用される砂は、井戸あたり1万トンにのぼることもある。アメリカ国立労働安全衛生研究所（NIOSH）の現地調査によって、水圧破砕中に作業員が高濃度の吸入可能な結晶質シリカを含む砂に曝され、珪（けい）肺症（はいしょう）を発症するおそれのあることが明らかになった。これは第4章で扱った坑夫のかかる肺疾患と同じものだ。

水圧破砕をはじめとする天然ガス生産のもう一つの大きな問題はメタンの放出だ。天然ガスの主成分であるメタンは強力な温室効果ガスで、大気中に熱を捕捉する効果は二酸化炭素の30倍から60倍にもなる。天然ガス生産にはメタンガスの漏出がつきもので、貯蔵タンクや輸送パイプラインからの漏れがしばしばかなりの量になる。一部の生産現場ではパイプラインと配送システムに入る前の段階でさえ、約4％のガスが大気中に漏出していることが確認された。このメタン問題は、天然ガスが石炭より優れているという計算結果の一部をひっくり返す。石炭の採掘では、メタンはそれほど放出されないからだ。

現地での影響に話を戻すと、地下水への影響にはまだ言及していなかったが、水圧破砕によって飲料用の井戸水が汚染される可能性がある。地中に注入されるのは水と砂だけではない。ほかに、イソプロピルアルコール（消毒用アルコール）、2-ブトキシエタノール（車の内装のプラスチックのメンテナンスに使われる）、エチレングリコール（不凍液）といった化学物質が広く使用されている。2005年から2009年にかけて石油および天然ガスサービス会社が使った水圧破砕用製品には、私たちの既知あるいは潜在的な発癌性物質29種が含まれていたが、それらはヒトの健康へのリスクから飲料水安全法で規制されているか、または排ガス規制法で有害な大気汚染物質とされている化学物質だった。その29種の化学物質が、水圧破砕に用いられる650種以上の製品の成分となっていた。

・・・

主要な大気汚染物質は国家環境大気質基準（NAAQS）によって規制されている。この基準は1971年に、二酸化硫黄、窒素酸化物、オゾン、粒子状物質、鉛、一酸化炭素の空気中濃度に上限を設けるために定められた。当初からオゾンには最も厳しい上限が課され、1971年以来、規制濃度はそれほど変わっていない。二酸化硫黄と窒素酸化物の許容濃度は多少引き下げられたが、NAAQSで最も大きく変わったのは粒子状物質の許容濃度で、特に微小粒子状物質の許容濃度に変化があった。

空気中の微小粒子状物質は呼吸器疾患の主な原因となり、化石燃料、なかでもディーゼル燃料の燃焼によって生じる。微小粒子状物質は直径が2・5ミクロン以下の粒子という意味でPM2・5と呼ばれ、肺の深部にまで到達できるほど小さい。この微小粒子状物質にはPAHや発癌性金属が含まれるため、肺癌のリスクももたらす。PM2・5が深刻な脅威となるのに対して、空気中のもう少し大きな粒子でPM10と呼ばれるものは環境中のありとあらゆる種類の塵埃（じんあい）からなるが、肺にはそれほど損傷を与えない。吸い込んでも上気道で大部分が取り除かれるからだ。この作用を行う粘液産生細胞と線毛細胞が粒子を捕捉して上方へ運び、飲み下せるようにする――考えるとあまり食欲をそそるようなものではないが、別の道をたどった場合より安全なのは確かだ。

ブリガム・アンド・ウィメンズ病院とハーバード大学医学部の研究者らが、アメリカ全土の36都市での入院状況を調査した。すると、微小粒子状物質およびオゾンの濃度の短期変動が、特に暖かい気候の時期には、肺気腫および肺炎による入院と関連があるとわかった。ロマリンダ大学公衆衛生学部の科学者も、オゾンおよび微小粒子状物質の濃度の上昇に伴う肺癌の増加を研究している。スモッグに関するロマリンダ大学のアドベンティスト・ヘルス・スタディは特に参考になる。ロマリンダ大学では、喫煙や飲酒をせずベジタリアン食を好むというような、画一的で比較的リスクの低い生活習慣因子をもつ人々の充実した医療記録が利用できるからだ。この研究では、カリフォルニアのヒトの肺癌発症リスクの増加が、男女ともに微小粒子状物質および二酸化硫黄の大気中濃度の長期の上昇と関係があり、また男性ではオゾン濃度の上昇と関連のあることが確認された。リスクの増加は、オゾンおよび微小粒子状物質については3倍、二酸化硫黄については2倍以上だった。ハーバード大学環境科学科および公衆衛生学部の科学者による最近の研究で、PM2・5およびオゾンへの短期曝露が、たとえ現在の一日基準よりずっと低い濃度であっても、死亡率の増加、特に感受性の高い集団の死亡率の増加と関連があるという証拠が見つかっている。

エネルギー危機に対応して、ジミー・カーター政権のもとで「クリーン・コール・テクノロジー」構想が生まれ、アメリカのエネルギー需要をまかなう実行可能な方法とみなされた。石炭は通常のタイプの大気汚染物質のほかに「大気毒性物質」も放出する。これはNAAQSではカバーされていなかったが、一部の州や地方規制機関が許容濃度を設定し始めた。そこにはヒ素、クロム、ニッケルのような元素と、ベンゼンやトルエンのような揮発性物質が含まれていた。1990年までに約10の州が水銀の許容濃度を決めていた。新規発電所の大気モデルには、発電所から大気中に放出される量の予測が求められた。

1990年に議会が排ガス規制法を改正して、水銀、ヒ素、カドミウムを含む189種の大気毒性物質を規制する権限をEPAに与えた。排ガス規制法はEPAによるそうした物質の規制に根拠を与えはしたものの、EPAが水銀排出の許容濃度を提案するには数年かかった。するとこれらの基準の正当性に異議が申し立てられ、争いの場は徐々に上級の裁判所に移っていった。業界団体はこの件で最高裁に働きかけ、政府は約600万ドルの恩恵にあずかるために年間96億ドルのコストを押しつけていると主張した。ＥＰＡはこの意見に反論して、そのコストで何百億ドルもの恩恵が生まれると述べた。コストや恩恵の計算値の大幅な食い違いは、政治的な情報操作がいかに公衆衛生上の決定に影響し得るかを示している。幾度かの法廷闘争ののち、最高裁は２０１５年６月に規制を無効にしたが、そのころには全国の石炭火力発電所で環境規制の大半が実施されていた。しかし法廷では、ＥＰＡによる評価には不当にもコストの検討が十分に含まれていないことが見つかり、それを行うよう求められた。２０１８年末にＥＰＡは、水銀放出の削減による健康上の恩恵の予測値を８００億ドルから約５００万ドルに引き下げるという極端な修正案を発表した。コストのほうは約80億ドルだった。

・・・

次に、また別のエネルギー生成手段に目を向けてみよう。原子力エネルギーは水力、太陽光、風力と並んで、地球温暖化に影響しないという特徴がある。原子力はアメリカでの低炭素電気エネルギー生産の最大の源であり、世界では水力発電に次いで2位を占める。これら二つもそれぞれ固有の問題を抱えている。水力発電には目に見えるほどの毒性学的な問題あるいは健康問題はなく、問題は主に住民の立ち退きや生態系への影響、建設中の事故に関わるものだ。

原子力で最も懸念されるのは事故による放射能漏れだ。痛ましいことながら、この事実に関する私たちの知識のほとんどは過去の事故による汚染から得られている。昨今までの重大な放射能漏れ事故を研究することで、原子力発電所の壊滅的な損傷による癌のリスクを推測できる。ウクライナのチョルノービリ（チェルノブイリ）原子力発電所は１９８６年４月26日に大きな事故を起こし、短寿命のヨウ素-131や長寿命のセシウム-134とセシウム-137を含む数種類の放射性核種の放出を招いた。これらの放射性核種が遠くまで運ばれ、ベラルーシ、ウクライナ、ロシア連邦西部だけでなくヨーロッパ各地にも深刻な汚染をもたらした。この事故は20世紀最大の技術的災害と考えられている。

いくつかの研究が、チョルノービリ事故によってヨーロッパでは２００６年までに１０００に及ぶ甲状腺癌の例と、その他の癌の４０００例が引き起こされた可能性があり、これは癌の全症例の0・01%にあたると指摘している。モデル予測によると、この事故による2065年までの甲状腺癌は約1万6000例、その他の癌は2万5000例となる。ポリ塩化ビフェニル(PCB)除染基準のリスク評価のところで見たように、予測をする際には、用量だけでなく、影響を受ける集団の妥当性に関連した前提も結果を左右する。したがって、予測値には大幅な不確かさがついて回る。チョルノービリ事故の場合、予測値は甲状腺癌については3400例から7万2000例、癌全体については1万1000例から5万9000例と幅がある。

これらのリスク予測には、チョルノービリの事故現場に派遣された即時対応者の急性被曝は含まれていない。現場の恐ろしい状況はスヴェトラーナ・アレクシエーヴィチの『チェルノブイリの祈り』(2011年、岩波書店)に詳細に記されている。彼女はこの著書で、2015年にノーベル文学賞を授与された。原子炉部分の除染に割り当てられた34万人の軍関係者は、満足な装備もなしに相当量の放射線に被曝した。最悪の被曝を受けたのは原子炉の屋根にいた3600人で、燃料やグラファイト、コンクリートを取り除く作業にあたっていた。

原子炉は3メガトンから5メガトン級の爆弾並みの爆発を起こす危険があった。爆発していれば、キーウ（キエフ）、ミンスク、そしてヨーロッパの多くの地域が人間の住めない場所になるほど、遠くまで放射能が広がっていただろう。そのため、何人かが放射能を帯びた水のプールに飛び込んで、水がウランと黒鉛の区画に入らないように安全弁のスライド錠を開かなければならなかった。使命を受けた者たちは最後には爆発を防ぐことに成功したが、アレクシエーヴィチが書いているように、「その人々はもうこの世にはいない」。

原子力発電の毒性のもう一つの側面はウランの採掘で、以前から健康問題と関連があるとされてきた。ウランに富む鉱石からラドンガスの娘核種（むすめかくしゅ）粒子が放出され、地下鉱山の天然のエアロゾルに付着し、肺癌の原因となる。アメリカ最大のウラン産出地であるニューメキシコ州グランツのウラン採掘者について、肺癌死亡率の増加による医療コストを計算したところ、総医療コストは1955年から1990年の採掘期間について2240万ドルから1億6580万ドルと幅があった。

化石燃料と比較する際には、太陽光や風力のような再生可能エネルギー源に伴うリスクも考えてみたほうがよい。風力や太陽光による発電技術はいまのところ、気候や健康に影響がないとしてもてはやされている。しかし、この技術の発展は風力タービン部品に欠かせない希土類元素（レアアース）に高度に依存している。再生可能エネルギーにはエネルギーの貯蔵技術も必要で、フロー電池にはまた別の希少金属であるバナジウムが使われる。そのうちに、鉄含有電解質のフェロシアン化物のような代替品をバナジウムの代わりに使えるようになればよいと思う。

世界の重希土類元素供給量の95％は中国で採掘されている。その半分は中国南部の反社会勢力に支配された不正操業によると推測され、残りを適法な国有鉱山が主に生産している。そうした操業の健康リスクに関して十分な情報を入手するのは難しい。鉱石の処理中に川床に廃棄される何トンもの硫黄酸化物その他の化学物質にあえて不満を言う村人がいても、反社会勢力が脅して黙らせる。

太陽電池の製造過程を詳しく調べてみると、太陽光エネルギーにも似たような厄介な問題がある。太陽電池の大半はもとをただせば石英で、それを元素状シリコン（ケイ素）に精製するのだが、石英の採掘は珪肺の原因になることがある。この石英が巨大な炉で冶金グレードのシリコンに転換される。炉を高温に保つのにも大量のエネルギーが必要となる。次いで、冶金グレードのシリコンを多結晶シリコンと呼ばれるもっと純度の高い形態に転換する際に、四塩化シリコンという極めて有毒な化合物ができる。中国のある企業はそれを近くの田畑に捨てて耕作に適さない土地にするとともに、近隣住民の目や喉に炎症を引き起こしている。シリコンはウエハー（薄片）に成形され、それを洗滌するにはフッ化水素酸を使う。無防備な人間が非常に腐食性の強いこの液体に接触すれば、組織が破壊され、骨からカルシウムが溶け出す。費用対効果を分析するなら、職業上のリスクをほかのエネルギーの場合と比較する必要があるだろう。太陽電池の製造に大量のエネルギーが必要だとはいえ、少なくともエネルギーに関しては、稼働後わずか2年で初期投資を取り戻せると推測されている。

・・・

結論として、労働者または環境に対する悪影響がまったくないエネルギー生産形態はなく、その悪影響はより幅広い集団の健康にも及ぶ可能性がある。毒性学者の役目は、こうしたエネルギー生産法をすべて分析して、政府や一般大衆が納得のいく選択ができるようにすることだ。私が知り得たことからすると、化石燃料より風力や太陽光のようなエネルギー源を選んだほうが、健康と気候の両方にとって利点がある。もし発電所が適切に設計され、チョルノービリのような壊滅的な事故のリスクが非常に低いと断言できるなら、原子力エネルギーも一つの選択肢だ。テクノロジーがもっと進歩すれば、原子力事故のリスクを最小限にできるだろうし、もっと安全に入手可能な原材料を利用する風力発電や太陽光発電を開発できるだろう。

電力をつくり出す最善の方法に関する議論の歴史的かつ政治的背景が、科学的な論点をしばしば覆してしまうように思われる。たとえば、チョルノービリや、アメリカのスリーマイル島や日本の福島県での事故の前とあとでの核エネルギーに対する態度を考えてみよう。そうした事故の前、原子力エネルギーは発展しつつあった。もし事故が起こらなかったなら、原子力は一般大衆にとってはるかに将来性のあるものに思えただろう。事故や使用済み核燃料に関する仮定上の懸念はあったかもしれないが、大気汚染や気候への影響がないことから、原子力エネルギーは私たちのエネルギー需要に対する最善の解決策と考えられたはずだ。スリーマイル島も福島県もチョルノービリで起こったような健康への広範な影響はもたらさなかったが、大衆の意見や政治的配慮には明らかに深刻な衝撃を与えた。スリーマイル島のあと、アメリカでは原子力発電所の建設は一つも計画されなかった。そして福島県の事故のあと、日本とドイツは既存の発電所の稼働停止を決めた。しかし、毒性学および気候変動の観点からすると、この決定には疑問がある。私たちはこうした事故から学び、リスクを抑えることができるし、そうすべきだからだ。たとえチョルノービリの事例を考慮に入れたとしても、原子力による癌や死亡は化石燃料の生産と使用による健康への影響に比べれば微々たるものだ。

要約すると、化石燃料の使用は世界における早すぎる死亡の主な原因であり、気候変動の主な原因でもある。世界保健機関（WHO）によれば、化石燃料の燃焼による大気汚染と気候変動は健康上の世界的な脅威のリストのトップに来る。WHOでは、気候変動は世界中で、栄養不良やマラリア、下痢、熱中症などによる年間25万人の死亡の原因となっていると推定している。しかしこれも、大気汚染によってもたらされた癌や脳卒中、心臓および肺の疾患によって年に７００万人が若くして殺されていることに比べれば、影が薄くなる。世界全体で、大気汚染は肺癌、脳卒中、虚血性心疾患、肺気腫による全死亡数のそれぞれ29％、24％、25％、43％をもたらしている。ＷＨＯの代表は２０１８年に、大気汚染は「新しい煙草」だと述べた。私たちのエネルギー政策は、気候変動による健康への影響も含め、エネルギー消費がもたらす健康への影響も考慮して決めるべきだろう。

第24章

ヒトの病気を予測するための動物モデル

ここまで折にふれて述べてきたように、疾病の研究においては、ヒトでの研究と動物を用いた研究とのあいだに昔から一種の確執があった。パラケルススやベルナルディーノ・ラマツィーニによるヒトを対象とした研究は現代の疫学者によって継続されており、そうした研究結果はヒトにそのまま当てはめられる。一方、動物を対象とした研究は、ヘビの毒液や煤（すす）のような多様な混合物の毒性の原理を突き止めて理解するうえで、重要な役割を果たしてきた。とはいえ、実験動物を用いた研究によって蓄積された情報量がいかに膨大であろうと、そうした研究結果がヒトの病気の理解にどれだけ役立つのだろうかという疑問が残る。齧歯類（げっしるい）モデルを使うには、ヒト、マウス、ラットがすべて、化学物質に同じように反応するという信念をもたなければならない。しかし、齧歯類は化学物質が引き起こす疾病に対する脆弱性のよい予測モデルとなるほど、ヒトに似ているのだろうか？　癌をはじめとする疾病は極めて複雑で、遺伝的な影響を強く受ける。したがって、規制当局が考えているよりも、もっと種に特異的なものかもしれないのだ。

1998年に報告された遺伝子解析によって、霊長類と齧歯類がおよそ1億年前に別々の進化の道をたどり始めたことが明らかになった。それ以降、霊長類がさらに進化して人類が誕生し、齧歯類の祖先からラットやマウスに進化した。一方、齧歯類と人類のゲノムの基本的な違いは、細胞周期調節を支配するさまざまな遺伝子産物のあいだの配線の違いという、いわば下流での違いによって、さらに増幅される。すると、今度はそれが細胞の分裂および増殖の調節経路に重大な違いをもたらす。それは、ラットやマウスでの試験結果がそのまま、ある化学物質がヒトに癌その他の病気を引き起こすことの証明や反証になると予想すべきではないかもしれないことを意味する。腫瘍形成のプロセスにマウスとヒトで根本的な違いがあるという証拠が徐々に増えてきている。

この違いについての大きなヒントが、齧歯類とヒトに見られる自然発生疾患のタイプの違いにある。その決定的な例の一つが慢性進行性腎症（CPN）だ。この腎臓疾患はバイオアッセイ（生物検定）に用いられるラットの系統によく見られるが、ヒトには、CPNの特徴を一つでももつ病気はない。ヒトの腎不全の最も一般的な原因は、アメリカでは糖尿病であり、南太平洋地域のオーストラリアでは糸球体腎炎となっている。発展途上国ではいまだに、末期腎疾患の単一の原因としては感染後糸球体腎炎が最も一般的だ。糖尿病、高血圧、糸球体腎炎の三つを合わせたものがヒトの末期腎疾患の4分の3をもたらすが、ラットではそれがCPNなのだ。

自然発生癌、つまり特定の化学物質あるいは環境要因ではなく細胞組織の加齢が原因で発生する癌の発生率を、ヒトとラットで比べたらどうなるだろう？ オスのフィッシャー344系ラットは2006年までアメリカ国家毒性プログラムで使用されたラットだが、寿命が尽きるまでに、90％が精巣腫瘍、50％が単核球性白血病、30％が副腎腫瘍、そして30％が下垂体腫瘍を発症する。これらはすべて、ヒトではめったに見られない悪性新生物だ。国家毒性プログラムでいまも使用されているB6C3F1マウスで最もよく発生する悪性新生物は肝腫瘍だが、これはアメリカではヒトにはそれほど多くない。ただし、世界の一部の地域ではそうとも言えない。

・・・

2004年に、冒される器官系や疾病タイプによっては疾病遺伝子がヒトとラットやマウスでかなり異なっていることを示す証拠を、ある研究論文が提示した。神経機能に関わる齧歯類とヒトの遺伝子は進化上最大の類似性を示し、これはヒトの神経疾患の齧歯類モデルが極めて忠実にヒトの疾病プロセスをなぞる可能性が高いことを示唆する。それにひきかえ、遺伝的な類似性が最も少ない器官系は免疫系で、次いで血液、肺、肝-膵臓系となった。免疫系の類似性が最も小さかった理由の一つは、一般に進化の原動力となる選択圧、そして最終的には、環境への適応の結果として起こる種の形成にある。生物をとりまく環境の主な要素の一つはその生物が曝（さら）される病原体で、それが免疫系に圧力をかけて進化させ、感染症に後れをとらないようにさせるのだ。この概念が「宿主と病原体の軍拡競争」という考え方の土台となるとともに、動物が免疫系の研究にとってすぐれたモデルではないかもしれない理由となる。

化学物質の代謝も種によって異なるかもしれない。種による薬物代謝の違いを調べた研究では、マウス、ラット、イヌ、サル、ヒトの肝臓の薬物代謝酵素の種特異的なタンパク質のアイソフォームが、活性に関してかなりの種間差を示すと結論づけている。したがって、動物モデルの代謝データをヒトに当てはめるときには注意が必要だ。その一方で、多くの工業化学物質を代謝する薬物代謝酵素の一つであるCYP2E1には種によって大きな違いがなく、結果を別の種に当てはめても問題がないように思われる。これは齧歯類を用いる研究にとっては朗報だろう。多くの工業化学物質およびエタノールは、CYP2E1による代謝で活性化されて発癌性を示すからだ。塩化ビニルが原因となる肝臓の血管肉腫を例にとると、ラットとヒトの類似性は有意の数の腫瘍を発生させるのに必要な用量にまで及ぶ。

生殖細胞系変異に起因する一連の癌におけるヒトと齧歯類の類似性と差異にも注意を払い、理解する必要がある。遺伝性癌症候群のマウスモデルについて、マサチューセッツ工科大学傘下のホワイトヘッド生物医学研究所のウィリアム・ハーンとロバート・ワインバーグが評価を行った。ワインバーグは、癌遺伝子が細胞の癌原遺伝子に由来することを実証してノーベル賞を受賞したマイケル・ビショップとハロルド・ヴァーマスの研究をもとに、ヒトの細胞における癌遺伝子の効果を発見した関係者の一人だ。ハーンとワインバーグの研究は、この遺伝子の分子回路がどのようにして、種間の大きな差異をつくり出すのかを明らかにした。*p53*癌抑制遺伝子の遺伝性変異を調べて、この遺伝子変異に由来する脳腫瘍、乳癌、白血病がヒトには確認されるがマウスにはないことを実証したのだ。一方、*p53*遺伝子を操作されたマウスは、リンパ腫と軟部組織の肉腫に罹患(りかん)する。*p53*は、遺伝子の損傷があまりにも大きいときに細胞複製を一時停止し、それによって変異を防ぐため、癌の発生を防ぐうえで重要な遺伝子だ。マウスとヒトにはそのほかにも、*p53*遺伝子をとりまく遺伝子ネットワークに関する違いがある。ヒトの癌の50％では*p53*が変異しているとはいえ、ヒトには*p53*と重複する経路がいくつかあり、それが癌に対する防御を高める。マウスにはこの重複経路がないため、たった一つの変異イベントでも細胞の無制限な複製を引き起こすには十分で、組み込まれた遺伝的損傷が修正されないままになるのかもしれない。*p53*遺伝子に加え、その他の遺伝性遺伝子変異も、特異的な発癌リスクパターンを示す。マウスでは網膜芽細胞腫（*Rb*）遺伝子が関わる遺伝性症候群には脳腫瘍と下垂体腫瘍があるのに対して、ヒトの場合は網膜腫瘍と骨腫瘍がある。ヒトの乳癌感受性遺伝子である*BRAC1*および*BRAC2*の変異については、マウスにはこれに相当するものはない。

正常細胞を通常の抑制から解き放ち、死んだり細胞分裂を停止したりすることなく培養下に分裂し続けるようにすれば、実験室で不死の細胞をつくり出すことができる。ハーンとワインバーグは、齧歯類細胞がヒトの細胞よりも容易に不死化細胞に転換されるという観察結果も得ている。正常な細胞は数回分裂すれば分裂を止めるが、癌細胞は分裂し続けるため、不死と考えられる。ヒトの細胞が不死になるには少なくとも4回から6回、変異しなければならないが、マウスの細胞はたった2回でよい場合もある。実際、不死化されたヒト細胞を培養下につくるのは非常に難しいのに対して、不死化されたマウス細胞をつくるのは比較的簡単で、培地から別の培地に繰り返し移し替えるだけでよい。

種によるこうした違いの理由の一つはテロメアに関係がある。テロメアは染色体の端にある反復DNA配列で、染色体を保護し、細胞系の寿命を調節する。DNA複製は染色体の一番端までは及ばないので、テロメアは細胞分裂のたびに短くなる。ヒトの細胞が癌細胞のように分裂し続けるためには、DNA配列の末端を追加してテロメアの長さを維持する酵素テロメラーゼの活性を、こっそり獲得しなければならない。ところが、動物モデルに使用される同系交配マウスはヒトの細胞の3倍から10倍にもなるテロメア長をもつため、テロメラーゼ活性を獲得する必要がない。その結果、マウスはヒトよりはるかに癌が発生しやすい。

発癌以外のタイプの毒性効果にも種依存性がある。ある多国籍製薬企業が、ヒトで観察された薬剤の毒性と動物で観察された毒性に関する索引の作成を試みた。このプロジェクトの主な目的は、ヒトへの毒性の予測に使用する際のラットやマウス、イヌ、サルの長所と欠点を調べることだった。驚くにはあたらないが、最も優れているのはサルで、次がイヌ、その次がラットだった。マウスはヒトへの毒性の予測については最低だった。薬剤に関して問題になるのは毒性だけではない。効果があるかどうかも重要だ。薬剤の研究にはマウスが広く使われているものの、ヒトの病気の治療効果に関するモデルとしての信頼性には疑問が残る。マウスでの前臨床試験ではよく効くのに、ヒトでの臨床試験で無効と判明する薬が多い。

・・・

アメリカ保健財団ではエルンスト・ウィンダーによる疫学研究によって、比較的高脂肪の食事が乳癌リスクの増大と関連があることが証明されていた。財団のほかの研究者らはラットの化学物質誘発性乳癌を用いて、癌の発症に対するさまざまな脂肪の効果を研究した。こうした乳癌研究が行われていた当時、私も財団で化学物質による発癌を調べていた。メモリアル・スローン・ケタリング癌センターの医療部門で乳癌を専門にしていた固形腫瘍科長のラリー・ノートン博士と知り合ったとき、食事中の脂肪の件を話題にした。食事中脂肪の影響を実験動物で調べた財団での研究を説明し、その研究結果から、たとえばある種の不飽和脂肪というように、どのタイプの脂肪が乳癌にとって「よくない」と考えるべきか、聞いてみたのだ。そのときの彼のぶっきらぼうな返答を、私は決して忘れないだろう。「我々は毛のない長いしっぽなんぞもっとらんよ」と言ったのだ。

私は最初あっけにとられ、なんという非科学的な態度かと思った。乳癌治療の研究者として極めて評価の高い人物ともあろうものが，アメリカ保健財団での実証研究をヒトには無関係だと切り捨てたのだ。あとでじっくり考える余裕ができたとき，ノートン博士の言葉は動物実験に対する臨床研究者の疑念の表れだったのだと気づいた。ノートンは「治験実施者」，つまり治験でヒトの癌について実験をする臨床研究者だ。彼の関心はもっぱら，ヒトの癌細胞を殺すことにある。それが，いったん発症した癌を治す方法だからだ。

彼の言葉で私は，ヒトの癌を研究するために化学的に誘発された動物モデルを使う方法は，ほかのやり方に比べて大部分は途中で挫折していることに気づいた。それは一つには，どの薬がヒトの癌を治すか予測する動物モデルの能力が，しばしば期待外れに終わるからだ。私や同僚には，ノートンの辛辣な実用主義が欠けていた。実験室での自分たちの研究に夢中になっていたためだ。私たちが動物モデルに執着したのは，答えを与えてくれそうな仮説を試すための明快な実験を提供してくれたからだった。しかしそれは齧歯類での答えにすぎない。その後，脂肪のタイプと乳癌リスクに関する研究結果はヒトでは確認されず，動物モデルに対するノートンの疑念が裏づけられた。もし関係があるとすれば、乳癌リスクには飽和脂肪が影響しているかもしれないが。

新しい抗癌剤の開発や評価に携わる研究者が直面する最も深刻な障害の一つが、問題の薬剤にヒトでの抗腫瘍活性があって毒性が許容可能かどうかを、齧歯類腫瘍モデルで確実に予測することができないという事態だ。ヒトの癌の治療薬を試験するためのモデルとして実験動物の化学物質誘発性癌を使うかどうかは、癌のタイプと化学物質に左右される。たとえば、ジエチルニトロソアミンは齧歯類に肝腫瘍を発生させ、そこにはヒトの肝癌で見つかる遺伝子不活性化と一部共通する不活性化が関与する。ウレタンによって誘発されたマウスの肺癌モデルは、ヒトの肺癌の研究に使用できることが確認されている。とはいえ、化学物質モデルは、ヒトの小細胞肺癌を含め、多くのタイプの癌で有効性が証明されていない。

ヒトの癌の研究に現在使われている方法は、毒性学者が癌を招く化学物質をふるい分けるために用いてきた旧来の齧歯類バイオアッセイとは異なる。たとえば腫瘍学者は、ヒトの肝癌を治療するための化学療法剤の研究にポリ塩化ビフェニル（ＰＣＢ）誘発癌を使うことはしていない。ヒト由来の腫瘍を移植された動物を使うほうが普通だ。あるいは、遺伝子操作によってヒトの癌にもっと類似した癌を発症するようにした実験動物を使う。そうした遺伝的な改変をほどこした、いわゆるトランスジェニックマウスモデルでは、胚になる細胞に、*p53*のような特定の遺伝子を不活性化させる遺伝子素材を挿入することがよく行われる。いずれにせよ、こうしたやり方のほうが移植可能なヒト腫瘍モデルより優れているかどうかの結論を出すのは、まだ早すぎる。

1971年に小児医療センターおよびハーバード大学医学部のジューダ・フォークマンが、ヒトと動物の固形腫瘍が腫瘍血管新生因子と呼ばれる因子を産生し、それが腫瘍の毛細血管細胞の増殖につながると報告した。フォークマンは、この因子の阻害（血管新生の阻害）が固形腫瘍の成長を阻むかもしれないと指摘した。1980年にフォークマンは、アンギオスタチンおよびエンドスタチンと呼ばれる天然の血管新生阻害物質が人体に少量存在することを明らかにした。これらは血管の形成を止めることによってマウスの腫瘍の成長を制限した。そのうえ、阻害物質は腫瘍細胞に対する直接の毒性効果はもたず、宿主にも短期毒性はもたないように思われた。フォークマンは、あらゆる腫瘍がこの薬剤に同じように反応することを確認した。白血病さえ反応したのは、病気が進行するには骨髄内で新しい血管を形成する必要があるからだ。フォークマンはこの治療法について慎重ながらも楽観的で、「もし君が癌でしかもマウスなら、我々がちゃんと治療してやる」と言った。

ところが、ヒトでの13年に及ぶ臨床試験ののち、エンドスタチンについて報告された唯一の有益な効果は、肺癌患者の生存期間を2カ月延ばしたことだけだった。乳癌のようなその他の癌については、マウスの研究をもとに試験しても、何の効果も見られなかった。というわけで、マウスではあれほど有望なフォークマンの特効薬がヒトの癌には事実上無効だったというので、当初は医学界に大きな失望が広がった。結局、その他のいくつかの癌にも抗血管新生療法に反応する徴候が見られたものの、フォークマンが期待したような万能薬でないことは確かだった。問題は、乳癌のようなヒトの癌の進行した段階では、最大6種類もの血管新生促進タンパク質が発現し得ることだった。神経芽細胞腫では7種類の血管新生タンパク質の高度な発現が確認され、ヒトの前立腺癌では少なくとも4種類の血管新生タンパク質が発現し得る。いくつものタンパク質に対処するのは、マウスでの血管新生に対処するよりはるかに複雑だ。

30年以上に及ぶ血管新生研究ののち、２００３年にオーストラリアでついに、抗血管新生療法が研究室からクリニックへ移されることとなった。オーストラリアで初めて承認された抗血管新生薬は、１９５０年代に重い先天異常を招いたあのサリドマイドだった。サリドマイドは、抗体を産生するリンパ球が関わるタイプの白血病である多発性骨髄腫の治療に使われる。次いで２００４年と２００５年にはアメリカでアバスチンが承認され、ヨーロッパの26カ国が大腸癌の治療に使用した。その後、網膜の黄斑変性や肺癌の治療向けに他の抗血管新生薬も開発された。

・・・

動物とヒトとの根本的な違いに加えて、薬剤開発のための動物実験は再現性の欠如に関して厳しい視線を浴びてきた。バイオテクノロジー会社アムジェン社の科学者らは２０１２年に、注目を集めている癌研究論文53件のうち、たった6件しか再現できなかったと発表した。製薬会社のバイエル社は、癌の前臨床研究の再現率が79％だったと報告した。アムジェン社は、動物実験が再現できないことが、薬剤の開発費の高騰と臨床試験の失敗を招いていると主張した。再現できない原因の一部は実験に使用されたマウスの系統の違いにあるとも考えられるし、バッチの違いのせいである可能性さえある。温度や床敷きのタイプ、棚の高さといった飼育設備の環境要因の違いや、動物を実験に使った時間帯の違いによって、異なる実験結果が出ることもあり得る。

この問題を解決するためにさまざまな試みが行われてきた。2010年には、実験動物の代替・改良・削減のための国家センターというイギリスの組織が、動物実験論文に含めるべき情報についてのガイドラインを作成した。略して「ARRIVEガイドライン」と呼ばれる「動物実験：生体実験の報告」は、1000を超える科学雑誌と20カ所の資金提供機関に支持された。とはいえ、大半の研究者はガイドラインを無視しているか、その存在に気づいていない。最も改善を必要とする項目として、実験群のあいだでの動物の無作為化、実験群識別に関する研究者のブラインド化、動物が実験から脱落した場合はその理由の特定、必要な実験群のサンプルサイズの正確な予測が挙げられている。これらのガイドラインを守らないと、動物実験の実施や結果報告にバイアスが生じるおそれがある。同じような決まりの順守はヒトを対象とした実験研究や疫学研究では一般的な慣行で、そこに、そうした研究がより信頼性が高い根本的な理由がある。

動物実験の再現性に関するもう一つの問題は、マウスの腸の微生物集団、腸内細菌叢（さいきんそう）と呼ばれるものと関係がある。たとえ同じ供給元から得た同じ系統のマウスであっても、この腸内細菌叢が再現性を妨げることがわかっている。ミシガン州立大学のローラ・マケイブは、1回目の実験では新薬の投与がマウスの骨量の減少をもたらしたことに気づいた。ところが、同じ供給元からのマウスを使って同じ条件で実験を繰り返したところ、骨密度の増加が確認された。さらに3回目の実験では、まったく変化がなかった。原因は、3回の実験でマウスの腸内細菌叢がそれぞれ異なっていたためだと判明した。

シカゴ大学医学部のロバート・パールマンは、ヒトの病気のマウスモデルに関する状況を次のように要約している。

残念ながら、マウスでの実験結果をヒトに当てはめようとする多くの試みにもかかわらず、マウスでの実験のうちどれが有益か、つまりヒトの生理作用や健康の解明にどれが役立つかをあらかじめ特定することは、いまだにできていない。多くの場合、マウスでの実験結果については、ヒトに当てはまったものや当てはまらなかったものについての不確かな情報しかない。どれが役立ち、どれがそうでないかを知るには、マウスでの実験(それにほかの「モデル生物」を用いた実験)のもっと系統立てた集積、報告、分析が必要だ。そうした情報が得られないうちは、マウスでの実験の続行や、その実験がヒトに応用できるという主張にはもっと批判的になる必要がある。

ノートンと同じくパールマンも、臨床医かつ研究者という視点から、齧歯類での実験結果とヒトの病気を対比させている。次の章で見ていくように、ヒトの癌を予測するための齧歯類バイオアッセイの使用についても、同じことが言えるようだ。

第25章

実験動物を用いた発癌実験は信頼できるか？

ある化学物質が「発癌物質」、つまり「癌を引き起こす物質」に分類されていると聞くと、その物質はたちどころにヒトに危害を及ぼすもので、致命的な病気を招くことが証明されているという意味だと、たいていは思うものだ。しかし、「発癌物質」という用語は通常、それほど明確なリスクを示すものではない。ラットやマウスに癌を発生させるという理由で発癌物質に分類されている場合も多い。しかもそのラットやマウスというのが、生後8週目から死ぬまで、途方もない量の化学物質を与えられている。以前の章で述べたように、ラットやマウスには、進化、代謝、遺伝的特徴、分子回路においてヒトとは明らかに異なる部分がある。そのため、ラットやマウスの自然発生癌はヒトとは違う。化学物質に対する反応も違うと考えてよいだろう。「発癌物質」に分類されている化学物質がすべて、ヒトに癌を引き起こすと証明されているわけではないのだ。

ヒトの発癌物質として証明済みであると国際癌研究機関（ＩＡＲＣ）が確認した薬剤の数はせいぜい20ほどであるにもかかわらず、アメリカ政府は発癌性を調べる大がかりな齧歯類（げっしるい）バイオアッセイ（生物検定）をあらゆる製品に対して実施するよう製薬会社に要求する。でなければ、製品を市場に出すための承認を与えない。そして政府のほうではそうした試験結果を審査しなければならない。合成化学物質についても同様に、ヒトの発癌物質に分類されているものは30種ほどしかないにもかかわらず、化学工業会社と政府の両方が大々的な試験を実施する。一方、大部分は動物バイオアッセイでの結果によって、それよりリスクの低いグループに分類されている合成化学物質が約３００種ある。こうした動物試験や規制活動のおかげで、癌の発生率は劇的に改善しただろうか？答えは「ノー」だ。喫煙率の低下や職場での一部の化学物質への曝露（ばくろ）の減少といったその他の要因で説明できるものを除き、改善は見られない。といっても、私は動物での試験一般に反対しているわけではない。動物の賢明な利用は、毒性学発展の土台となっている。

ヒトに対する化学物質の発癌効果を予測するために考案されたラットやマウスでのバイオアッセイについて、まず考えてみよう。齧歯類バイオアッセイはアメリカ国立癌研究所のワイズバーガー夫妻によって40年前に考案されたものだが、基本的なデザインはいまも変わっていない。齧歯類——伝統的にラットかマウス——の実験群に、ある化学物質を生存期間中ずっと与えて、対照群よりも多く、あるいはより速やかに、腫瘍が発生するかどうかを見る。ヒトが曝される可能性のある用量の投与で明確な統計的差異を出現させるには数多くの実験群が必要になり、法外な費用がかかる。そのため、たいていは「最大耐量」と呼ばれる極めて高い用量を、用量あたり雌雄それぞれ50匹からなる実験群に使用することで埋め合わせる。バイオアッセイは通常、化学物質を飼料または飲み水に入れて与える方法で実施され、曝露頻度は齧歯類の摂餌や摂水の習性によって決まる。揮発性化学物質の一部は吸入曝露を用いて日に8時間、週に5日投与されることが多い。

癌の齧歯類バイオアッセイは当初、ヒトの癌を研究する一方法として採用された。ほぼすべてのヒト発癌物質が齧歯類に癌を引き起こすことが確認されていたからだ。とはいえ、大半のヒト発癌物質は遺伝毒性をもつため、そうした結果はヒトと齧歯類に共通の発癌メカニズム、すなわちDNA損傷によってもたらされたものだった。1971年から1990年までアメリカ国立環境科学研究所（NIEHS）の初代所長を務めたデヴィッド・ラルは、1978年の国家毒性プログラムの開始以来の責任者でもあったが、ニューヨーク大学のベルナール・アルトシュラーによる未発表の研究を1979年に報告している。それは最初の13件のＩＡＲＣモノグラムで報告された３３７種の物質に関する研究だった。アルトシュラーは、動物の癌について肯定的証拠がある81種のうち、ヒトに対する発癌性に関して22種には確実な、そして59種にはやや確実な証拠があることに気づき、選別の感度は98％で特異性は１００％だと結論づけている。

一方、この原稿を執筆している時点でＩＡＲＣが公式にヒト発癌物質に指定している元素も含む化学物質は約60種あり、それらは工業化学物質、薬剤、天然物に分けられる。そのほとんどは齧歯類にも癌を発生させることが確認されており、大半が遺伝毒性をもち、そのほかは免疫抑制効果またはエストロゲン様効果を介して作用する。ほとんどの場合、発癌物質としての特定はまずヒトで行われ、そのあと齧歯類で確認されたが、確認が難しい場合もあった。たとえば、２００４年まで、ＩＡＲＣは依然として、実験動物でのヒ素に関する証拠は不十分だとみなしていたが、その根拠はバイオアッセイでの明確な腫瘍所見の欠如だった。実験動物での十分な証拠があるとＩＡＲＣが決定したのは２０１２年になってからだった。ただし、ヒ化ガリウムへの吸入曝露は雌のラットには肺腫瘍の増加をもたらしたが、雄ラットやマウスにはそうした効果はなかった。

遺伝毒性をもつ大半のヒト発癌物質は動物に癌を引き起こすかもしれない。しかし、遺伝毒性をもたないことが多い動物発癌物質がヒトにとって必ずリスクとなると思い込むのは、大きな論理の飛躍だ。動物モデルの信頼性が当然のこととみなされ、疫学研究に用いられるヒルの方式のような批判的な分析がなされていないように思われる。それにもかかわらず、科学界も規制当局もこのモデルを信頼することにこだわり、正当性が実証されておらず、欠陥があるかもしれないという証拠を突きつけられても、考えを変えようとしない。そうした事情の一部は第17章と第18章で詳しく紹介した。

ラットとマウスの癌バイオアッセイ結果の食い違いをひと目見れば、そうした態度が誤りであることは明らかだ。これら2種の動物は進化上、齧歯類とヒトよりもはるかに近い関係にあるにもかかわらず、そうした食い違いがある。ある化学物質のバイオアッセイをラットとマウスで同じ方法で実施すれば、その二つの結果がラットとマウスで同じタイプの癌を示す頻度は50%以下なのだ。1993年にNIEHSのジョセフ・K・ヘイズマンとアン＝マリー・ロックハートが、アメリカ国立癌研究所または国家毒性プログラムで実施された379件のバイオアッセイの結果を調べた。すると、ラットの特定の部位に癌を引き起こす化学物質がマウスの同じ部位に癌を生じさせる（もしくはその逆の）確率は36％にすぎないことがわかった。

ヒトと齧歯類のゲノムを比べてみれば、私たちと齧歯類との差がラットとマウスとの差よりかなり大きいというわかりきったことがあらためて確認できる。齧歯類系統はラットが出現する系統とマウスが出現する系統とに1200万年から2400万年前に分かれたことが、ゲノム配列データから裏づけられる。それに対して、人類と齧歯類はおよそ8000万年前に分離した。したがって、齧歯類での実験結果からヒトの癌を予測できる確率は36％よりさらに低いと考えるべきだ。齧歯類の癌でヒトの癌が予測できるという態度を、そうでないことが証明されるまでとり続けるのは、科学ではなく信念に基づいて行動することにほかならない。

ヒトではめずらしい（あるいは存在しない）腫瘍だが齧歯類では化学物質によって頻度が増加することの多い腫瘍に、睾丸や胸腺の腫瘍、そしてヒトにはない前胃、ジンバル腺、ハーダー腺という三つの部位の腫瘍がある。これらは齧歯類でもともと自然発生率の高い単核球性白血病、精巣癌、乳癌、肝癌を背景に現れるが、その出現は、対象がラットかマウスか、そしてどの系統（亜種）が使用されるかによって大きく左右される。同様に、齧歯類では、ヒトによくある癌の一部、たとえば前立腺や結腸の癌が高い頻度で自然発生することはない。

変異原性試験の主導者であるブルース・エームスとその共同研究者のロイス・ゴールドは、全部で350種の合成工業化学物質を標準的な高用量齧歯類バイオアッセイで検査し、約半数が齧歯類発癌物質であることを発見した。また、植物由来の天然の化学物質は77種しか検査しなかったにもかかわらず、その半数もやはり齧歯類発癌物質と判明したと発表した。その多くは食物に含まれている。これは、私たちの普通の食事に発癌性があることを意味するのだろうか？　いや、そうではない。野菜や果物のような食物は健康を促進することが立証されている。エームスとゴールドは、バイオアッセイ結果の陽性率の高さは有害な高用量を用いたことに起因するとしている。バイオアッセイの信頼性に関するもう一つの問題は再現性がないことだ。オーストリア癌研究所の研究者らが、アメリカ国立癌研究所または国家毒性プログラムが報告した発癌性バイオアッセイと、査読済みの論文に報告された発癌性バイオアッセイとのあいだの食い違いを調べた。すると、さまざまな化学物質における発癌物質としての分類に関して、この二つのバイオアッセイ結果のあいだにはわずか57％の一致しかないとわかった。

・・・

リスクを査定する人々や製薬会社は、動物バイオアッセイの結果に人類の健康を賭けるという一種のギャンブルをしている。そうした試験での「偽陽性」によって明らかにマイナスの影響がもたらされたとしても、責任はとらない。たとえば、心臓病の治療薬として有望な薬が齧歯類試験で腫瘍の原因になるとわかった場合、たとえその薬のおかげで患者の命が救われる可能性があっても、市場には出されないだろう。レセルピンの場合はまさにそうした事態になるところだった。レセルピンはジャボクという植物に由来し、早期高血圧の薬として広く使われているが、マウスの雌と雄のそれぞれ乳腺腫瘍と精嚢(せいのう)腫瘍、それにラットの副腎腫瘍の発生率を増加させたのだ。幸い１９８０年にＩ

ARCがこの薬に合格点を与え、国家毒性プログラムの試験によって得られた動物での証拠は「限定的」なものにすぎないとした。

過去の分類法を変えたまた別の例として、コレステロール降下薬のクロフィブラートの分類に関してIARCが1994年に下した決定がある。理由は、ラットでの肝腫瘍を示した三つの研究結果は、それがヒト発癌物質であるという証明にはならないというものだった。それらの腫瘍は、特定の脂質の酸化を行う細胞内小器官のペルオキシソームが肝細胞内で増殖することに関連があるとわかった。この増殖は齧歯類の肝臓でしか起こらない。ヒトの肝細胞がそうした薬剤に曝露されても、ペルオキシソームは増殖しない。同じようにペルオキシソーム増殖につながって齧歯類に肝腫瘍を発生させる薬剤や化学物質は多く、コレステロールの低下にとって重要なその他の脂質降下薬に加え、広く使われている工業化学物質も数種類含まれる。それに、これまでの研究結果を見る限り、これらの物質はヒトに肝癌をもたらしていない。

天然の柑橘油の成分であるリモネンは、雄ラットにだけ腎臓腫瘍を生じさせ、雌ラットや雌雄のマウスには引き起こさないことが確認されている。リモネンは50年以上も前から、香水や石鹸、飲食物に風味や香りをつけるための添加物として使用されてきた。オレンジ、レモン、グレープフルーツなどの果皮の主な揮発性芳香成分で、名前の由来もそこにある。医薬分野でも胆石の治療に用いられ、齧歯類の乳房、皮膚、肝臓、肺、前胃の腫瘍を縮退させる効果が研究されている。現在では、リモネンが雄ラットにだけ腎臓腫瘍を引き起こすメカニズムがわかっている。この腫瘍の前段階として、硝子滴ネフロパシーと呼ばれる特異なタイプの毒性効果がラットの腎臓に表れるが、これは近位尿細管細胞の細胞質への赤みを帯びた小滴の出現を特徴とする。雄ラットでは、この細胞が尿からタンパク質のα2-マイクログロブリンの一部を再吸収してアミノ酸に分解される。リモネンはこのタンパク質を細胞内に大量に蓄積させ、それが硝子滴出現の原因となる。普通は、性誘因作用のある化学物質、つまりフェロモンがα2-マイクログロブリンと結合して雄ラットの尿中に分泌され、その後、揮発性のフェロモンがタンパク質から遊離して、雌にシグナルを送る。ところが、正常なフェロモンの代わりに間違った化学物質——リモネンまたはその他の化学物質——がα2-マイクログロブリンに結合すると、結合されたグロブリンが尿細管細胞に蓄積し、腎臓毒性を招いて、それが腫瘍につながる。リモネンがあっても、腎臓にα2-マイクログロブリンタンパク質が大量に蓄積しなければ腎臓腫瘍は起こらない。腎臓中にこのタンパク質があるのは雄ラット特有の現象で、ヒトにはこのタンパク質はない。

最も議論の的となった動物発癌物質の一つにサッカリンがある。人工甘味料として100年以上も使われているが、1970年にチクロが禁止されてから急激に人気が高まった。サッカリンは、アメリカ食品医薬品局（FDA）が1940年代に開発して1951年に公開した齧歯類バイオアッセイを用いて試験された最初の化学物質の一つだった。飼料の最大5％の量をラットの寿命の上限に近い2年間にわたって投与したが、それでも腫瘍の発生レベルは上昇しなかった。しかしその後、FDAは動物の曝露を母親の子宮内にいるあいだに開始するよう勧告し、この試験の子宮内曝露で、発生率は低いながらも膀胱腫瘍の発生が確認された。

食品医薬品法のデラニー修正条項により、動物の腫瘍の原因になるいかなる化学物質も食品添加物とすることが禁止されたのを受けて、異論は多かったものの、FDAは1977年にサッカリンの使用を禁止しようとした。これに対して糖尿病患者とその治療にあたる医師から、砂糖の摂取を制限するにはサッカリンが欠かせないと激しい反対の声が上がった。当時はサッカリンが唯一、熱に安定しており焼き菓子に使える人工甘味料だったのだ。そのうえ、多くの疫学調査が実施されていたが、そのすべてで、膀胱癌に関して明確に陰性の結果が出ていた。そこで議会は、デラニー条項による新しい規制の適用からサッカリンを5年間免除するという異例の措置を講じた。この適用除外措置はその後も、デラニー条項が無効にされる1997年まで5年ごとに更新され続けた。こうして、サッカリンが市場から姿を消すことは一度もなかった。

とはいえ、サッカリンは依然として動物では発癌物質とみなされ、ヒトの癌にも関係している可能性があると考えられていた。ネブラスカ大学医学部のサミュエル・コーエンが、サッカリンがラットの膀胱に顕微鏡サイズの石、つまり結晶を生じさせ、そうした結晶の刺激でやがては腫瘍が発生することを実証した。極めて高用量のサッカリンナトリウムをラットに一生涯与え続けると、尿の化学的性質が変化して結晶ができる。だが、酸の形態のサッカリンでは結晶ができなかった。腫瘍を生み出していたのはサッカリンそのものではなく、大量のナトリウムだったのだ。塩化ナトリウム、アスコルビン酸塩（ビタミンC）、重炭酸ナトリウムなどの化学物質もそのような腫瘍を発生させることが確認されており、メカニズムは石によって起こる刺激だった。名古屋市立大学医学部の研究者らによって、サッカリンに曝されたマウス、ハムスター、モルモットが膀胱内の細胞分裂の増加を示さないことも確認されている。したがって、この効果はラット特有のもののように思われる。結局、IARCおよびNIEHSが、サッカリンによる膀胱腫瘍はヒトの癌とは関連がないという判断を最終的に下した。

ヒトと実験動物の両方に有意の数の肝癌をもたらすことが確認されている唯一の化学物質はアフラトキシンという毒物だ。適切な貯蔵をされていない穀類やナッツに生えるカビが産生する。アフラトキシン誘発肝癌はアジアやアフリカの一部の国々、特に中国で見つかっており、そうした国では多くのタイプの穀物でアフラトキシンの濃度が非常に高い。肝腫瘍はアメリカでは腫瘍全体のせいぜい第14位にすぎない。アメリカでのヒトの肝癌の主なリスク因子は、B型およびC型肝炎と、慢性的に高いアルコール濃度となっている。しかし齧歯類バイオアッセイでは、化学物質由来の癌としては肝腫瘍が最もよく見られる。この食い違いのほとんどは、バイオアッセイではたいてい経口投与によって化学物質が与えられ、なおかつ使用される用量も非常に高用量なため、肝臓に慢性毒性をもたらすという事実で説明できる。ヒトが普通曝されるような低用量では毒性効果は出現せず、したがって、ドイツ人医師のルドルフ・ウィルヒョウが最初に記述したような、毒性が関わるタイプの発癌メカニズムがはたらくことはない。

フェノバルビタールは何十年も前からてんかんの治療に広く使われている薬剤だが、ラットには良性の肝腫瘍、マウスには悪性の肝腫瘍を招く。フェノバルビタールと肝腫瘍とのつながりについては、デンマーク癌学会のヨルゲン・オルセンの主導した研究による疫学上の裏づけがあるようだ。フェノバルビタール治療を受けたてんかん患者で肝癌の発生率の増加が確認されている。ただし、アメリカ保健財団での研究で私たちは、その増加がフェノバルビタールのせいではなく、てんかんの脳病変部位の特定に使用された放射能を帯びた造影剤のトロトラストによってもたらされたという結論に達した。トロトラストは、肝癌につながることが知られている放射性トリウムを含んでいる。トリウムに曝されたことのある少数の患者を研究から除外すると、肝腫瘍の発生率はバックグラウンドと変わらなかった。

齧歯類に肝腫瘍を引き起こすまた別の化学物質として、クロロホルムがある。かつては手術時の麻酔薬、有機溶剤、ドライクリーニングの染み抜き剤として用いられていた。病原体対策として飲料水を塩素殺菌すると、ごく低濃度のクロロホルムが形成される。コーン油に溶かした高用量のクロロホルムを経口的に強制投与すると、既知の毒性メカニズムを介して肝腫瘍が発生する。しかしながら、低用量のクロロホルムは何の害も及ぼさないという確かな証拠が実験で得られている。クロロホルムの誘発する毒性効果が、細胞に普通に見られる抗酸化物質であるグルタチオンによって阻害されるからだ。高用量実験を分析したところ、腫瘍は、コーン油中に大量に入れたクロロホルムを日に1回与えるという投与法に由来するアーチファクトであることが明らかになった。飲料水からの継続投与という曝露方式では、腫瘍は生じなかった。アメリカ環境保護庁（EPA）の方針は、「クロロホルムは細胞毒性や細胞再生を引き起こさない曝露条件下でのいかなる曝露ルートによっても、ヒトに対する発癌性を発揮する可能性は低い」というものだ。したがって、感染性病原体の殺菌のための塩素処理によって飲料水中に少量のクロロホルムが生じたとしても、許容できる。

クロフィブラート、リモネン、サッカリン、フェノバルビタール、クロロホルムのこうした実験結果は、動物バイオアッセイの信頼性の問題に向き合う必要性を示している。齧歯類での化学物質誘発癌の発生メカニズムは数十年も前から研究されているにもかかわらず、最も経験豊富な人々、つまりアメリカ国家毒性プログラム（ＮＴＰ）やＦＤＡによる、動物の癌がヒトと同じようにして発生するのかどうかを検証する体系的な試みはなかった。たとえヒトでのデータがなかったり不十分だったりした場合でも、いくぶん断片的であれ齧歯類実験からの癌発生メカニズムデータがあれば、それを使って、癌がヒトでどのように発生するかを示すことはできる。この試みは慎重さを要する難事業となるだろう。これは基本的に、以前にとり上げた問題、すなわち、ＩＡＲＣの作業部会がメカニズム論的なデータを用いて、動物の癌の一部がヒトには当てはまらないことを実証した問題を映し出している。ごく最近では、国際生命科学研究所のようなその他の機関も、動物バイオアッセイデータのヒトへの適用可能性を判断するための指針を作成している。

結果の正当性が立証されなかったという理由で、バイオアッセイ手法が変更された例はほとんどない。感心なことにNTPは、癌バイオアッセイへのF344ラットの使用を2006年に中止した。まれな単核球性白血病およびライディッヒ細胞精巣腫瘍だけでなく、精巣鞘膜(せいそうしょうまく)の関わる別の腫瘍の自然発生率も非常に高くかつ変動しやすいというのが、その理由だった。自然発生腫瘍の発生率の変動が大きいため、化学物質に由来する発生率上昇を見極めるのが難しいと判断したのだ。また、そうした腫瘍が増加するメカニズムはヒトの場合とは異なるだろうとも考えた。この特殊なラット種に関するNTPの賢明な決定にもかかわらず、多くの場合、このラットで50年以上にわたって実施されたバイオアッセイの結果が依然として幅を利かせ、そうした結果を癌分類に使用する際の手引きはほとんどない。このことは、IARCの分類によって齧歯類で確定された発癌物質が、ヒトで確定されたものの10倍もある理由の一つにすぎない。

肯定の証明、つまり、ある動物データがヒトの癌と関連があると証明することは否定を証明するより難しいかもしれないが、賭けられているものの大きさを考えれば試みるべきだろう。いまのところ、世の中には情報の大きな集積が二つある――一つはヒトの癌の発生に関する情報、もう一つは化学物質がどのようにして齧歯類に癌を引き起こすかを教えてくれる情報だ。これらのデータセットのそれぞれに大量の資金と努力がつぎ込まれてきた。それに比べれば、片方の情報がもう片方とどう関連づけられるのかを解明するために行われてきた研究の量は、微々たるものだ。

第26章

ホルモン模倣物質と内分泌撹乱物質

産科の実習期間中、医学生は30人ほどの赤ん坊を取り上げる。それより多くの赤ん坊の誕生を介助する場合もある。多くの学生にとって、これは医学教育の最良の部分だ。新しい命をこの世にもたらす手助けは、宗教的な体験と言えるほどの感動をもたらす。もちろん、医学生が通常任されるのは、すでに少なくとも2回は合併症のない出産を経験した妊婦で、しかも胎児が産道で良好な体位にあるとわかっている場合だ。そうした妊婦はたいてい、分娩について学生たちよりもずっとよくわかっている。

医学生は、生殖器系が適切に機能するための入念に組織化された正の制御と負の制御の複雑なシステムについても学ぶ。この制御の中心に、視床下部と呼ばれる脳の一部と、脳の外側ではあるが近くに位置する下垂体がある。視床下部の極めて重要な機能の一つが下垂体を介して神経系と内分泌系をつなぐことで、この離れ業（わざ）は、微小血管を通じて下垂体に直接分泌される放出因子の産生によって行われる。それらの因子が下垂体からの卵胞刺激ホルモン（FSH）と黄体形成ホルモン（LH）の放出を導き、それぞれが卵巣からのエストロゲン（卵胞ホルモン）とプロゲステロン（黄体ホルモン）の分泌を制御する。下垂体の産生するその他のホルモンは出産中に子宮を刺激したり、乳房を刺激して乳汁をつくらせたりするが、これらの放出には視床下部から下垂体への直接の神経連絡が関与する。

卵巣は一連の生化学反応によって、コレステロールからエストロゲンとプロゲステロンを産生する。その反応には、肝臓で化学物質を代謝するのと同じタイプの酵素であるさまざまなシトクロムＰ４５０酵素が関係する。月経周期中には、ＦＳＨの刺激によって卵巣でつくられたエストロゲンの量の増加が、最終的にＦＳＨとＬＨの両方に正のフィードバックをもたらす。この「ＬＨ急上昇」が卵胞から卵子を放出させると、卵胞は黄体に変換され、プロゲステロンを産生する。もし卵子と精子が出会い受精すると、黄体細胞は下垂体のＬＨの制御下にプロゲステロンをつくり続け、妊娠を支える。妊娠中はプロゲステロンとエストロゲン両方の濃度が劇的に上昇する。エストロゲンが乳管系を刺激して増殖と分化を促し、プロゲステロンが乳汁を産生する腺細胞を刺激して乳房内で成長させる。

「ホルモン模倣物質」や「ホルモン撹乱物質」と呼ばれる化学物質は、エストロゲンのように作用するか、あるいはエストロゲンの効果に拮抗することで、女性の生殖器系の正常な生理作用を変えることがある。避妊ピルや更年期症状のためのホルモン補充療法薬のような薬剤はエストロゲンやプロゲステロンを含んでおり、ホルモン模倣物質と呼ばれる。どちらのタイプの薬剤も幹細胞の増殖を促し、それが乳癌や子宮内膜癌の発生につながる可能性があるため、ヒト発癌物質にほかならない。その一方で、タモキシフェンのような抗エストロゲン剤は乳癌の治療や予防に使える。

女性の生殖器系の生理的な仕組みに関する理解は20世紀初頭に格段の進歩を遂げた。ウィーンの別々の婦人科クリニックに勤務していたヨーゼフ・ハルバーンとエミール・クナウアーが1900年にそれぞれ別個にウサギとブタの卵巣の移植を行い、それらの器官が生物学的活性をもつ物質を血中に分泌することによって、子宮の成長を刺激するという結論に達した。1905年にはフランシス・マーシャルとウィリアム・ジョリーが、卵巣細胞が齧歯類（げっしるい）の発情を誘発する物質を分泌するという仮説を立てた。セントルイスではエドワード・A・ドイジーが1929年に妊婦の尿から卵巣ホルモンのフォリキュリンを取り出し、そこからのちにエストロンとエストラジオールを単離した。

アメリカ女性の7人に1人が一生のあいだに乳癌を発症することから、乳癌はあらゆる女性の大きな不安のもとであり、公衆衛生上の主要な問題ともなっている。ホルモン模倣物質への関心が高まったきっかけは、エストロゲン投与がマウスに乳癌を招くことを明らかにした研究だった。パリではアントワーヌ＝マルスラン＝ベルナール・ラカサーニュが、雌マウスの尿から調整したフォリキュリンの注射によって、雄マウスに乳癌を発生させた。さらに彼は1938年に、ロンドンのエドワード・チャールズ・ドッズによって合成されていた新しい強力な合成エストロゲンのジエチルスチルベストロール（DES）を用いて、雄マウスに乳癌を発症させた。

1938年から1971年まで、アメリカの医師は流産を予防したり妊娠にまつわるその他の問題を避けたりするために、DESを妊婦に処方していた。そうした治療を受けた妊婦から生まれた女性のめずらしいタイプの膣癌（ちつがん）とDESが関連づけられたのを受けて、その使用は中止された。1970年にマサチューセッツ総合病院のアートゥア・ヘルプストとロバート・スカリーが初めて、15歳から22歳の若い女性の膣のめずらしい明細胞癌7例を記述した。7例という数は、世界の文献でこれまでに報告されたこの年齢層でのこうした癌の総数を超えていた。この臨床研究者たちは、8人の患者のうち7

人は、その母親が切迫流産や早産の治療のためにDESを処方されていたことを発見している。最終的に、200を超える同様のケースが報告された。

・・・

エストロゲンにマウスの乳癌を誘発する力があることは以前の研究で見つかっていたものの、1979年時点では、ヒトの乳癌の発生におけるエストロゲンの具体的な役割はまだ不明だった。DESを含め、成人女性へのエストロゲンの投与との因果関係が最初に見つかったのは、子宮内膜癌の発生率の増加だった。内因性エストロゲンへの子宮の曝露（ばくろ）を長引かせる肥満のような因子が子宮内膜癌、それにひょっとすると乳癌の発生リスクの増加をもたらすこともわかった。

外科的処置または自然経過による早発閉経の女性のエストロゲンによる治療は1930年代に始まった。妊馬尿由来エストロゲンの臨床試験が1941年に開始された。1943年には、アメリカでそうした調剤が閉経後の経口エストロゲン療法のために利用できるようになり、１９５６年にはイギリスで市場に出回り始めた。アメリカでは１９６０年代に閉経後エストロゲン療法が広く行われるようになり、この時期にはアメリカの45歳から64歳の女性の約13％がこの治療法を利用していた。

１９７６年に疫学者のR・フーバー、L・A・グレイ・シニア、フィリップ・コール、ブライアン・マクマホンが、更年期症状のためにエストロゲンを与えられた女性についての前向き研究を発表した。乳癌の発症率を12年間追跡したところ、乳癌リスクの増加は統計的にかろうじて有意だったという。続いて多くの研究で、閉経後エストロゲン補充療法に伴う乳癌リスクの増加が確認された。エストロゲン－プロゲステロン経口避妊薬の使用に関するデータでは、45歳以前、特に35歳以前に乳癌が発症するリスクが増加するという、かなり一貫した結果が明らかになった。１９９９年には国際癌研究機関（IARC）が、エストロゲン単独またはエストロゲンとプロゲステロンを組み合わせた閉経後療法薬ならびに経口避妊薬は、乳癌を起こすと結論づけた。さらに、子宮内膜癌も閉経後エストロゲン補充療法によって引き起こされることが確認された。

・・・

第二次世界大戦中、化学者のエルウッド・ジェンセンはシカゴ大学で化学兵器の研究に励んでいたが、これまでにない反応でできた強力な化合物に曝(さら)されて２度も入院する羽目になるに及んで、ステロイドホルモンを研究しようと決心した。戦後、ジェンセンはチャールズ・ハギンズと一緒に仕事をするようになる。ハギンズは、去勢が前立腺癌の進行を遅らせることを発見して１９６６年にノーベル賞を受賞する人物だ。放射性エストロゲンを開発したジェンセンは、ラットの生殖組織へのエストロゲンの取り込みを観察することができた。そして１９６２年に、エストロゲンが受容体に結合すること、その結合がエストロゲンの効果を阻害する化学物質によって阻害されることを明らかにしている。最初に発見されたこの受容体はアルファエストロゲン受容体と呼ばれるようになり、続いてベータ受容体などほかの受容体も発見された。アルファエストロゲン受容体は乳房、子宮、視床下部、卵巣に、ベータ受容体は腎臓、前立腺、心臓、肺、腸、骨に存在することが確認された。

１９８０年代にアメリカのタフツ大学医学部のアンナ・ソートーとカルロス・ゾンネンシャインは、培養されたヒト乳癌細胞での細胞分裂を調べていた。そして、それらの細胞が絶えず分裂していること、ただしヒトの血液を培地に加えると増殖が止まることを発見した。女性に見つかったエストロゲンの主な形態であるエストラジオールを添加するとこの阻害は打ち消され、細胞は分裂を続けた。ところが突然、何かまずいことが起こって、細胞がヒトの血清中の阻害因子に反応しなくなった。その原因を何カ月も探したあげく、犯人は培養物の処理に使っていたプラスチック試験管の成分であることがわかった。１９９１年にソートーと共同研究者らは、原因となった化学物質はノニルフェノールだったと報告した。ポリスチレン製の遠沈管から遊離する物質で、のちに培養されたヒト乳癌細胞のエストロゲン受容体と反応することが確認された。ノニルフェノールには抗酸化特性があるため、プラスチックに添加されていたのだ。市販のプラスチック遠沈管に含まれるノニルフェノールのエストロゲン効果は、ラットの子宮内膜でのエストロゲン様変化を観察することで立証された。

同じ年、ソートーは大学および政府からの20人の科学者の一人として、世界資源保護基金のシーア・コルボーンの企画によりウィスコンシン州ラシーンで開かれた、第1回のウイングスプレッド会議に出席した。会議では合意声明が発表され、幅広い生物学的効果を指す「ホルモン撹乱物質（内分泌撹乱物質）」という用語がつくられた。合意文書では、ホルモン撹乱物質として数種の殺虫剤をはじめとする化学物質、ポリ塩化ビフェニル（ＰＣＢ）、ダイオキシン、カドミウム、鉛、水銀、大豆製品、実験動物やペット用の調合飼料が指摘された。この会議のころにはソートーと共同研究者は自分たちの試験プロトコルの標準化をさらに進めており、Ｅ－ＳＣＲＥＥＮと呼んでいた。ノニルフェノールは試験した工業化学物質のなかで最大の効力を示したが、それでもエストラジオールのわずか10万分の1の効力しかなかった。殺虫剤のジクロロジフェニルトリクロロエタン（ＤＤＴ）やケポンはそれよりさらに効力が小さく、エストラジオールの１００万分の1で、ＰＣＢやクロルデンのようなその他の物質はさらに小さかった。試験した化学物質で唯一エストラジオールに近い効力を示したのは天然の物質で、ある種の穀類を汚染する菌類から得られ、エストラジオールの約１００分の1の効力があった。１９９５年までにソートーらは、Ｅ－ＳＣＲＥＥＮで陽性を示した物質のリストにその他の化学物質も加えていた。殺虫剤のディルドリン、エンドスルファン、トキサフェン、それにフタル酸エステルやビスフェノールAのようなその他のプラスチック成分がリストに並んだ。

翌1996年、シーア・コルボーンは『奪われし未来』（1997年、翔泳社）を出版し、一般市民を怖がらせて、環境中のエストロゲン様あるいはその他のホルモン様の効果をもつ少量の化学物質が野生生物や人間に広範な影響を及ぼしていると信じさせようとした。レイチェル・カーソンが、見境のない殺虫剤の使用による野生生物への害について説得力のある議論を展開したのとは違って、コルボーンの議論は主に理論上のものであり、ソートーのE－SCREEN実験を根拠にしていた。殺虫剤やPCBが乳癌のような癌の原因となっているというコルボーンの主張は、たちまち研究を求める激しい非難のうねりをもたらした。しかし、ほかの科学者たちを納得させることはできなかった。大学やアメリカ科学アカデミー傘下の学術研究会議に在籍する手ごわい科学者のグループが最新の文献の包括的なレビューを公表し、環境中にあるような濃度の工業化学物質によって、ホルモン攪乱が引き起こされた科学的証拠はほとんどないことが確認されたとした。スウェーデン国立化学調査団のロバート・ニルソンも、女性の体には生来、非常に多くの強力なエストロゲンが関わっていることを思えば、弱いエストロゲン類が影響をもたらし得ると考えることはできないと異議を唱えた。

ソートーの報告がPCBと乳癌の関連性を指摘したとき、研究者たちはその関係の可能性を評価せよというかなりの圧力を受けることとなった。二つの小規模な疫学研究が1984年と1992年に発表されていたが、体脂肪中のPCBと乳癌の関係性については相反する結果となっていた。動物実験の結果も同様に矛盾するデータを示していた。PCBは肝腫瘍を増加させることが明らかになったが、雌ラットの乳腺腫瘍の数は増加させず、場合によっては減少させた。乳癌の女性150人と年齢などをマッチングさせた対照群女性150人を用いた最初の大規模な研究では、診断時に採取されていた血液中のPCBとDDTの濃度が調べられた。カイザー財団のナンシー・クリーガーとニューヨークのマウントサイナイ病院のマリー・ウルフによるこの研究は1994年に報告され、どちらの化学物質も乳癌とは関連のないことが確認された。次に240人の女性についてハーバード大学で行われた研究が1997年に発表されたが、高濃度のP

CBとDDTの主要な代謝産物であるジクロロジフェニルジクロロエチレン（DDE）には、乳癌の予防効果さえあることが見つかった。

用心第一の政治はこうした結果を無視し、結局、PCBに関するさらなる研究を要求することになった。折しも1990年代にはロングアイランドで、ニューヨーク州のその他の地域に比べて高い乳癌発症率が公表されていた。結局、約20件の大規模で費用のかさむ研究が行われ、そのうち1件は特にロングアイランドの乳癌女性を対象としていた。それらの研究でも依然としてPCBが乳癌を引き起こすという結果は示されず、アメリカ癌協会の科学者らは2002年に、「証拠は関連性を支持しない。この結論はとりわけ、DDT、DDE、そしてあらゆるPCB化合物に適用される」と結論づけた。

さらに、1998年に報告された複数の動物実験では、PCBが乳腺腫瘍に対する予防効果をもつことが明らかになった。ある大規模なバイオアッセイ（生物検定）では、PCBを与えられた動物が肝癌になったにもかかわらず、より長く生きるという矛盾した結果となった。どうしてそのような事態があり得るのだろうか？　バイオアッセイに使用された雌ラットは致命的な乳腺腫瘍の自然発生率がもともと高かったが、PCBを与えられたラットは対照群より乳腺腫瘍の数がはるかに少なかったため、より長く生きたのだ。薬理学の原則に基づく最も妥当な説明としては、たとえＰＣＢがアンナ・ソートーのＥ－ＳＣＲＥＥＮでエストロゲン様の効果を生み出すと示されたとしても、ラットの体内を循環しているエストロゲンに比べれば、実は弱いエストロゲンだったということだろう。同じエストロゲン受容体に結合し、しかもより弱い効果しかもたないため、ＰＣＢは事実上、ハイリスク女性の乳癌予防に使われる抗エストロゲン剤と同じように作用したのだ。

齧歯類に乳癌を引き起こすことが確認されたまた別の化学物質に、アトラジンがある。大半の穀類やモロコシ、サトウキビ畑用の除草剤として使われるため、河川や湖、地下水の水質汚染物質として見つかっている。アトラジンはラットに乳癌を生じさせ、そのことがアメリカ環境保護庁（ＥＰＡ）に、使用の禁止または厳しい制限の検討を急がせた。どんな哺乳類でもそうだが、ラットの乳癌もエストロゲンと関連がある。エストロゲン濃度の上昇が乳房組織の増殖につながるのだ。アトラジン実験に使用されたスプラーグドーリー（ＳＤ）系統のラットはＰＣＢバイオアッセイに使われたのと同じ系統で、乳腺腫瘍の自然発生率が非常に高い。ＰＣＢと違って、アトラジン曝露はすでに高いこの乳腺腫瘍発生率をさらに増加させた。

ＳＤ系ラットで乳癌発生率がこれほど高いのは、人間の女性の閉経期に似た生殖機能老化期に入ると、卵巣がエストロゲンの産生を増加させるからだ。それに引き換え、ヒトも含め大半の哺乳類では、閉経後のエストロゲン産生は大幅に減少する。アトラジンは視床下部に影響を与えて、ＳＤ系ラットを通常より早く閉経期に入らせることで、下垂体に卵巣エストロゲン産生を増加させるような信号を送る。こうしてアトラジンはＳＤ系ラットが高濃度のエストロゲンを長期間受け取るようにして、乳腺腫瘍の発生を誘発するのだ。この効果はほかの系統のラットでは起こらないので、アトラジン曝露によるの腫瘍の増加も示さなかった。アトラジンがヒトに乳癌を引き起こさないのは当然だ。ＳＤ系ラットとは対照的に、人間の女性の閉経はエストロゲン濃度を減少させるからだ。

いまでもまだ、何らかの工業化学物質がヒトの乳癌を引き起こし得るのかどうか、わかっていない——たとえ多くの化学物質が齧歯類に乳腺腫瘍を引き起こすとしても。

アメリカ国家毒性プログラムでは、動物に乳腺腫瘍の増加をもたらす化学物質が48種見つかっているが、そのどれ一つとして、ヒトに乳腺腫瘍を引き起こすことは確認されていない。女性の乳癌リスクの増加との関連が知られている唯一の化学物質は依然として、避妊または補充療法のためのホルモン剤なのだ。

オーストラリアでは1940年代および1950年代に別のタイプの問題が、まったく異なる種類のエストロゲンと関係があることがわかった。性的に成熟したヒツジが不妊になったり乳房の腫脹(腫れ)を起こしたりして、その子孫はいくつかのタイプの発育異常を示した。膣、子宮体部や子宮頸部の発育の変容と併せて、排卵頻度の変化や早期の生殖老化が見られたのだ。原因は、ヒツジが食べていたクローバーに植物性エストロゲンと呼ばれるエストロゲン様化学物質が数種類含まれていたことにあった。植物を菌類から保護する天然のエストロゲン様化合物だ。

ヒトも食物中のエストロゲンに曝されている。およそ300種の植物がエストロゲンをつくり、その量は植物の生育条件によって変化する。植物性エストロゲンには多くの形態がある。エストロゲンに似た構造のクメスタンは植物性素材に含まれる。大豆もゲニステインのようなイソフラボン類を含むが、これは食物から摂取される主な植物性エストロゲンで、ヒヨコマメやピーナッツにも含まれる。強力な植物性エストロゲンの一部は、内因性エストロゲン応答をＰＣＢに似た機序で阻害するように思われる。したがって、乳癌のリスク因子とはならないようだ。

・・・

世界資源保護基金のシーア・コルボーンの著書では、殺虫剤やＰＣＢが男性の生殖機能に有害な影響をもたらすと報告されている。彼女は次のように述べている。「ホルモン攪乱物質はすでに甚大な被害をもたらしているかもしれない。その極めて劇的で厄介（やっかい）な徴候が、人類の歴史においてはほんの一瞬と言える過去半世紀のあいだに男性の精子の数が急激に減少したという報告に見られる」。しかしながら、アメリカ科学アカデミー傘下の学術研究会議に属する環境中ホルモン活性物質に関する委員会がそうしたデータを再検討したところ、精子数が実際に減少しているかどうかは不明という結果が出た。どうやら、コルボーンが頼りにしていた研究に用いられたさまざまな研究結果のデータには、多くの欠陥があったようだ。いくつかのレビューは同様の結論に達している。同時に、そうでないレビューもある。

疑わしいデータとは対照的に、デンマークにあるオーフス大学病院ダニッシュ・ラマツィーニ・センターの研究者らが、１９８８年から１９８９年にかけてデンマーク人妊婦グループを募集して、その男児を調査したデータがある。妊娠中に母体血清のＰＣＢとＤＤＥの濃度を測定し、次いで、生まれた男児の精子濃度、総精子数、精子の運動性および形態、生殖ホルモンレベルを20年後に測定した。この研究では、母親のＰＣＢやＤＤＥレベルと、息子の精子や生殖ホルモン測定値の変化とのあいだには何の相関も確認されなかった。

仮説では、男児が出生前に母体のエストロゲン様殺虫剤やＰＣＢに曝されると問題が起こると想定されていた。しかし、低濃度のそうした弱いエストロゲン様化学物質に男の胎児の性的な発育を変容させる力があるかどうか、疑問に思わせる理由がいくつかある。第一に、弱いエストロゲン様化学物質による乳癌リスクのケースと同様に、競合する大量のエストロゲンが母体と胎児を循環していて、それがＰＣＢのいかなるエストロゲン様効果も圧倒するはずなのだ。第二に、女性に投与された強力なエストロゲンのＤＥＳでさえ、男児の精子数に比較的小さな影響しか及ぼさなかったという観察結果がある。ある研究では何の影響も見られず、ある研究では増加を示し、またある研究では減少を示すという具合だった。ヒトでのこうした結果とは対照的に、マウスでの子宮内ＤＥＳ曝露の実験では、精子産生の減少と精子異常が明らかになった。しかしこの違いは、ヒトの場合、妊娠中の内因性エストロゲンのレベルがマウスのおよそ１００倍もあるという事実で説明できるかもしれない。フロリダ大学生理学科のクリストファー・ボーガートが、ラットの雄の胎児におけるＤＥＳの効果の閾値（いきち）がヒトの場合より低いことを明らかにして、齧歯類の感受性が低いという説に反論している。齧歯類はＤＥＳの抗アンドロゲン効果に対する感受性が高い。ここにも、齧歯類での実験結果とヒトでの研究結果との食い違いの一例がある。

エストロゲン効果を模倣または阻害する環境中の化学物質が最も注目を浴びているが、そのほかの内分泌腺、たとえば甲状腺、副腎、下垂体などの機能に影響を及ぼす化学物質もある。体内の多くの分泌腺と同様に、甲状腺も下垂体からの刺激によって作動し、刺激は甲状腺刺激ホルモン（ＴＳＨ）を介して行われる。臨床医学では、甲状腺ホルモン欠乏は下垂体への甲状腺ホルモンの負のフィードバックの減少によるＴＳＨの上昇によって、極めて容易に検出できる。甲状腺ホルモンが過剰な場合は甲状腺に信号が送られてＴＳＨの産生が減らされ、甲状腺ホルモンの欠乏は下垂体を刺激してＴＳＨの産生を増加させる。特にその目的でデザインされた薬剤を含め、一部の化学物質は甲状腺ホルモン産生の減少を導くことができる。そのようなことが起こると、甲状腺刺激ホルモン（ＴＳＨ）に対する増加シグナルが送られ、それが既存の細胞の分裂による甲状腺細胞の増加を引き起こす。もし繊細なフィードバックメカニズムが乱されて多すぎるＴＳＨが要求されると、齧歯類では過剰な細胞分裂によって腫瘍形成の可能性が高まる。一方、人間はこの特定の甲状腺腫瘍形成メカニズムに抵抗力があるように思われる。非常に大きな甲状腺（甲状腺腫）をもつ者でさえ、そうしたメカニズムで腫瘍が発生することはない。

サルファ剤は何十年にもわたって代表的な膀胱感染症治療薬となっており、スルファメタジンとスルファメトキサゾールの二つが最も広く使われてきた。これらは甲状腺ホルモン産生に干渉することによって、齧歯類バイオアッセイでは甲状腺腫瘍を生じさせる。下垂体によるＴＳＨ産生を刺激し、甲状腺での細胞増殖を高めて、甲状腺と腫瘍の成長を引き起こすのだ。ヒトはこうした甲状腺ホルモン不均衡による腫瘍形成をはるかに起こしにくいだけでなく、サルファ剤による甲状腺ホルモン産生阻害にも、齧歯類よりずっと感受性が低い。甲状腺ホルモンは、甲状腺ペルオキシダーゼと呼ばれる酵素がアミノ酸のチロシンにヨウ素原子を付着させることによってつくられる。サルファ剤はこの酵素のヒトと齧歯類両方の形態を阻害するが、ヒトの酵素を阻害するには齧歯類の場合の１０００倍の濃度が必要となる。というわけで、私たちは齧歯類とは異なるペルオキシダーゼ酵素をもち、サルファ剤による甲状腺増殖に対する感受性が低いため、甲状腺癌になることなく膀胱感染症を治療できる。

ほかにも、ホルモンのように作用したり、阻害したりすることを実証できる化学物質はたくさんある。今後も、動物やヒトでの研究で、この章で焦点を当てた以外の化学物質の同定が続くだろう。しかし、そうした化学物質についての真実は、最初に思われるほど明白なものではない。ホルモン模倣物質について齧歯類とヒトで異なる結果が出ていることは、ある種について得られた化学的な効果を別の種に当てはめるときには注意が必要であることを示すさらなる証拠にほかならない。そしてホルモン模倣物質については、ヒト乳癌細胞によるＥ－ＳＣＲＥＥＮ試験の結果が陽性でも人体ではエストロゲン効果が見られないという実例が、インビトロ（試験管内）スクリーニング法一般に対する懸念をもたらす。次の章では、化学物質がヒトに病気を引き起こす可能性を知るためのもっと優れた試験法をどのようにして手に入れ、標準的な齧歯類バイオアッセイを超えて進んでいけるかを探ることにしよう。そうした試験法には、比較的迅速かつ大量に実施できる、試験管内でのインビトロ実験が必要となるだろう。

第27章

毒性試験のためのよりよいツールの開発

科学で用いられる基本的な方法に関する哲学的な論文で、ミシガン大学のアーヴィング・コピは次のように述べている。すなわち、「古い理論は捨てられるのではなく修正される」のであり、「結局、競合する仮説に裁定を下す我々の最終的なよりどころは経験なのだ」。というわけで、ヒトの癌やその他の病気の予測に用いられた齧歯類バイオアッセイ（生物検定）や試験管を用いるインビトロ試験の結果とともに、経験を活用すべきだろう。これまで見てきたように、ヒトの病気のための齧歯類モデルの妥当性についてはわからないことが多い。したがって、もっとヒトに近い動物、たとえば霊長類に属する動物を使えば、ヒトとの遺伝的な違いによる問題の大半は解決するように思われる。実際、齧歯類に腫瘍を引き起こすことが確認されていた多くの化学物質の研究にサルを用いて、有意義な結果が得られている。たとえばサッカリンは最長20年間サルに与えても悪影響は示さず、この情報は、サッカリンによる齧歯類の膀胱腫瘍がヒトには起こらないというさらなる保証となった。しかし、研究対象としての価値を高めるその人間との近さが、霊長類の幅広い使用にとっては妨げとなる。霊長類の動物たちを人道的な環境で長期間飼育する難しさとコストはもちろん、実験動物として使うことに対する倫理上の懸念が、日常的な使用を不可能にする。化学物質のバイオアッセイ1件につき1000匹のサルを試験する状況を想像してみてほしい！

既定の齧歯類バイオアッセイに代わるもう一つの方法は、もっと個々の状況に応じたやり方で試験に臨むことだろう。つまり、それぞれの曝露（ばくろ）のタイプや予想される反応に最適の動物種を選ぶわけだ。バイオアッセイの試験動物がラットやマウスに決まる前は、イヌ、ブタ、ハムスター、モルモットなどさまざまな種が用いられた。試験によっては魚が選ばれたが、大半の工業化学物質の職業曝露ルートである吸入の試験には、もちろん使えなかった。モルモットとハムスターは一部の化学物質にはヒトに類似の反応を示すものの、そうでない物質もある。こうした種はそれぞれ、実験動物としてある程度の成功を収めたが、費用対効果および歴史的な先例という点で、どの種にも、政府機関が大半のタイプの試験をラットやマウスで行うと決めるのを妨げるほどの強みはなかった。

ヒトの癌に見られるのと類似の欠陥をもつようにマウスの遺伝子を操作することで、齧歯類バイオアッセイのスピードや関連性を向上させようとする努力が重ねられてきた。そのような遺伝子改変はアッセイ期間内に動物の発癌感受性が高まるようにデザインされ、２年のアッセイ期間を６カ月から12カ月に短縮できる。そうした遺伝子修飾を受けた動物を発癌性の疑われる物質に曝せば、ヒトとの関連性がより高い腫瘍を迅速に低コストで誘発できるだろうという考え方だ。この技術は遺伝子組換えと呼ばれ、修飾を加えられた遺伝子を胚細胞に注入すると、それが宿主のゲノムに組み込まれる。遺伝子組換えマウスはヒトの多くの病気、特に遺伝子変異によって起こる病気の研究に使われてきた。癌バイオアッセイの場合、マウスに起こさせる遺伝子変化は遺伝毒性発癌物質によって化学的に引き起こされる遺伝子変化と同じものである。これは、遺伝毒性化学物質が癌形成プロセスを開始させ、その後動物が試験化学物質に曝されるという、１９３０年代にアイザック・ベレンブラムとフィリップ・シュービックが開発した開始-促進法と似ている。ただし遺伝子組換えでは、研究者の望むように変異を調節することができる。

特に注目されている遺伝子組換えマウスはTg.AC、rasH2、$p53^{+/-}$、$XPA^{-/-}p53^{+/-}$の四つのタイプで、このうち二つは、ヒトのあらゆる癌の約50%で変異が見られる*p53*腫瘍抑制遺伝子に欠陥をもつ。遺伝子組換え動物は研究者に大きな恩恵をもたらしてきた。腫瘍発生に要する時間を短縮し、標準的な化学物質誘発バイオアッセイのコストを引き下げてくれたからだ。残念ながら、遺伝子組換えマウスで得られた結果がヒトの癌の予測にとって標準アッセイより多少なりとも有意義かどうかは、まだ明らかではない。そうしたマウスに関する明白な問題の一つとして、そのマウスをつくるために導入された改変が、化学物質が引き起こす発癌プロセスへのヒトの感受性に必ずしも類似していない事情がある。たとえば、ヒトの腫瘍の多くが*p*53変異をもっていることは事実だが、それは通常、発癌プロセスの最初の出来事ではない。

２０１３年に行われたある評価では、ヒト発癌物質あるいはその可能性があるとされた物質を試験したところ、rasH2、Tg.AC、Trp53$^{+/-}$モデルで発癌物質と認められたのはそれぞれ、86%、67%、43%であることが明らかになった。総合的な結論は、これらのアッセイはヒト発癌物質の検出にどちらかといえば有効で、ヒトに対する発癌性のない化学物質の同定には非常に有効と思われるというものだった。遺伝子組換えモデルを使う際の問題の一つは用量と反応関係の評価にある。こうしたモデルは従来の齧歯類癌バイオアッセイよりもはるかに感受性が高かったり低かったりする場合があるため、用量の見積もりが特に厄介なのだ。といっても、遺伝子組換え動物の最大の問題は、またしても、動物バイオアッセイで大量の陽性結果が出たのにそれに対応するヒトでの研究結果がない点だ。そのため、ヒトの癌予測にとっては不確かな情報の量が増える事態になってしまう。

・・・

発癌性化学物質を特定するための代わりの方法を開発すべく、大きな努力が注がれてきた。仮定に基づくある予想からすると、遺伝毒性メカニズムによって引き起こされた実験動物の腫瘍は、根底にあるメカニズムが共通と推測されるため、ヒトと関連づけられる可能性があると考えられる。つまり、私たちはともにＤＮＡをもち、染色体もほとんど同じで、それらは攻撃に弱い。それでも、種のあいだのゲノミクスという学問上の微妙な差異が積もり積もって細胞機能のかなりの違いになることもあり得る。ほとんどのヒト発癌物質には遺伝毒性メカニズムが関わっているため、遺伝毒性のための信頼性のある試験がさらに開発されれば、時間も費用もかかる動物バイオアッセイよりも、ヒトの発癌性の優れた予測因子となると言えるだろう。

発癌メカニズムの考察の部分で述べたように、カリフォルニア大学バークレー校の著名な生化学遺伝学者のブルース・エームスが、変異原性を見るための細菌試験を考案した。当初、この試験はある種の変異原が癌を引き起こすメカニズムを理解するために用いられた。しかし、細菌コロニーは急速に増殖することから、エームス試験はヒト発癌物質の可能性があるものをスクリーニングするための最初の「高速大量処理」試験となった。この試験を用いた１９７８年以前の研究結果は癌バイオアッセイ結果との高度な関連を示したが、それは大半が遺伝毒性発癌物質を対象としていたからだ。エームスと同僚の科学者らは、１９７５年までに３００種の化学物質の研究結果を自分たちの試験で評価した。それらの科学者たちによれば、その試験で齧歯類発癌物質を予測できた精度は90％だった。１７４の発癌物質のうち１５６が特定されたのだ。さらに、イギリスのインペリアル・ケミカル・インダストリーズ社の科学者による分析では、エームス試験が発癌物質の94％を正確に予測したことが確認された。試験された化学物質は、煙草の煙中に見つかった多環芳香族炭化水素、染料に含まれる芳香族アミン、化学療法に使うアルキル化剤など、ヒト発癌物質の疑いのあるものに大きく偏っていた。

しかしながら、動物発癌物質を予測するためのエームス試験の価値は、この40年のあいだにますます限定的なものになってきている。近年試験される動物発癌物質の大半は遺伝毒性がないため、エームス試験ではほとんど検出できないのだ。アメリカ国立環境科学研究所（ＮＩＥＨＳ）のアール・ザイガーが、１９７５年から１９９８年の遺伝毒性試験の状況を要約している。ザイガーは、ますます多くの化学物質が試験されている割には、最近のデータベースがそれほどよい相関を示していないことに気づいた。これは主に、大半のヒト発癌物質とは違ってゲノムの直接の変化ではなく、高用量毒性やその他の効果によって腫瘍の原因となる齧歯類発癌物質の存在によって、試験された化学物質についての結果が希釈されたことに起因する。予想がつくだろうが、エームス試験はそうした物質の大半に陰性となるため、問題となっている発癌物質が遺伝毒性でない場合、この試験は動物バイオアッセイ結果の最適の予測因子ではないのだ。遺伝毒性なのは20%ほどにすぎない。ところが、不可解な論理の倒錯によって、遺伝毒性試験は通常、ヒト発癌物質ではなくて動物発癌物質を予測できるかどうかに基づいて評価されている。これは残念なことだ。というのは、比較的簡単に実施できる変異原性試験（遺伝毒性試験）は、むしろヒトの発癌リスクにとっての確かな予測因子となるように思われるからだ。

予測を改善しようとする試みのなかで、そのほかの遺伝毒性試験が何百も開発され、いくつかは現在も使われている。酵母菌、カビ、ミバエ、植物細胞、サルモネラ以外のいろいろな細菌、マウス、ラット、チャイニーズハムスター、それにヒト由来の多様なタイプの哺乳類細胞が使われてきた。それらは癌生物学の多くの側面、たとえば変異、染色体構造の変化、染色体間での断片の移動、DNA修復の増加などの研究を可能にしてくれたが、その結果をヒトの発癌リスクにどう当てはめるかについての合意はいっさいない。さらに、それらの試験と齧歯類バイオアッセイでの発癌結果との相関は一般にエームス試験と同程度だ。ただし、エームス試験と別の試験二つを組み合わせれば、予測可能性がある程度は向上する。

アメリカ保健財団における私の部署の責任者であるゲイリー・ウィリアムズは、遺伝毒性試験分野のリーダーの一人だ。「ウィリアムズ試験」の開発者でもある。この試験法では、細胞によるＤＮＡ損傷の修復を検出することで、ＤＮＡ付加物の形成を探す。使用する細胞は肝細胞なので、代謝活性化剤を添加する必要はない。肝細胞には自前のシトクロムＰ４５０酵素のはたらきで活性代謝産物を形成する力があるからだ。ゲイリーとジョン・ワイズバーガーは、「物質の発癌リスクを検出・評価するための組織的決定点法」を提案した。その提案によると、化学物質の最初の評価にはエームス試験およびウィリアムズ試験を含む五つの短期インビトロ試験を含める。もし二つ以上の試験で遺伝毒性の明確な証拠が得られれば、その化学物質はヒト発癌物質であることが強く疑われる。

残りの発癌物質は、非遺伝毒性の受容体介在遺伝子発現、免疫抑制、または細胞増殖をもたらす毒性刺激を介して作用する。生化学的な変容が関わる非遺伝毒性発癌メカニズム、すなわち遺伝子発現に対する化学的効果は、種に特異的であることがしばしば確認されている。つまり、そのようなメカニズムが関わっている動物試験はヒトの癌とは関連性がない。そのほかの場合、腫瘍は動物が非常に高用量の化学物質に曝されることで発生する。ヒトが普通曝される濃度では起こらないような慢性毒性と刺激が引き起こされるのだ。したがって、そのような試験もやはりヒトとは関連がない。こうしたタイプのメカニズムが、齧歯類バイオアッセイの陽性結果の大多数をもたらし、国際癌研究機関（ＩＡＲＣ）モノグラフプログラムの元責任者ロレンツォ・トマティスが、ひょっとしたらヒト発癌物質かもしれない化学物質という意味で「駐車場」と呼んだものを構成している。今後の癌同定についての疑問は、ヒトの癌との関連性が不明な動物発癌物質の駐車場にもっと化学物質を入れるような、代替試験法があるかどうかだ。

・・・

毒性学情報が皆無に近い新旧の何万という化学物質を試験する必要性については、標準バイオアッセイや遺伝子組換え法による試験は行われていない。これに対して提案されている解決策が「ハイスループット（高速大量処理）」試験と呼ばれるもので、遺伝毒性試験に似ており、試験管内で実施でき、低コストで迅速な結果が得られる。毒性を調べるこの試験法の先駆けとなったのが、有効性を見るためのハイスループットスクリーニングだ。製薬業界で創薬プロセスの一環として広く用いられている方法で、自動化を利用して、数多くの化合物の薬理学的な活性を迅速に測定する。

こうしたハイスループット法を毒性学で用いる際のポイントは、毒性効果をもたらす細胞応答ネットワークに、化学的に誘発された変化が起きたかどうかの見極め方にある。このネットワークは遺伝子、タンパク質、小分子から構成される相互接続経路で、正常な細胞機能を維持し、細胞間の情報伝達を制御して、細胞が環境の変化に適応できるようにする。化学物質によって大きく乱されたときに健康への悪影響をもたらし得る経路は毒性経路と呼ばれる。このようなハイスループット試験は変異原性を見るエームス試験の同類と考えることもできる。エームス試験の場合、細胞応答ネットワークが関わるのは、細胞周期制御に作用する重要な遺伝子に影響を及ぼすDNAの変化となる。

簡単そうに聞こえるだろうか？　いや、落とし穴が細部にある。一部のハイスループット試験は培養下に確立されたヒト細胞株を使用する。その多くが容易に購入できるが、使用する際には問題が起こるケースがある。培養細胞が異なった細胞株で汚染されていて、それが元の細胞を圧倒してしまい、期待したタイプの細胞ではなくなっている場合があるからだ。そうした実情をあばいたコロラド大学のクリストファー・コーチは自らを「訂正者」と呼ぶ。コーチと同僚らは２０００年から２０１４年の論文を調べて、不死化した子宮頸部腺癌細胞株であるＨｅＬａ細胞を使ったと誤って述べている論文５７４件を特定した。実際にＨｅＬａ細胞が使われていた正しい論文はわずか57件しかなかったという。コーチらによる無数の細胞株に関する調査の結果、何千もの雑誌に掲載された何千もの科学論文が、間違った細胞についての研究結果を発表していたことが判明した。この欠陥のある研究に費やされた費用は推定7億１３００万ドル、その誤った結果に基づく後続研究に費やされた費用は推定35億ドルにのぼる。こうした誤った細胞株によるハイスループット試験への影響については報告がないが、かなりの影響が出ているかもしれない。

比較的簡単なハイスループット試験の一例として、甲状腺ペルオキシダーゼ阻害剤の同定がある。甲状腺機能低下症を引き起こし得る物質だ。ある研究では、ラット由来の甲状腺ペルオキシダーゼを用い、１０００以上の高濃度の化学物質を特殊な測定プレート上にのせる自動検査法で、この酵素の阻害剤をスクリーニングした。この検査で最も強力な効果を示した甲状腺ペルオキシダーゼ阻害剤は、甲状腺機能亢進症に用いられる薬剤だったが、これは当然の結果だろう。細胞レベルで甲状腺ペルオキシダーゼに結合するそうした阻害剤の濃度を見極めるには、別のタイプのコンピュータモデルを製作して、血中に吸収され、全身に分散されてから排泄される化学物質の量を推定する。この二つのモデルの組み合わせを使えば、環境中のあるレベルの阻害剤への曝露によって個人の体内に引き起こされた、甲状腺ペルオキシダーゼの阻害を推定することができる。

　しかし、甲状腺ペルオキシダーゼ阻害はかなり単純な例だ。それに比べれば、癌やその他の一部の病気を引き起こすのに必要な細胞応答ネットワークにおけるいくつかの相互作用性化学物質誘発変化を測定するのは、野心的な挑戦にほかならない。まず、重要なネットワーク、その構成成分、そうした変化の方向と大きさを割り出す作業が求められる。次いで、それらの成分を正確に測定しなければならない。そして最後に、試験結果を毒性という最終効果に対して検証する必要がある。このタイプの試験には、毒性応答をもたらすメカニズムの各ステップを知っていることが要求される。その点で、化学的曝露の帰結を見るけれども、それを引き起こすメカニズムは見ないバイオアッセイの「ブラックボックス」手法とは対照的だ。遺伝子組換えマウス試験の結果と同じように、ハイスループット試験による予測にも、実験動物の病気だけでなくヒトの病気についての裏づけが必要となる。というわけでまたしても、実験動物では癌を含む病気についての極めて多くの情報が得られているのに、多くの場合ヒトの病気との相関は欠けているというジレンマに直面する。

たとえそうだとしても、毒性および癌という多くの最終効果を対象とするハイスループット試験は、今後発展していくだろう。これらはおそらく、毒性学上の知識がほとんどない何千もの化学物質を試験する必要性に対する最良の答えなのだ。とはいえ、「街灯の下で鍵を探す」というたとえ話のような事態にならないように用心する必要がある。最も見つけやすいところだけを探すという観察バイアスに陥らないようにしなければならない。

第28章

予防は治療に勝る

化学物質や毒物、癌についてこれまで見てきた情報はすべて、何を意味するのだろうか？　まえがきで私は、化学物質や毒物によって引き起こされる病気の理解において私たちが大きな進歩を遂げたことを、毒性学の歴史は如実に示していると述べた。1960年には、病気の化学的な原因についての比較的簡単な課題はすでに達成されていた。その後さらに大半の疑問が解明されたいま、その成果の中身に目を向ける必要がある。エルンスト・ウィンダーの先例にならって私たちの知識を公共の利益に役立てるためには、「私たちが何を食べ、何を飲み、どんな煙を吸い込んでいるか」に注意を集中すべきだ。健康への脅威に関するより最近の知識を考慮し、私はさらに「エネルギーを得るために何を燃やし、快楽を得る薬物として何を用い、どんな運動をしているか」をつけ加えたい。ウィンダーは疫学を通じて生活習慣や化学物質に由来する病気を同定し、次いで研究室で毒性学の実験を行って、化学物質誘発疾患の発症プロセスとその予防法を解明した。レイチェル・カーソンは『沈黙の春』で、癌治療薬の探究に負けず劣らず予防が重要なのだと、説得力のある議論を展開した。カーソンはそうした手法を、予防と治療に同等の注意を向ける感染症対策になぞらえている。

なぜ、癌のような病気では治療法だけでなく予防にも重点的に励むべきなのだろうか？　簡単に言うと、予防のほうが健康とコストの両面ではるかに効果的だからだ。多くの癌は原因が特定されていないが、可能性のある原因が推定される場合、予防こそが障害が最も少ない進むべき道となる。どこに努力を集中すれば公衆衛生において最大の利益が得られるかはわかっており、一部の癌は原因が十分に解明されているとはいえ、その原因を減らすには個人や公共の意志力が要求される。喫煙、過剰なアルコール摂取、薬物乱用、過食、大気汚染、運動不足が、癌をはじめとする致命的な病気の予防可能な原因として確認されていることを、強調しておきたい。

　化学的に誘発された病気に関して、1960年までに達成された容易な課題にはどんなものがあるだろう？　職業癌の予防については、早い段階で著しい成功が収められた。鉱夫の病気、たとえば肺癌、珪肺（けいはい）、アスベスト症は、1960年より何十年も前に存在が知られていた。第二次世界大戦後は、造船所やその他の職場環境での労働者の研究によって、アスベストが肺癌やアスベスト症の原因であることが突き止められた。化学工業、染料、金属精錬、ベリリウム、鉛（成人の職業曝露（ばくろ））、水銀、リンも、職業病の原因として1960年以前に特定され、おおむね排除された。1960年以降も、ベンゼンや塩化ビニルなどの化学物質への職業曝露に由来する癌の大部分が特定され、対策が講じられてきた。

とはいえ、発癌物質の特定については、最も重要な例は煙草の煙と肺癌との関連性だろう。最終的にウィンダーとリチャード・ドールが、癌全体の約3分の1が煙草の煙に由来すると推定したにもかかわらず、一般大衆やメディアは二人の発見を何十年ものあいだ、ほぼ無視した。アメリカではいまだに喫煙が予防可能な病気と死の主たる原因となっており、毎年、約48万人の早すぎる死と、直接の医療費および生産性の損失による3000億ドル以上の負担をもたらしている。疾病対策センターによれば、2016年度に州に入る煙草税と訴訟和解金は258億ドルにのぼる見通しだが、恥ずべきことに、喫煙防止および禁煙プログラムにはわずか4億6800万ドル——煙草税と訴訟和解金の2%未満——しか支出しないようだ。経済的観点だけからも、この禁煙に対する支出は喫煙による医療コストのおよそ1000分の1にしかならない。残念ながら、煙草訴訟の示談金の残りはたいてい、州の財政赤字の穴埋めに使われる。州も地方自治体もこの近視眼的な方針を変換して、喫煙関連の癌やその他の病気の予防にもっと資金を回すべきだ。

ある化学的な曝露の防止が、子どもの命と成人後の生産性に影響を与えた。大半の子どもの鉛中毒を予防できたことは、間違いなく重要な成功例と言える。しかし問題は現在も続いている。6歳以下の子どもを対象とした2009年発表の研究で、鉛の濃度が高い子どもの治療のために、いまだに500億ドルもの費用がかかっていることが確認された。鉛の長期的影響に関連した収入や税収の損失、特殊教育費用、犯罪の直接コストを加えれば、費用は2690億ドルに達する。

毒性学と気候変動の章では、化石燃料の燃焼による健康被害のコストが年に合計5000億ドル前後にのぼることにふれた。アメリカ国立薬物乱用研究所によれば、アルコールと違法薬物は私たちの国に、犯罪、労働生産性の損失、医療ケアによる年間4000億ドルのコストを生じさせている。こうしたわずかな項目――喫煙、鉛中毒、化石燃料の使用、薬物乱用――だけでも、そのコストは年に1兆ドルを超える。

いくつかの明確な公衆衛生上の懸念については、注目に値する成功が収められた。たとえばアメリカでの喫煙率は、１９６５年には成人人口の42％を超えていたのに、２０１４年には17％と急激に低下した。なぜこれほど下がったのだろう？　一つの手本となったのが医師の喫煙率で、１９４９年の60％から１９６４年の30％へと低下している。１９５０年から１９６０年にかけて多くの団体が、特に肺癌や心血管疾患に関する重要な健康上の危険があるとして、喫煙に注意を呼びかける声明を出した。こうした団体には、アメリカ癌協会やアメリカ心臓協会はもちろん、イギリス医学研究審議会、デンマーク、ノルウェー、スウェーデン、フィンランド、オランダの癌協会、イギリス合同結核審議会、カナダ健康福祉省が含まれる。１９６４年に公表された「喫煙と健康：公衆衛生局長官への諮問委員会報告」が、アメリカでの煙草規制に向けた連携の出発点となった。とはいうものの、アメリカ政府は人々に禁煙を説くのは自分たちの仕事ではないという姿勢を崩さず、煙草のラベルの「警告：喫煙はあなたの健康を害するおそれがあります」という警告文は、喫煙と肺癌に関する１９６４年の報告に確信をもって述べられた結論と鋭い対照を見せていた。医師個人の多くは喫煙と健康に関する結論をすぐに受け入れたにもかかわらず、アメリカ医師会（ＡＭＡ）がこの問題に対する立場をはっきりさせるには20年以上も要した。次いで１９６９年の公衆衛生喫煙法によって煙草の放送広告が禁じられると、煙草会社は広告媒体を切り替えた。主な煙草会社５社が放送広告禁止令施行の前年の１９７０年に雑誌広告にかけた費用は６２００万ドルだったが、１９７６年には1億５２００万ドルも費やしていた。

１９７０年代初めに、非喫煙者と禁煙希望者の利益を擁護しようという動きが現れた。ロナルド・レーガン政権下で公衆衛生局長官を務めたＣ・エヴェレット・クープは公共の場での禁煙を前任者の誰よりも奨励した。そして人々の意識の変化による波及効果の一つとして、国や州の煙草税が上がり始めた。１９９０年代には処方箋の要らないニコチン薬剤の市販が始まり、アメリカ国立癌研究所が全国規模の大きな介入研究である「アメリカ禁煙介入」を実施した。またこの時期には、集団訴訟や州政府の代理訴訟によって、原告が煙草会社の内部文書の開示を請求できるようになり、巨額の示談金ももたらされた。そしてついに２００９年、「家族喫煙防止および煙草規制法（ＦＳＰＴＣＡ）」の画期的な条文によって、食品医薬品局に煙草製品を規制する権限が与えられた。喫煙というこの主要な疾病原因の規制は、ゆっくりとではあるが着実に進んできている。残念ながら、多くの命がすでに失われ、今後もこうした病気によってさらに大勢が亡くなるだろう。

・・・

ひょっとすると、予防の最大の障壁は治療を重視するという医学の姿勢にあるのかもしれない。医学部では治療が教えられ、予防は公衆衛生学部に任されている。医学部は約180あり、公衆衛生学部の約3分の1の数だ。とはいえ、医学部以外の学部にも公衆衛生課程はある。研究への金銭的な支援は、予防より治療に力点を置いて行われる。治療がうまくいった患者は病院や医学部にお金を寄付するが、かかるおそれのあった病気が予防されたからといって、いったい誰に感謝すればいいのだろう?

治療の難しさは、入院経験なども含め、大半の人間が身に染みて知っている。シッダールタ・ムカジーの著書『がん――4000年の歴史』(2016年、早川書房)は、癌治療の恩恵とリスクの歴史を探っている。ほとんどの癌については、「治療」の選択肢が皆無ということはほとんどない。ある最新の研究によると、病院での医療ミスが、癌および心血管疾患患者の死因の第3位だったという。治療のほとんどの選択肢には入院がつきものなのに対して、予防のための選択肢に入院が含まれることはめったにない。たとえ医療ミスがなかったとしても、手術や化学療法に付随する損傷を考えれば、総合的に見て予防のほうが魅力的に思えてくる。

しかし、病気の予防には多くの障壁がある。もし医師が患者個人の制御下にある曝露に日常的に対処しようとするなら、第一に、回避できる危険な行為に気づくように患者を指導することが必要になる。第二に、私たちは曝露の性質とその避け方を理解する必要がある。あいにく曝露の危険性について人々が受け取るメッセージには、相反する内容のものがしばしば交じっている。喫煙と肺癌の関連性について、煙草会社がどう否定したり疑いの種をまいたりしたかを、私たちは見てきた。うちの父が煙草会社のプロパガンダを繰り返し、煙草の危険性に関する情報を疑問視していたのを思い出す。父は1959年に肺癌で亡くなった。もっと最近では、『世界を騙しつづける科学者たち』

（2011年、楽工社）という書籍と映画が、気候変動の否定者たちによる煙草会社の戦略の踏襲を明らかにしている。地球温暖化は人間が招いたものだという証拠に疑いを抱かせようとする作戦だ。

予防に対するもう一つの障壁は自己動機づけの欠如だ。たとえば、どうしたら禁煙をやり遂げようという気になれるか？　私の場合、きっかけはクリスマスの直後に友人とランチをとっていた33歳のときの出来事だった。ちょうど私は、喉の痛みや咳を伴うひどい副鼻腔感染症に悩まされていた。喫煙が命取りになり得ると知っていたし、幾度か禁煙を試みていたものの、私はすっかり中毒になって、煙草をやめられないでいた。友人と私は掛け金の高いポーカーをよくやり、激しい対抗意識をもっていた。そこで私は、元日から煙草をやめることに1000ドル賭けようと提案した。先に煙草を始めたほうが賭け金を失う。友人が言うには、それはちょっとばかり高すぎるが、もしきっぱり禁煙できるなら喜んで200ドル賭けようということだった。それが私の喫煙人生の終わりとなった。私にとって、成功の足がかりは動機づけだったのだ。私に喫煙を始めさせたのが仲間からの圧力なら、終わらせたのも仲間からの圧力だった。というわけで私は、さまざまなやり方で仲間からの圧力を高めるのが、喫煙の防止には最も効果があると考えている。学校の授業で、喫煙者との友だちづき合いを避けるように教えればよい。薬物についても、同じ方法を使えば効果があるだろう。

善意からの反対意見であっても、代替案がなければ予防には障壁となるという予期せぬ結果を招くこともある。アヘン剤であれニコチンであれ、中毒は実在する現象であり、医学的な状態として治療すべきものだ。ニコチン中毒になっている喫煙者には煙草の代替品がある。その一つが、タールなしの純粋なニコチン投与システムである電子煙草だ。イギリスの内科医師会の推定によれば、喫煙による悪影響の95%を排除できる。ところが一部の医師や科学者は電子煙草の危険性を力説し、残りの5%の危険性や、子どもが中毒になるおそれを強調する。それに加えて、製造会社は電子煙草への切り替えによる健康上の恩恵を人々に教えることができない。政府の規制で禁じられているからだ。屋内での喫煙を禁じる法令は電子煙草にも適用される可能性があり、その使用に対するさらなる障壁となっている。電子煙草へのこうした態度を総合すると、「4階の窓から飛び降りるのと階段を使うのとで、どちらのリスクが少ないか?」と尋ねるのと同じだと話したのは、オタワ大学の保健に関する法、政策、倫理センターの法律家であるデヴィッド・スウィーナーだ。「ある人たちは『いいかい、階段では滑って転ぶかもしれないし、強盗が待ち伏せしているかもしれない。確かなことはわからないんだ』と言っているわけですよ」。

煙草のもっと昔ながらの代替品、つまり噛み煙草についても、似たような議論ができるだろう。スカンジナビアの科学界はその使用に対してアメリカの科学者とは非常に異なった態度をとっていて、スカンジナビアの製品はアメリカの製品よりも発癌物質の含有量が少なくつくられている。その結果、スウェーデン人男性の約4分の1が日常的に噛み煙草を使っている。喫煙が多くのタイプの癌を生じさせるのに比べ、噛み煙草は口腔、食道、膵臓の癌の原因にはなるが、その他の癌は引き起こさない。総合的に見て、噛み煙草を使ったほうがはるかに害は少ない。ただしアメリカでは、人々にはこうしたメッセージは伝えられないだろう。

イギリスの反喫煙団体であるアクション・オン・スモーキング・アンド・ヘルスを率いるデボラ・アーノットは、喫煙に対するアメリカの対処法の根底にはピューリタン特有の文化があると見る。禁欲を何よりも価値あるものとみなす考え方だ。薬物乱用への対処法についても同じことが言える。リチャード・ニクソン時代には、中毒者の多くにはアヘン剤常用の維持が必要なのだという理解が広まりつつあったにもかかわらず、そうした流れは再び後退し、長期の維持療法よりも即座に薬物を断つ治療法が好まれるようになっている。私がニクソン政権下で麻薬対策室の仕事をしていたころは、人々の3分の1はヘロインを試してはみるが気分が悪くなるので嫌がり、3分の1は大きな問題もなくたまに使うことができ、残りの3分の1が重い中毒になって、薬を中断すればひどい苦しみを味わうというのが、世間一般の見解だった。感受性の強い人々の中毒には重大な根本原因があって、薬を断てるようになる前に維持療法を必要とすると考えられていた。公平のために言っておくと、そうした中毒者の一部は非常に長期間の維持療法を必要とする。

病気の的確な予防に対するもう一つの障壁は、動物バイオアッセイ（生物検定）で「癌を引き起こす化学物質」と同定された物質の数の多さから当然もたらされる不確かさだ。政府の規制当局者はしばしば、動物実験のほうが人間での研究よりも確実な結果を出していると考える。以前の章で述べたとおり、職業曝露によって発癌性が確認された化学物質および工業工程は80に満たないのに、動物実験では何百もの化学物質が発癌物質と同定されていたことを思い出してほしい。政府は動物実験の結果を頼りに化学物質に関する政策を決めており、そのせいで大衆には事態がわかりにくくなっている。私たちには、有害な影響が起こるかどうか、本当のところはわからないからだ。このような事態は、予防のためのお金をどこにつぎ込むべきかについての深刻な懸念と疑問をもたらす。残念なことに、早い段階でジクロロジフェニルトリクロロエタン(ＤＤＴ)やポリ塩化ビフェニル(ＰＣＢ)といった化学物質が動物実験結果の発表後にメディアの注目のほとんどをかっさらい、予防対策費の不当に大きな分け前を獲得した。それに引き換え、喫煙や食事といった生活習慣が、癌の60%から70%の原因であることが人間を対象とした研究で突き止められたにもかかわらず、それに見合うだけの対策費が使われているとは言えない。世界保健機関(ＷＨＯ)の国際癌研究機関(ＩＡＲＣ)の元長官であるロレンツォ・トマティスは生活習慣要因の重視を批判して、「化学汚染物質の役割に関する情報をおとしめるものであり、健康への悪影響が隠されたり、秘密にされたり、故意に過小評価されたりしている化学物質の絶え間ない製造に加担している」と述べた。つまりトマティスは、たとえ人々が、個人の生活習慣上の選択を重視することによってメディアの途方もない逆風に逆らったウィンダーやドールの仕事ぶりを好んだとしても、二人は工業化学物質が病気の原因であることについて一般大衆を故意に欺いていたのだと言いたかったのだ。トマティスは、そうした対処法が「個人の責任を不当に拡大させている」とも非難している。

結果的に、陽性の動物試験結果はヒトに癌を引き起こすことを示すと解釈したい人々と、証明済みのヒト発癌物質をもっと重視したい人々とのあいだに緊張状態が生まれた。一方では、陽性の動物試験結果への依存は、より保守的でより保護主義的な対処法と見られる可能性がある。しかしその一方では、生活習慣因子に対する個人の責任を問う人々は、かつて喫煙の規制に反対し、いまや気候変動という懸念事項に対抗して団結している「世界を騙しつづける科学者たち」の術中に陥るおそれがある。

とはいえ、トマティスも一点については正しかった。汚染は病気の原因としては過小評価されてきた。ただし、それは主に化石燃料の燃焼によって生じる大気汚染であって、工業化学物質による汚染ではない。ＩＡＲＣがディーゼルの排気ガスに関するモノグラフを公表したのは２０１４年になってからで、屋外の大気汚染に関するモノグラフを公表したのは２０１６年になってからだった。後者のモノグラフは主に、輸送、発電、工業活動、バイオマス燃焼、家庭の冷暖房による汚染を対象としていた。ＩＡＲＣの作業部会は、屋外の汚染と肺癌に関係する粒子状物質についてはヒトでの発癌性の十分な証拠があることを確認した。さらに、屋外の汚染と膀胱癌のリスクに関連のあることが見つかった。こうした結果は、癌の原因に対するもっと包括的な試みが求められること、そして毒性学においては異なる視点に立つ考え方に耳を傾ける必要があることを示している。

本書で私たちは、毒性学、すなわち、毒物や化学物質がどのようにして癌やその他の病気の原因となるのかを追究する分野の発展の歴史を探ってきた。そしていま、私たちには人々が職場や環境からの影響によってかかる病気についての豊富な知識がある。しかし同時に、そうした苦しみの多くが生活習慣やエネルギー生産を含め、私たち自身の意志によって引き起こされたものであることも理解している。

終わりにあたり、ウィンダーの言葉を紹介しておきたい。１９９６年、アメリカ保健財団の25周年記念シンポジウムでの最終講演で、彼は次のように述べている。「『若くして死ぬ人々を助け、できるだけ長生きさせる』。それが、保健財団の疾病予防における努力目標として、我々が選んだモットーです。この目標が達成されることは、我々が長い生産的な人生を全うし、病気のない体で死ぬということです。そうなれば、我々は高齢になっても収入を得て、税金を払い、我々の国家の幸福に貢献できるのです」。

著者　ジョン・ワイズナー（John Whysner）

元コロンビア大学メイルマン公衆衛生大学院環境保健科学准臨床教授。米国認定毒性学研究者として、国際がん研究機関や疾病予防管理センターなどの連邦政府機関のコンサルタントを務めたほか、アメリカ大統領府の薬物乱用防止特別対策局の生物医学研究部長を務めた。

監訳者　小椋康光（おぐら・やすみつ）

千葉大学大学院薬学研究院教授。千葉大学大学院薬学研究科総合薬品科学専攻（博士後期課程）修了。専門は環境毒性学及び法中毒学。主な著書に『衛生薬学―基礎・予防・臨床―』（南江堂）、『*Metallomics -Recent Analytical Techniques and Applications-*』（Springer社）などがある。

訳者　日向やよい（ひむかい・やよい）

東北大学医学部薬学科（現薬学部）卒。宮城県衛生研究所勤務を経て翻訳に携わる。主な訳書に『イカ4億年の生存戦略』（エクスナレッジ）、『交雑する人類』（NHK出版）、『感染の法則』（草思社）、『いつも体調がよい人になる方法』（ユーキャン自由国民社）などがある。

病の錬金術

化学物質はなぜ毒になりうるのか

二〇二四年九月二十日発行

著者　ジョン・ワイズナー
監訳者　小椋康光
訳者　日向やよい
翻訳協力　株式会社トランネット
https://www.trannet.co.jp
編集協力　株式会社ナウヒア
編集　道地恵介
表紙デザイン　株式会社ライラック
発行者　松田洋太郎
発行所　株式会社ニュートンプレス
〒一一二-〇〇一二
東京都文京区大塚三-十一-六
https://www.newtonpress.co.jp

ISBN 978-4-315-52844-2
カバー、表紙画像：raland/stock.adobe.com